低代码应用开发

李春平　欧　飞　徐宝林　秦立全

叶　青　陈卓恒　黄勉超　龙海洪　著

电子工业出版社·

Publishing House of Electronics Industry

北京·BEIJING

内 容 简 介

低代码技术广泛应用在企业信息化、移动应用开发、物联网、数字化营销等领域，通过可视化建模工具、模块化组件、自动化部署等功能，使开发人员可以通过简单的拖曳操作设计出相应的工作流程，并对流程进行控制，从而快速开发各种企业信息化系统。

本书主要介绍低代码概念、低代码平台、低代码应用开发基础知识、低代码脚本、基于低代码平台的需求分析、可视化开发、一键部署、平台集成、应用生命周期管理等低代码应用开发技术内容，以及企业数字化应用、物联网系统应用、移动应用场景、软件工作台应用、数据大屏应用等实例开发。本书理论与实践并重，在介绍低代码应用开发技术理论知识的同时，还通过大量的实例详细介绍了采用低代码技术开发应用的流程和步骤。

本书是低代码技术研究及其开发应用的著作，可以作为低代码技术开发人员的参考书，也可以作为高等院校计算机类专业软件开发相关课程的参考书或教材。

图书在版编目（CIP）数据

低代码应用开发 / 李春平等著. —北京：电子工业出版社，2023.12

ISBN 978-7-121-46847-6

Ⅰ．①低… Ⅱ．①李… Ⅲ．①软件开发 Ⅳ.①TP311.52

中国国家版本馆 CIP 数据核字（2023）第 239551 号

责任编辑：孟　宇
印　　刷：北京建宏印刷有限公司
装　　订：北京建宏印刷有限公司
出版发行：电子工业出版社
　　　　　北京市海淀区万寿路 173 信箱　　　邮编：100036
开　　本：787×1092　　1/16　　印张：26.25　　字数：706 千字
版　　次：2023 年 12 月第 1 版
印　　次：2024 年 10 月第 2 次印刷
定　　价：79.80 元

凡所购买电子工业出版社图书有缺损问题，请向购买书店调换。若书店售缺，请与本社发行部联系，联系及邮购电话：（010）88254888，88258888。

质量投诉请发邮件至 zlts@phei.com.cn，盗版侵权举报请发邮件至 dbqq@phei.com.cn。

本书咨询联系方式：mengyu@phei.com.cn。

前言

目前，数字经济已经成为驱动我国经济发展的关键力量。在国家信创、数字经济发展政策的推动下，我国数字经济建设正在持续深入推进，数字经济规模在不断扩大，数字技术与各产业领域正在加快融合，推动数字化产业不断发展，进而带动行业企业、平台企业和数字技术服务企业融合创新。企业数字化和服务上云的需求越来越强烈，越来越多的个性化 SaaS 应用程序需要更快、更高效地被开发，而传统的软件开发方法已经无法满足这种需求。低代码开发是一种通过可视化进行应用程序开发的方法，使具有不同经验水平的开发人员可以通过图形化用户界面，使用拖曳组件和模型驱动的逻辑来创建网页与移动应用程序。低代码平台使非技术开发人员可以不必编写代码，而是将传统 IT 架构抽象化来支持专业开发人员。在低代码平台上，业务部门和 IT 部门的开发人员可以共同创建、迭代和发布应用程序，而花费的时间则比采用传统的软件开发方法要少很多。

低代码平台可以加速和简化从小型部门到大型复杂任务的应用程序开发，实现开发一次即可跨平台部署，这是目前业界选择低代码平台的重要原因。但这只是它能力的一部分，低代码平台还加快并简化了应用程序、云端、本地数据库及记录系统的集成。因此，低代码平台可以实现企业数字化转型过程中对应用需求分析、界面设计、开发、交付和管理等工作的需求，并且使之具备快速、敏捷及连续的特性。

基于上述原因，笔者撰写了本书，目的是为相关开发人员提供参考和借鉴。全书分 9 章：第 1 章介绍低代码的概念、产生的原因、技术的类型、发展历程、功能及未来发展趋势等内容；第 2 章介绍低代码应用开发基础知识，包括 HTML5、CSS、中间件、通信协议、数据库、JSON 等内容；第 3 章介绍低代码脚本，包括低代码脚本语言、Groovy、页面 CSS 风格代码编写、高级数据库 SQL 代码编写等内容；第 4 章介绍基于低代码平台的需求分析，包括软件需求的概念、需求的开发与引导、需求的分析与实践、需求管理及需求分析实例等内容；第 5 章介绍可视化开发，包括可视化建模、页面可视化开发、数据可视化开发、业务可视化开发、流程可视化开发、物模型等内容；第 6 章介绍一键部署，包括自动化测试、安装与部署等内容；第 7 章介绍平台集成，包括第三方平台、平台 API 接口、消息总线及共享数据库等内容；第 8 章介绍应用生命周期管理，包括备份与还原、升级与迭代、监控与告警等内容；第 9 章介绍低代码开发应用实例，从实践者的角度出发，以生动具体的实例及详细的开发流程和步骤，介绍企业数字化应用、物联网系统应用、移动应用场景、软件工作台应用、数据大屏应用等实例开发。

本书文字简洁、图文并茂、通俗易懂，采用循序渐进的方式叙述低代码应用开发技术，对相关原理和技术的介绍适度，内容安排合理，逻辑性强，通过对本书内容的学习，读者可以比较全面地了解低代码应用开发的概念、技术及应用。

笔者在撰写本书的过程中，得到了广东白云学院大数据与计算机学院教师及浩云科技股份有限公司许多专家学者的帮助和指导，同时得到了低代码平台工程技术开发中心、白云宏信创产业学院等科研平台与现代产业学院的大力支持，在此一并表示诚挚的感谢。由于笔者水平有限，书中所涉及的内容难免有不足与疏漏之处，希望各位读者多提宝贵意见，以便笔者进一步修改与完善本书。

目录

第 1 章

绪　论

随着数字经济规模的不断扩大，数字技术与各产业领域正在加快融合，推动数字化产业不断发展，进而带动行业企业、平台企业和数字技术服务企业融合创新。与此同时，数字经济发展、数字产品创新依赖的行业人才尤其是编程人才奇缺，实施成本居高不下，实施效率低下，成为数字产品创新和数字经济发展的最大瓶颈。出现这种情况的主要原因是：采用传统的开发技术和模式导致产品开发周期长，需要专业化的软件开发技能等。在此情况下，低代码技术应运而生。只需少量代码甚至无代码即可快速生成应用程序，以最快的速度交付应用程序。低代码开发可以提升企业的开发效率，推动企业的数字化转型。

1.1　低代码简介

1.1.1　低代码的概念

1. 什么是低代码

低代码（Low Code）是一种可视化的应用程序开发方法，即用较少的代码、以较快的速度来交付应用程序，将程序员不想开发的代码做到自动化。低代码平台是一组数字技术工具平台，基于图形化拖曳、参数化配置等更高效的方式，实现快速构建、数据编排、连接生态、中台服务，通过少量代码或不用代码实现数字化转型中的场景应用创新。

低代码技术利用图形化用户界面（GUI）设计器及可定制的脚本和配置来定义与构建应用程序、数据库、业务逻辑、流程、表单和其他技术工件。大多数低代码解决方案都允许访问底层代码，以进行调整、配置和定制。尽管用户的专业能力远低于传统的 IT 专业人员，但是低代码也要求用户具备一定的编程能力和软件交付知识。

低代码对用户的编程能力有一定的要求，主要面向企业内部的开发人员，使开发人员可以通过二次开发实现丰富的功能，灵活性较高，适用于较为复杂的企业应用场景。国外的 OutSystems 和国内的 ClickPaaS 均属于此类平台，其定位于企业级应用开发平台。

2. 什么是无代码

与低代码类似，无代码（No Code）技术使用简化的、非技术的、友好的设计器（如 GUI 或模型驱动）创建可部署和运行的解决方案。由于逻辑是预先构建或人工生成的，并且输出部署在即用型且通常是智能的平台和按需基础设施上，因此不涉及编码。无代码解决方案通常专用于特定用例（如自动化）、表单（如 Web）和受众（如 HR）。该技术利用"所见即所得"（WYSIWYG）理念，该理念通常用应用程序的复杂性和可移植性换取开发的简单性。

无代码对用户无编程能力要求，主要面向业务人员，易用性更高，但由于不可自行通过编写代码进行开发，因此对开发人员并不友好，适用场景较为单一，可以完成的特定功能受限于已经封装的模块。国内的轻流、简道云等属于此类平台，其定位于轻量级应用开发工具。

3．低代码/无代码工具

低代码/无代码的概念最早可以追溯到 20 世纪 80 年代第四代编程语言的思想。第四代编程语言（Fourth Generation Language，4GL）指程序的内容是计算机要实现的目标，其特点是面向问题，非过程化，而无须编写实现目标所需的具体操作过程，把具体的执行步骤交给软件自动执行。因此，低代码/无代码具有第四代编程语言的特点，如表 1-1 所示。

表 1-1　编程语言的演进

第一代编程语言（1GL）	第二代编程语言（2GL）	第三代编程语言（3GL）	第四代编程语言（4GL）
机器语言	汇编语言	高级语言	目标语言
面向机器	面向机器	面向过程	面向问题
二进制语言，难以阅读和维护	易读性和可移植性提升，易于检查	更为精简，程序的内容是计算机要进行的操作	非过程化，程序的内容是计算机要实现的目标

除了非过程化这一主要特点，第四代编程语言还具有生产效率较高、用户界面友好等特点，可以将业务逻辑通过可视化的方式呈现出来。发展至今，低代码可以实现"前端拖曳，后端形成代码"，具备可视化编程语言的特点，提高了应用程序的开发效率。

微软公司于 1985 年发布的第一个版本的 Excel 可以被认为是最早的无代码工具，其编程方式是声明式的，用户无须编写代码，通过输入公式即可实现复杂的数据处理与分析、可视化等功能。发展至今，许多低代码平台主要是拓展了 Excel 的能力边界。此外，随着云计算的发展，低代码平台也逐渐支持云原生架构，将 DevOps、微服务等新兴技术串联起来。

在选择低代码和无代码工具时要考虑以下几点。

（1）供应商锁定。每个工具都有自己的方法、框架和数据模式，以将设计和逻辑转换为可执行的构建，这些方法、框架和数据模式在某些环境中是稳定的。将工件（如代码和设计）从一个 LCNC（低代码和无代码）工具或环境转移到另一个工具或环境，如果不进行重大修改或者使用应用程序现代化或迁移服务，则可能不容易做到。

（2）良好开发实践的优先级和观点的冲突。LCNC 工具在如何从设计中生成代码方面非常特别。LCNC 工具的方法可能不适应用户所定义的优质代码的属性（如可扩展性、可维护性、可扩展性、安全性等）。例如，Microsoft Excel 的 Macro Recorder 会注入额外的代码行，而这些代码不一定需要执行所需的动作。技术专家应该审查和重构生成的代码。

（3）与企业的应用和系统不兼容。LCNC 平台的真正好处在于它能够向开发者公开企业和第三方技术与服务。这种能力通常要求用户的技术和服务在架构及结构上与 LCNC 平台兼容，数据、安全协议和其他标准与政策在用户的 LCNC 生态系统的所有实体中得到一致采用和执行。系统质量低下、无人管理的技术债务及封闭和孤立的技术生态系统会增加实施与扩展的工作量和成本。

（4）与当前应用开发和管理工具的集成。LCNC 工具应该是从用户现有的应用开发和管理工具中延伸出来的,这些工具提供了版本管理、测试、监控和部署等能力,以维持一个有价值的应用组合。如果没有这种集成,则 IT 部门将无法实现以下工作:

- 在 IT 仪表盘上发现问题的根源,或者发现报告给服务台的问题的根源。
- 将有缺陷的应用程序回滚到以前的稳定状态。
- 获得一个完整的应用组合清单。
- 对高风险的应用程序进行全面测试。
- 在整个开发生命周期中跟踪工件。
- 生成关于发布状态的报告。

1.1.2 低代码产生的原因

应用程序开发是一项复杂的业务,需要多种语言支持,各种与编译、测试、部署应用程序相关的工具知识,以及对客户体验的理解能力、数据处理能力、安全技能、在多个渠道(包括 Web、移动和桌面)上提供体验的能力等。随着信息化需求越来越迫切,越来越多的企业开始采用迭代的方法为员工及其客户提供应用程序。

相比于传统的软件交付模型,快速迭代可以在对用户干扰最小的前提下,快速实现对系统和用户界面的小规模更新或改进。新的交付模型对应用程序的构建速度提出了更高的要求,催生出了“低代码开发”这种全新的软件开发技术。低代码平台的主要特点之一就是它通过可视化设计等技术,大幅度减少了构建新业务应用程序涉及的传统手动编码的数量,这意味着使用者可以更快地完成项目交付。

随着在充满挑战的全球经济中以更少的花费实现更多目标的压力,越来越多的组织正在改变其观点,并采用简单、快速的低代码/无代码应用程序开发平台。采用低代码/无代码平台、数字流程自动化和协作式工作管理的企业比仅依靠传统发展方式的企业反应更快、更有效。便利性、敏捷性、集成能力是企业大力支持低代码开发的关键驱动因素。

1. 传统的软件开发不能适应大数据时代发展的步伐

在传统的软件开发过程中,开发方需要向需求方详细调查、了解并分析软件产品中涉及的大量的业务流程、功能界定、数据模型、界面设计等要求。这就要求开发人员必须具备一定的经验,能够理解需求方的业务流程并转换成正确的系统逻辑才能完成开发。对于缺乏业务经验的开发人员来说,由于不能深刻理解需求方的业务逻辑,因此往往导致开发出的系统存在逻辑不一致的问题、Bug、过程障碍等隐患。开发方不了解业务如何运行,需求方不了解系统技术和逻辑,双方存在认知和沟通方面的偏差。因此导致开发周期长、开发工作量大、开发成本高。

随着企业信息化、数字化进程越来越快,迫切需要一种快速构建软件产品的开发技术。低代码开发是一种可以快速构建、快速交付的软件开发技术。

传统的软件开发需要投入大量的专业软件工程人员和编码及维护人员,跨业务开发困难、低效、成本高。低代码平台最大限度地减少了代码在开发过程中的应用,普通的配置人员在可视化界面中以拖曳方式直接生成应用程序,极大地降低了常规应用程序的开发复杂度,提升了应用程序的开发效率。图 1-1 所示为传统开发模式与低代码开发模式之间的区别。

图 1-1　传统开发模式与低代码开发模式之间的区别

　　与传统开发模式对比，低代码开发模式在保密性、开发效率、成本价值、需求价值等方面均占有较大优势，如表 1-2 所示。使用低代码开发模式开发应用程序，开发效率可以提升60%～80%，而成本则只是原来的 20%～30%。

表 1-2　传统开发模式与低代码开发模式之间的比较

对　比　项	传统开发模式	低代码开发模式
保密性	开发任务外包给第三方，业务不保密	内部人员即可完成
开发效率	需要从 0 开始编写代码，效率低，需要投入大量专业人员	代码主要部分已经封装好，只需要对应用程序进行调整，就能开发出需要的应用程序，效率高，投入人员少，普通人员即可完成
成本价值	开发周期长，成本高	开发周期短，成本低
复杂性	从 0 开始实现系统开发，整体工作比较复杂	应用程序在低代码平台上搭建，简化开发，更关注用户需求
维护	只能通过代码更改软件，维护复杂	支持通过可视化配置更改软件，提供的服务与业务需求一致
贴近实际业务	开发人员和提供技术支持服务的人员是同一个团队	开发人员和提供技术支持服务的人员是同一个团队
需求价值	需求之间存在冲突，对应用程序会产生影响	业务人员参与开发，可以快速构建应用产品来验证想法

2. 低代码技术对软件开发的门槛要求更低

　　尽管现在作为需求方的客户要求越来越高，但是低代码技术对于软件开发人员来说，技术门槛更低。开发人员不需要像传统软件开发那样去一行一行编写代码，只需要掌握一款工具就能完成项目交付，而不需要同时使用多款工具，学习和管理成本与风险都能因此得到降低。用户通过拖曳配置式操作即可快速构建出能够同时在 PC 端和移动端运行的各类管理系统，可以减少 80%以上的开发工作量。从而实现在专注业务的同时，开发出一款符合业务场景的应用程序，并快速投放使用。

3. 低代码开发和维护的成本更低

　　SaaS（软件即服务，是云计算的一种模式，即通过云平台提供软件服务）模式的出现，解决了传统信息化带来的诸多问题。在传统信息化模式下，无论是通过独立开发部署还是购买信息化产品,这些产品均不可避免地带有私有化、个性化的特征。一方面,对于客户来说,软件的成本过高,需求一旦定制很难再升级;另一方面,对于供应商来说,落地实施的成本很高,产品版本分化严重,后期维护成本很高,服务能力降低。当更新的产品投产上线时,如果不能兼顾原有客户的迭代升级等权益保障,则将导致客户体验差。所以,对于很多中小型企业来说,SaaS 模式的出现,不仅解决了初期软件投入成本过高的问题,还不需要招聘太多专业的信息技术人员进行维护,因此 SaaS 模式逐步被接受。

但是随着客户越来越多,SaaS 也面临着需求个性化的问题。如果要满足个性化需求,则需要在产品上增加定制开发功能。而当无法把各个客户的需求进行统一抽象时,创建个性化功能模块就是应对个性化开发的方法。但是这种做法会让产品和代码变成一个"大泥球",给未来的开发与维护造成巨大的困难。为了应对个性化需求,要为每个客户创建分支版本。这种做法的结果是产品分化的版本越来越多,版本维护和运维的成本将会非常高。这种做法和传统的软件交付模式其实没有什么差别。

因此,为了给 SaaS 应用提供具有个性化需求的定制开发能力,需要一种新的开发模式或平台,PaaS 平台就是一种具备开发能力的平台。为了降低在 PaaS 平台上开发的难度和工作量,低代码平台应运而生。与传统的开发模式、SaaS 模式及 PaaS 模式相比,低代码开发和维护的成本更低。

4. "解放"程序员

总体而言,在这个信息化高速发展的时代,成为一名程序员是一件令人兴奋的事。程序员有更多机会来交付那些对客户及其业务起到重要作用的软件系统。为了快速开发出这些核心业务系统,程序员需要更加专注于将软件的核心价值传递到客户手中,而不仅仅是技术工作和编写代码。事实上,越来越多的企业正在建立和改造开发团队来充分实践这种思维,让程序员承担更上游的工作,甚至成为解决方案构建过程的核心。

这个转变意味着程序员不能再延续"一切都需要从头开始构建"的思路,而是需要像架构师那样充分利用强大的开发平台、AI、物联网和机器学习等服务,快速交付软件的核心价值。这时,具备强大集成能力的低代码平台就能提供更大的帮助。它可以帮助程序员摆脱"增删改查"等枯燥的重复编码,让他们能够集中精力满足那些与周边软硬件及互联网服务对接的需求,并深入整合各种资源来帮助企业取得成功。

5. 产业政策成为推动低代码发展的重要因素

(1)国家顶层规划要求加快数字化建设。2021 年,《中华人民共和国国民经济和社会发展第十四个五年规划和 2035 年远景目标纲要》发布,提出要加快数字化发展,建设数字中国。国务院制定并发布的《"十四五"数字经济发展规划》提出加快推动数字产业化,以数字技术与各领域融合应用为导向,推动行业企业、平台企业和数字技术服务企业跨界创新,优化创新成果快速转化机制,加快创新技术的工程化、产业化。工信部制定的《"十四五"软件和信息技术服务业发展规划》提出开展工业技术软件化过程的理论和技术研究,突破知识工程、低代码化等生产体系和生产关系优化的关键核心技术。

(2)数字经济市场规模巨大,增长预期强劲。由中国(深圳)综合开发研究院于 2020 年 11 月 3 日发布的《中国数字化之路》报告预测,2020~2025 年,我国数字经济年均增速将维持在 15%左右;到 2025 年,我国数字经济规模将有望突破 80 万亿元,占 GDP 的比重达 55%;到 2030 年,我国数字经济体量将有望突破百万亿元。

（3）IT 人才资源缺口较大，尤其是编程人才奇缺。据统计，目前国内从事 IT 行业的总人数约为 1500 万人，而会编写代码的开发人员则只有 700 万人左右。按照 15% 的增长率，我国 IT 行业每年约增加 225 万个新岗位，考虑 5% 的退休和离职率，市场的人员需求规模已达到 300 万。减去我国每年 IT 行业 200 万左右的新增人员，每年大约有 100 万的 IT 人才缺口。

一方面，实施成本居高不下。我国 IT 行业人员的年平均工资已达 17.2 万元。软件行业开发人员的薪资增长为企业发展带来了非常大的人力成本压力。同时随着产品迭代速度的不断增加，冗长的开发时间已经成为众多 IT 企业发展的瓶颈。

另一方面，实施效率低下。使用传统开发模式，开发简单页面需要 2 天，开发接口需要 3 天以上。使用低代码开发模式，开发页面的时间可以缩减到 1 天，并且简单接口支持自动生成，配置复杂接口仅需要 1 天。

在国家产业政策的指引和数字经济增长的驱动下，低代码迎来了发展的良机。目前，低代码技术覆盖了制造业、金融、医疗、房地产、零售、餐饮、航空等众多行业，应用场景非常广泛。随着越来越多低代码厂商的加入，低代码平台将会覆盖更多应用场景，个性化和细分行业应用场景将是低代码市场的一片蓝海。

1.1.3 低代码技术的类型

低代码技术可以分为页面驱动、数据驱动、模型驱动等 3 类。

1. 页面驱动

页面驱动是指用户直接设计页面、表单、规则，而不考虑数据模型，用户根据低代码平台提供的 UI 控件实现布局、表单、页面、单据设计，页面显示就是把设计还原呈现，最后直接供最终用户使用。

目前，市场上常见的表单设计器、流程设计器、规则设计器等基本都属于页面驱动，这类设计基本不用考虑数据模型，用户设计成什么样就是什么样，并且用户可以非常快速且容易地上手，所以目前展示类、快速原型、示意图、To C 类多以这类方式实现。

页面驱动由于采用可视化页面设计，只考虑呈现效果，因此实现上也简单，并且主要针对前端，自动生成对应的表结构和数据处理逻辑。

页面驱动的优点：对不懂代码逻辑的业务人员友好，能够快速实现简单业务开发。

页面驱动的缺点：无法实现超复杂、容量较大的软件构建。

2. 数据驱动

数据驱动着眼于数据，重视解决数据"从哪里来""给谁用"的问题，既不依赖于数据结构，也不依赖于业务流程本身。从整体上看，低代码正从基础表单向数据驱动递进，其功能性逐渐提升，覆盖更多业务场景。构建数据驱动软件有以下 3 个步骤。

第一个步骤是建模，即建立领域模型。建模本质上说是数据驱动，但是所有的软件底层都是数据模型。数据驱动的软件构建底层也要建立领域模型，只不过这里的建立既不靠行业领域的专家，也不靠笼统的表单拖曳，而是把两者结合，通过业务人员拖出表单或页面，然后做自动融合建模的算法。使用低代码技术建模只需关心界面和逻辑，最后的模型按照最优的建模思路去做优化调整，相当于通过表单驱动的形式配置出来的应用程序却具有模型驱动通过专家构建的底层模型。

也可以通过样例数据或已有的业务数据，运用实体识别与发现算法，自动构建领域模型。

第二个步骤，通过沉淀好的领域模型数据，帮助推荐出客户需要的模型。

第三个步骤，把模型做成知识库。根据客户的需求，自动生成领域模型甚至是跨领域的模型。

数据驱动的优点：支持数据结构可视化设计，后续可持续、敏捷修改，实时响应复杂多变的市场需求。

数据驱动的缺点：如果业务场景发生变化，则数据结构就需要改动，从而使软件的开发工作量加大。

3．模型驱动

模型驱动是指首先把要表示的对象模型及模型关系规划并设计好，然后根据模型去设计页面、表单、单据等，页面上能呈现的数据来源于提前设计好的数据模型，页面显示时和页面驱动是一样的，都是根据表单设计器设计去还原页面，以供用户使用。

目前，这类开发方式主要用在系统性的平台或业务系统中，尤其是 To B 的系统，或者是在已有的系统上扩展功能需求，如 OA、EHR、理赔、物流等系统。

模型驱动通过数据结构的定义来描述业务的核心能力；模型驱动在构建软件时会先构建数据结构，再构建业务场景。功能实现其实与页面驱动类似，可以先设计页面，再与模型映射，也可以根据模型映射页面上的控件，这两种方式都可以，最终形成的页面的页面设计结构类似。

模型驱动的优点：复杂场景满足度高，形式丰富，支持构建复杂业务逻辑、大型软件系统。

模型驱动的缺点：平台灵活性与业务响应速度较低。

1.1.4　低代码的发展历程

1．从 SaaS 应用的发展看低代码的发展

其实低代码并不是一个新概念，其最早可以追溯到 20 世纪 80 年代，它的名字是"可视化编程"，指的是用很少的代码或几乎不编写代码快速开发应用，并快速配置与部署的一种技术和工具。

20 世纪 80 年代，第四代编程语言诞生，IBM 开发工具（RAD）被冠以新的名称——低代码，"低代码"概念面世。

到了 2000 年，"VPL"（可视化编程语言）出现，其在第四代编程语言的基础上，把系统运行的过程以更视觉化的方式呈现。

推动现代低代码开发模式发展的是 SaaS 应用的发展。2007 年，Salesforce 面向开发人员推出的 Force.com 应用开发平台，第一次将低代码应用到 SaaS 应用中。2014 年，研究咨询机构 Forrester 首次提出了"低代码/零代码"的概念，随后在 2018 年 Gartner 又提出了 aPaaS，其与当下的低代码/无代码概念更为接近。从 2018 年开始，低代码相关的平台、厂商及应用相继呈现爆发式发展。2020 年，低代码渐成风靡之势，已经获得市场广泛认可，因此 2020 年也被称为"低代码元年"。

Salesforce 开启了 SaaS 模式之后，21 世纪初，SaaS 模式还处于市场探索的萌芽时期，直

到 2014—2018 年才进入快速发展期。但是 SaaS 应用的发展也面临着一些新的问题,比如客户越来越多,带来需求个性化的问题,导致 SaaS 应用的复杂性不断增加。Salesforce 其实指明了道路——SaaS 应用的 PaaS 化,即通过提供具备开发能力的 PaaS 平台,为 SaaS 应用提供定制开发能力。为了降低在 PaaS 平台上开发的难度和工作量,低代码平台应运而生。

2. 从企业数字化转型需求看低代码的发展

在数字经济时代,产品更新换代的速度加快,市场需求更迭同步提速,企业需要不断提升软件开发效率和市场响应速度。但是传统的开发模式对企业数字化转型提出了巨大的挑战,导致出现了一些问题和痛点,具体分析如下。

从满足需求的角度,资源缺口导致长尾需求无法满足;从降低成本的角度,软件成本高导致全面数字化推动力不足;从改善系统架构的角度,传统系统架构的可扩展性及集成度不高;从孵化创新的角度,重复建设、标准不统一、业务协同差导致对新业务的支持度不高。而低代码开发的拖曳的可视化开发方式、乐高式的应用搭建、共生的一体化平台等特点能够在一定程度上解决企业数字化转型过程中出现的这些问题和痛点。

3. 从技术和企业数智化的演进看低代码的发展

企业数智化的发展经历了几个阶段,每个阶段都伴随着信息技术的巨大变革,在前两个阶段,开发工具的推动起到了很大的作用,开发语言的高级特性及开发工具的能力提升,让工程师的开发效率获得提高。到了互联网化的阶段,云计算、虚拟化、容器化带动了云端技术的巨大发展,特别是云原生技术的提出和发展,让基于云端的开发发生了质的变化。

软件开发技术发展的核心原则是让技术实现更简单,而低代码开发的目的也正好符合这个原则,所以低代码开发模式得到认可和发展也在情理之中。

1.2 低代码的功能

1.2.1 低代码的能力

1. 低代码的核心能力

目前市场低代码的发展速度非常迅猛,国内的低代码厂商超过 120 余家,包括宜搭、织信 Informat、简道云、飞算 SoFlu 等低代码平台。那么低代码究竟有什么过人之处,能如此获得市场青睐呢?经过近几年的发展和沉淀,市场普遍认为,低代码具备三大核心能力,即全栈可视化编程、全生命周期管理和低代码扩展能力,如图 1-2 所示。

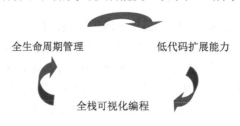

图 1-2 低代码具备的核心能力

（1）全栈可视化编程：在可视化界面中通过拖曳的方式完成编程是低代码最基本的特征。除了编辑过程可视化，可视化还有一层含义是成果可视化——编辑完成后，所见即所得。

（2）全生命周期管理：低代码平台是一站式的应用开发平台，因此支持应用的完整生命周期管理，即从设计阶段开始，历经构建、开发、测试和部署，一直到上线后的各种运维和运营都可以通过低代码平台管理。

（3）低代码扩展能力：使用低代码开发应用，并不是完全抛弃代码，因此平台必须能够支持在必要时通过少量的代码对应用的各层次进行灵活扩展，如添加自定义组件、修改主题CSS 样式、定制逻辑流动作等。

由于低代码平台对代码需求量少，随之而来的 Bug 也会更少。因此，开发环节中最令人头疼的"赶需求"和"修复 Bug"就都少了，测试、运维的工作量也会随之减少。于是便实现了软件开发的降本增效。

此外，低代码屏蔽了底层技术细节，减少了不必要的技术复杂度，在降低技术门槛的同时，开发人员可以更多地关注核心的业务逻辑。

2．低代码平台的能力

1）多端应用开发

低代码平台支持 PC 端应用开发和移动端应用开发，移动端低代码平台支持 H5 页面、小程序等的开发。

2）可视化开发

（1）页面可视化：实现页面创建、页面尺寸设置、UI 组件和控件的拖曳式编排与配置、两种及以上 UI 组件和控件的交互配置等（如配置事件和动作、配置组件间联动、配置组件的隐藏或显示等）。图 1-3 所示为典型的页面可视化开发界面。

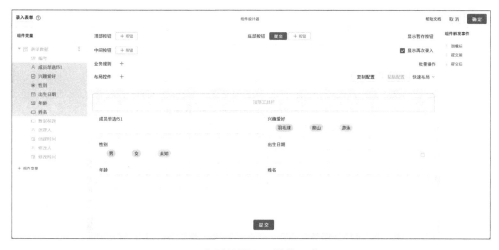

图 1-3 典型的页面可视化开发界面

（2）模型可视化：实现数据结构建模、设置表与表之间的关系、数据库导入映射成数据模型等。图 1-4 所示为典型的模型可视化开发界面。

（3）数据可视化：实现实时数据采集、调用接口获取数据、数据处理逻辑编排和配置、多种图表展示数据等。图 1-5 所示为典型的数据可视化开发界面。

（4）流程可视化：实现页面流编排、流程人工任务配置、流程功能配置、多种流程实例操作、流程版本管理、流程有效性测试等。图 1-6 所示为典型的流程可视化开发界面。

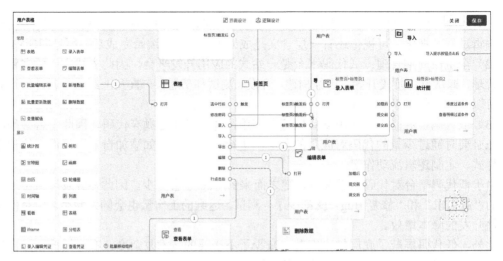

图 1-4　典型的模型可视化开发界面

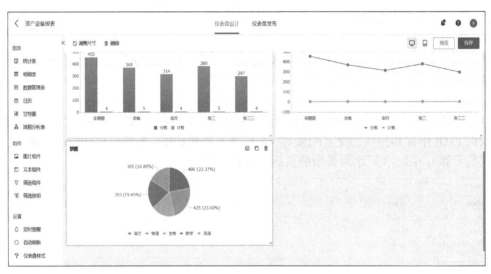

图 1-5　典型的数据可视化开发界面

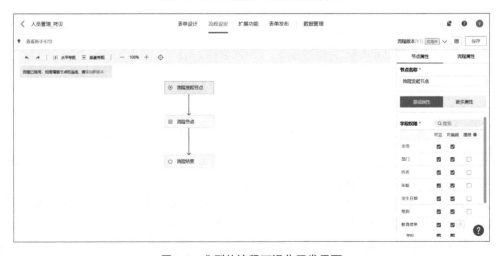

图 1-6　典型的流程可视化开发界面

（5）场景可视化：实现主流 3D 模型格式、模型转换能力、数据大屏等。图 1-7 所示为典型的场景可视化开发界面。

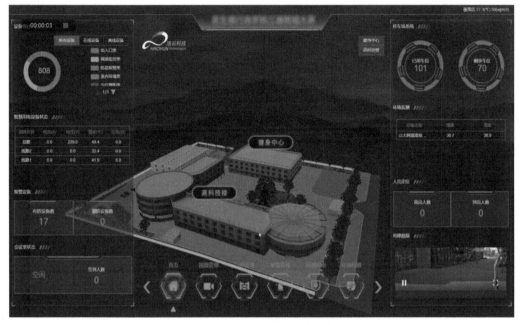

图 1-7　典型的场景可视化开发界面

3）应用生命周期

（1）开发管理：提供常用代码片段或常用函数，可以在线调试应用、预览、查看历史版本等。

（2）测试管理：提供测试环境搭建功能，可以使用集成第三方的测试管理系统进行白盒测试、自动化测试等。

（3）部署发布：可以实现一键式部署、脚本部署、离线本地部署等。

（4）运维运营：可以实现应用的启动、停止、升级操作，以及版本管理、版本回滚、本地备份等。

图 1-8 所示为版本管理对话框。

图 1-8　版本管理对话框

4）产物可复用

（1）组件/控件模板：包括机构树、选择人员、选择机构等功能组件。

（2）页面模板：包括左树右列表、上表单下表格、左树右表单、门户布局等功能组件。

（3）应用模板：包括 CRM 应用、进销存管理系统、物联网平台等功能组件。

图 1-9 所示为"模板中心"对话框。

图 1-9　"模板中心"对话框

3. 低代码平台的优势

1）提高开发效率和降低成本

由于低代码平台使用大量的组件和封装的接口进行开发，以及集成云计算的 IaaS 和 PaaS 层能力，因此使得开发效率大幅度提升。普遍的观点是：低代码能够提升开发效率，并大幅度降低开发成本。在激烈的市场竞争中，谁可以用最快的速度将商业创意推出上线，谁就占据了竞争的主导地位，而低代码恰巧可以满足这个要求。

2）降低应用开发的准入门槛

比如在工业互联网行业，从自动化到信息化，再到智能化，不同领域（如 IT、OT、CT 等）、不同技术背景的工程师都需要得心应手的工具，以推动数字化转型的进程。

在实际工作中，IT（信息技术）工程师看重程序，OT（运营技术）工程师看重设备，CT（通信技术）工程师看重通信，彼此之间不同的视角和流程需要通过行之有效的工具进行融合。在这种情况下，低代码便是极佳的候选技术。它利用一种新的软件文化，让来自不同领域的工程师们的思维和逻辑相互渗透，降低人力和时间成本。用户可以基于图形化用户界面，通过拖曳、参数配置、逻辑定义、模板调用等方式完成应用的构建，将开发效率提升几倍甚至十几倍。

3）打破信息系统的孤岛

无论是工业互联网平台还是低代码平台，都在呼应一个共同的大趋势：企业需要将现有系统更好地集成，打破孤岛，快速迭代，以便响应快速变化的市场环境。因此，应用需要更简便地与现有信息系统集成，并在新技术出现时更好地适应新变化。

这种情况在物联网领域尤为突出。物联网的应用种类更多，集成难度更高。一套有效的物联网解决方案需要调度端、边、管、云、用等各方资源，不仅要兼顾传感、语音等交互方式，随时保持 5G、Wi-Fi 等连接在线，还要适应环境各异的物理空间中的各种状况。这就需要物联网的应用与大量的数据资源、各种传感器、外部 AI 与分析能力、边缘计算等通通相连。低代码除了可以解决已有系统的打通和串联问题，还可以直接构建新的应用。

4）加速各种业务数字化服务的进程

低代码体现的是一种"优先考虑各种能力的服务化"的新思维。工具永远只是工具，它只有在善于使用的人手中才能发挥出最大的价值。低代码平台作为一种工具可以做很多事情，不过到底怎么做，以及怎样做效果好，最终要看使用工具的人。

使用低代码平台，让用户拥有解决自身需求的技术，这也是此类平台现在备受关注的重要因素。在低代码这个"翘板"的两端：一端，低代码降低了编程和开发的复杂度；另一端，用户可以将更多精力用于应用和流程的抽象提炼，构建通用模块，将各种能力转化为服务。

企业自身对现有和未来业务的理解、对工具的熟悉及清晰的逻辑和产品思维，是实现企业数字化转型的一个关键点。低代码不仅让企业内部的各种应用可以用搭积木的方式实现，还可以将面向企业外部的解决方案组合成行业套餐。

这种思维贯穿于工业互联网平台、数据中台、云原生、微服务等领域，可以说各种工具仅仅是手段，最终输出的是理念和价值。

降低开发门槛、打破信息孤岛、加速能力服务化，低代码快速发展的背后是技术、企业和商业期望的变化。

1.2.2 低代码平台的特点

低代码平台具有开放度广、集成能力强、易用性及安全性高等特点。

1．开放度

低代码平台的开放度是指体系开放度和扩展能力。

1）体系开放度

低代码平台支持以下开源前端技术框架、开源前端样式库和组件库、开源中间件、开源数据库及开放技术标准等。

- 开源前端技术框架：React、Vue、W3C Web Component 等。
- 开源前端样式库和组件库：AntD、Element UI 等。
- 主流开源中间件：开源缓存中间件、开源消息中间件、开源服务中间件等。
- 主流开源关系型数据库和非关系型数据库：MySQL、Oracle、MongoDB 等。
- 主流开放技术标准：BPMN 工作流技术标准、OpenAPI 规范、异构平台交换和协作能力等。

2）扩展能力

- 低代码平台支持符合组件标准和规范的页面组件以可插拔方式加入平台。
- 低代码平台支持模板以可插拔方式加入平台。
- 低代码平台支持对接体系二次开发。
- 低代码平台支持业务逻辑定制开发。

2．集成能力

低代码平台具有对外集成、应用集成、系统集成等集成能力。

1）对外集成

低代码平台可以开放应用的对外集成接口，使外部系统可以集成到平台上，外部系统可以查询、管理应用的状态，并进行功能扩展。

2）应用集成

- 服务集成，可以集成 API 网关服务注册和外部 API 调用管理等服务。
- 数据源集成，可以连接外部数据库，实现多数据源集成（一个应用连接多个数据库）。
- 门户集成，可以在一个应用门户内集成多个低代码平台应用和非低代码平台应用。
- 页面集成，通过集成平台引用其他系统的数据，可以将企业的信息资源进行整合，以图、表、页面的形式展现到门户。
- SSO 集成，SSO（Single Sign On，单一登录）是一种身份验证机制，它允许用户使用单一的凭据登录多个相关应用程序或系统，在多个相关联的系统并存的环境下，用户只需要登录一次就可以访问所有系统，以此简化登录过程，提升用户体验，并显著降低 IT 管理员对用户账号、密码的维护成本。

3）系统集成

- 集成外部系统的能力，如主流社交工具、主流物联网平台、支付平台、ERP 系统等。
- 平台集成场景下数据规则转换的能力。
- App 原生能力，通过低代码生成的 App 可以调用原生能力，如语音、摄像头、短信、GPS、蓝牙等。

3．易用性

易用性是指在不编写代码的情况下就能够完成系统搭建和运转的功能，这既是低代码平台生产力的关键指标，也是市场选择使用低代码的初衷，目的在于提升企业实现数字化转型的效率。

产品是否易用，一般由使用者进行评价，而企业级低代码产品的使用者一般是业务运维人员或开发人员，并以此为依据将产品主要划分为面向业务运维人员或面向开发人员两类。

面向业务运维人员的低代码产品以简道云、氚云、明道云、织信为代表，以代码实现字段化、普通员工即可灵活搭建等为特征，价格也比较低，因此深受中小企业的青睐。

面向开发人员的低代码产品有 iVX、华炎魔方、葡萄城等，具有应用系统特征，可以为开发人员提供数据库，兼容性强，开发性能好，并且能够在一定程度上提升 IT 技术人员的开发效率，所以类似的低代码产品更适合大型企业使用。

除了易用性这一大特征，Gartner 在 2020 年的低代码报告中，根据市场的发展趋势，更新发布了"编程扩展"和"平台生态"两大功能，首次对低代码平台的拓展性能提出要求，明确新一代企业级低代码平台的关键技术能力。

以浩云科技股份有限公司为例，其低代码平台的易用性主要体现在以下几个方面。

（1）学习成本。与主流纯代码开发技术栈匹配；提供对应产品的操作手册、平台操作教学、指导、操作步骤查询等服务。

（2）平台协作方面。多租户管理，包括但不限于租户隔离、共享、安全配置、资源分配等；多成员同时协作编辑、开发；组织内资源复用、数据共享；组织和成员的角色权限管理，包括但不限于访问权限、操作权限等。

（3）智能程度方面。自动推荐/选择布局、文案、内容等；根据模板的个性化设置自动匹配 UI 设计；根据数据及业务场景自动推荐/选择业务逻辑；自动产生大量 UI 功能模块、业务逻辑、实例流程等。

4．安全性

安全性是应用开发的重要组成部分。安全是应用成功的关键，也是所有开发人员应该优先考虑的事项，低代码开发也不例外。尽管低代码/无代码框架为专业开发人员和普通开发人员提供了一种简单的开发范式，但是它们仍然需要代码的支持，即底层仍然是由代码构建的，安全性是低代码应用开发考虑的重要因素。以浩云科技股份有限公司为例，其低代码平台的安全性主要体现在以下几个方面。

（1）身份安全方面。身份认证安全，包括但不限于服务端认证、登录验证码、登录失败一般性提示等；身份管理安全，包括但不限于账号唯一性、口令复杂度配置、有效期配置、登录失败锁定、口令防暴力破解等。

（2）数据安全方面。数据传输安全，包括但不限于数据加密、签名等；数据存储安全，包括但不限于数据库、配置文件等；数据库管理安全，包括但不限于扫描发现数据库安全隐患、数据库审计实现操作全记录等。

（3）系统安全方面。入侵检测与防护，日志监控，异常检测；告警信息操作管理，以及告警的查询、确认、清除；Web 应用系统漏洞的自动化扫描，能够有效规避已知的各种漏洞，能够有效防止 XSS 攻击、CSRF 攻击、注入攻击、SQL 注入攻击、越权访问等。

虽然低代码和无代码有诸多优点，但是仍然需要澄清对低代码和无代码的误解与迷思。低代码和无代码将取代人类吗？答案是否定的。LCNC 工具的自动化无法处理例外情况或需要人类参与的情感和心理因素，需要 IT 技术人员来维护和加强平台运作。低代码和无代码并不是 100%准确的。使用 LCNC 工具进行开发和使用原始脚本进行开发一样有效，或者和供应商的框架一样好。使用 LCNC 工具做出的流程和技术假设在所有情况下可能都不正确。很显然，并不是所有业务流程和能力都可以用 LCNC 来支持的。那些定义明确、基于规则且有一套清晰指令的流程是很好的选择。涉及多个角色、例外情况和敏感数据的流程可能不适合使用 LCNC。

另外，LCNC 的目的并不只是减少成本。LCNC 是业务运营和 IT 能力优化与创新的动力。由于使用 LCNC 后周转时间更快，因此 IT 部门的声誉得到加强。

1.2.3　低代码平台的应用场景

1．企业数字化应用场景

数字化转型是企业转型升级、实现业绩增长的重要推动力。然而，数字化转型的过程中充满挑战，如不断涌现的创新性业务需求、信息孤岛、切换成本、IT 人才缺口等。为此，在众多数字化转型的实施方案中，低代码平台因其"全民开发"的理念而成为首选，它可以帮助企业快速实现业务落地，并且从业务需求端倒推企业的数字化建设，这种模式区别于企业 IT 部门主导需求的传统模式。

在数字化转型背景下，需要快速响应市场需求或调整业务部门的流程，而这些需求主要由业务部门自主发起，由 IT 部门提供技术与服务，这种供需关系的转换需要业务部门的管理者及开发人员等直接参与整个企业的应用系统的建设，在低代码的稳定架构的基础上通过拖曳的组件柔性组装方式，快速搭建企业数字化应用。

以制造业场景为例。业务部门人员一般拥有丰富的工程生产、业务管理等经验，以及了解 OT 知识和一些专业统计方法等，但是对于 IT、DT（数字技术）知识则知之甚少。低代码平台通过内置的基础计算模型、工业机理模型，让"离业务生产现场最近的人"可以自助将自己的个人经验和工业知识转化成各种可复用的工业机理模型。这些工业机理模型可以在平台上被快速开发、测试、部署、验证和迭代，从而实现企业应用的开发与运维一体化。

2. 物联网应用场景

随着 5G 及物联网技术的普及和发展，越来越多的设备将接入物联网平台，这会带来两个方面（5G 技术方面和物联网技术方面）的应用场景。

第一，5G 技术方面，由于其具有高带宽、低延迟和高可靠性等特征，因此大量的计算需求将可以前移到移动设备端（也称边缘端），这也给移动设备端的计算能力带来了通过软件重新定义的可能，而在这种"软件可定义"的方式下，需要通过方便、可靠、简单的开发方式来高效、快捷地重新开发移动设备端的应用。

第二，物联网技术方面，各类传感器及协议、软件将共同作用于一个物联网平台，不仅需要大量新物联网设备的接入，也需要低代码平台这样快捷的开发平台帮助用户在第一时间将功能和数据接入平台。支持物联网的业务解决方案可以提高内部运营效率，提高用户参与度，而这又会让企业越发积极地寻找方法来交付新的物联网功能。

物联网应用很复杂，需要在许多不同的系统之间进行集成。首先要从物联网端点（如传感器、通信设备、汽车等）收集数据，这些数据本身并没有太多价值。物联网软件（如 Microsoft Azure IoT Hub、AWS IoT 等）可以处理和分析来自物联网端点的数据，还提供了 API 接口，以便使用和公开物联网服务。

使用低代码平台，现有的人员可以与物联网平台无缝集成来构建 Web 应用或移动应用，从而将物联网数据转化为可感知业务逻辑及可操作的行为见解，以供最终用户使用。此外，还可以轻松地将物联网应用与企业系统、天气或交通等第三方服务集成，以提供更多见解或触发物理操作，如在天气达到特定温度时打开空调等。

使用低代码平台，用户可以通过一系列可视化配置手段，大幅度降低物联网应用成本，并且可以将种类繁多的设备快速接入物联网，实现设备对接、报警、状态提示、定时控制操作等。

3. 门户网站

企业门户网站是客户与企业进行交互、查找服务或产品、获取报价、检查资源可用性、安排工作或下订单及进行付款的常见且流行的方式。低代码可以帮助企业快速创建具有公共前端或用户界面的门户阵列，而不是手动编码 HTML 和后端组件。低代码平台支持企业门户网站场景，支持配置轮播图、帮助手册、公司历程等。

4. B2C 移动应用

在数字化转型时期，网上销售是将产品快速推向市场的一个有力渠道，在移动互联网已经十分成熟的今天，基于移动平台的网上渠道尤其如此。B2C 移动应用是一种典型的创新型应用，比如投资新的数字自助服务（如移动应用）可以极大提高客户满意度，开拓新的业务收入来源。然而企业通常的状态是：缺乏开发移动应用所需的各类资源，并且面临适配各式各样移动设备和操作系统版本的挑战。

与此同时，在业务需求层面，由于商品种类繁多，各商品属性的不同会带来用户 UI、界面逻辑、页面流程等的不同。因此，面对 B2C 移动应用场景，低代码平台是一个非常合适的选项，而且在企业各核心系统中执行中台战略，构建了基于数据与业务中台的数据集和基本业务逻辑或业务接口后，IT 技术人员或业务人员使用并实施低代码平台的门槛已大大降低。

低代码平台使企业可以轻松地与现有的员工一起，从单个开发平台构建面向不同目标用户平台的移动应用。例如，基于 Mendix 开发平台，利用 React Native 框架为 Android 和 iOS 用户平台快速构建移动应用。

低代码平台支持配置生成电商购物页面，并且支持移动端，同时支持配置生成后台管理页面。

另外，低代码平台支持小程序（如微信小程序、支付宝小程序、钉钉小程序等）、原生 App（如 iOS、Android 等系统 App）、H5 页面等移动端应用开发，同时支持数据大屏（BI 分析）应用场景和数字孪生应用场景等。

1.2.4 低代码的配置过程

大多数低代码平台支持积木式的可视化开发，通过拖曳组件，采用类似搭积木的方式快速实现应用系统落地，从而降低软件开发的门槛。普通人员通过培训后可以快速搭建应用。图 1-10 所示为通过低代码构建软件系统的 5 步生成法。

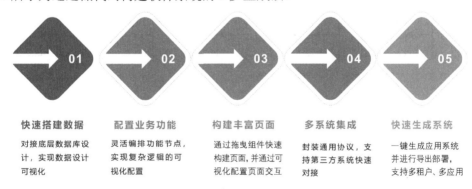

图 1-10 通过低代码构建软件系统的 5 步生成法

1. 快速搭建数据

对接底层数据库设计，实现数据库设计可视化。在设计数据表中的字段时，支持快速绑定对应控件，实现页面的自动生成。生成方式类似使用 SQL 语句执行过程。

2. 配置业务功能

通过可视化配置，灵活编排功能节点，可以将复杂的代码逻辑通过流程图的形式直观地表达出来，可读性和可维护性变得非常高。这样带来的好处是，在开发人员阅读和维护其他人编写的代码时，再也不用担心注释不规范、文档不齐全的问题，逻辑编排生成的逻辑图谱就是天然的产品文档。

3. 构建丰富页面

这里的页面并非单指 Web 页面，在 App 或小程序中每打开一个界面，都可以视为一个页面。通过拖曳组件快速构建页面，并通过可视化配置页面交互。

4. 多系统集成

不仅可以封装通用协议，还支持第三方系统快速对接。对于常用的应用（如微信、钉钉等），可以将其做成定点接口，支持直接使用，不需要自定义通信协议。

5. 快速生成系统

在完成应用创建后，用户可以一键利用低代码平台的自动化部署模块，将应用快速部署到选定的环境中，实现应用快速导出部署。低代码平台支持独立应用发布。系统扩展模块发布支持多租户、多应用统一下发，支持分级继承应用，支持集中、分级混合管理模式。

1.3 低代码未来发展趋势

1.3.1 需求牵引的发展环境

调研数据显示，2020 年中国低代码/无代码的市场规模为 19 亿元，较上年增长 25.8%；预计未来五年将保持高速增长，增长率将维持在 49.5%左右，到 2025 年，低代码/无代码的市场规模将达到 142 亿元。低代码的发展脉络如图 1-11 所示。

图 1-11　低代码的发展脉络

目前，市场上的低代码平台厂商超过 125 家，其中包括百度的爱速搭、阿里的宜搭和阿里云 IoT、腾讯的神笔和微搭、华为的应用魔方 AppCube。以下是各个行业的低代码平台厂商。

- 办公软件厂商：金蝶、泛微、蓝凌、致远、用友等。
- 物联网平台厂商：涂鸦、浩云、阿里、科大讯飞、航天科技等。
- 商城小程序相关：iVX、有赞等。
- 问卷调查：问卷星、番茄表单等。
- 国外厂商：Mendix、OutSystems、微软等。

Gartner 机构预测，到 2025 年，企业 70%的新应用将会通过低代码或无代码技术开发，这将加快低代码市场的全面爆发。

当前整个低代码行业处于初始发展阶段，要面对与解决很多问题，但是以低代码技术重构数字化业务的厂商必须提前看到未来在低代码市场层面的竞争，这样才有存活的可能。而在大范围的普及过程中，低代码平台也会走向更加垂直细分的领域，面对千千万万的个性化需求，低代码的产品自定义能力也将是低代码平台厂商未来重点发力的方向。而这也是低代码平台厂商不断提升平台产品丰富度、完整度和竞争力的诉求与方向。

1.3.2　技术路径分析

从技术路径上分析，低代码通常被认为有表单驱动和模型驱动两种路径。

- 表单驱动：数据与存储结构相结合，整体围绕表单数据展开；其核心是通过工作流在软件系统中运转业务流程，并对业务问题进行分析和设计；数据的层次关系简单，与传统的 BPM 软件类似，应用场景相对局限，比较适合轻量级应用的打造，如 OA 审批、资料归档、客户管理等；主要面向业务人员。例如，国外的 Airtable 和 Smartsheet 及国内的活字格、轻流、奥哲氚云等采用这种技术。
- 模型驱动：数据与存储结构分离，面向对象将业务流程进行抽象呈现，在实操层面对业务领域进行建模，通过逻辑判断语句支持完善的业务模型；灵活性较高，能够服务于企业的复杂场景开发需求和整体系统开发，适合大中型企业根据核心业务进行个性化定制；主要面向 IT 开发人员。例如，国外的 OutSystems 和 Mendix、国内的 ClickPaaS 和奥哲云枢等采用这种技术。

国内低代码技术有从表单驱动转向模型驱动的趋势。现阶段，国内大部分低代码平台厂商采用表单驱动模式，可以满足大部分中小型企业的市场需求，但表单驱动难以覆盖企业内部的复杂场景，模型驱动更适合企业未来发展需求，其能将不同系统的数据更好地打通。图1-12 所示为低代码的两种技术路径。

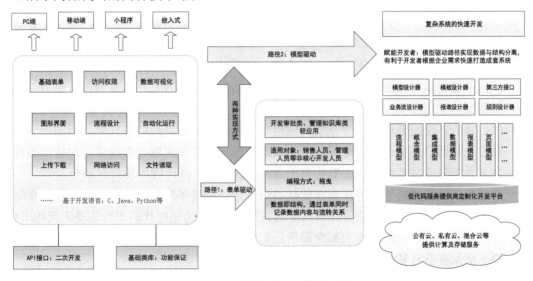

图 1-12　低代码的两种技术路径

从产品形态上看，采用表单驱动的低代码产品以表单设计为主，强调"所见即所得"，界面通常由组建区、编辑区/预览区、属性区/事件区这 3 块区域构成。首先将组建区的默认字段类型拖曳至编辑区进行布局，然后在属性区设置字段属性及形态，最后在编辑区进行布局调整，即可完成基础表单设计，后续辅以较为简单的审批或流转路径，即可满足企业部分业务场景。

采用模型驱动的低代码产品以模型设计为主，界面通常会先明确对象，面向对象进行属性和行为的设置，包括数据名称、数据类型等，完备的流程设计会有开始节点和结束节点，内置模块可以支持完成包括 If、While 等基本逻辑操作，关键在于将业务场景抽象为业务模型。

从产品的聚合程度上看，低代码平台可以分为聚合平台型和应用开发型两种。聚合平台型低代码平台集成多家低代码平台厂商的低代码平台，借助平台的流量为用户提供多元化产品，用户通过聚合平台型低代码平台进行交易。应用开发型低代码平台是低代码平台厂商自行研发、上架应用和运维的平台，用户直接与低代码平台厂商进行交易。两者的特征对比如图 1-13 所示。

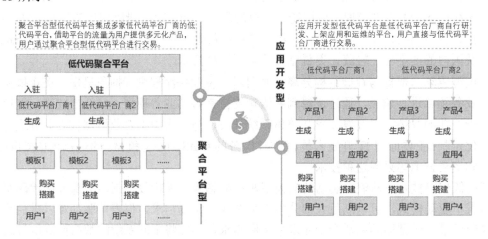

图 1-13　聚合平台型低代码平台和应用开发型低代码平台的特征对比

根据关于低代码/无代码的调研，低代码平台的关键技术以数据安全、接口集成、数据模型为主，其成熟程度将显著影响产品功能和用户体验，从而影响客户决策。

- 数据安全：企业通常采用云端部署架构，出于核心业务的数据安全考虑，大中型企业倾向于选择私有云部署，企业的数据安全能力反映在是否具有私有云部署能力、系统和数据的稳定性及权限管理能力等多方面。
- 接口集成：使用低代码平台开发的应用程序通常并不以系统的形式独立存在，而是钉钉、企业微信等平台上的便捷应用，或者需要与企业原有数据系统进行对接，编程接口与系统集成技术将会决定低代码平台的开放性有多高，应用场景有多全。
- 数据模型：数据模型能力体现在低代码平台可以搭建多复杂的业务流程，数据模型能力是低代码平台对用户业务理解深度的直观体现。无论是低代码平台还是无代码平台，对应用的开发在一定程度上都受限于已有的封装模块，数据模型越丰富、越细致，越容易满足客户对复杂和个性化场景的需求。

1.3.3　赋能企业数字化转型

低代码快速发展的背后是企业不断增加的数字化转型需求。由于企业需要简化一些范式化流程及重复性工作，再加上这些年企业对在线化、数字化需求的增加，企业的内外系统在这个大的环境中需要迭代响应，跟随潮流变化，因此低代码开始被企业接受。

低代码从各种质疑到成为企业数字化转型的选择之一，除了身份发生了变化，在这背后，更为明显的是低代码在这几年的发展与迭代中有了一些新的变化，而未来的可能性和趋势也值得讨论与关注。

随着当今世界经济的飞速发展，企业要想在激烈的市场竞争中占据一席之地，数字化转型是必然趋势。与传统开发模式相比，低代码开发模式可以帮助企业提高数字转换效率并降低维护成本和人工成本。因此，低代码的市场需求将会越来越旺盛。

相信在不久的将来，低代码平台这类开发工具会像办公软件一样成为帮助企业开发的基本工具。无论是企业的 IT 部门还是运营部门，都可以通过低代码平台自行构建应用程序。

在 Info-Tech 发布的《2022 年技术趋势调查报告》中，69%的 IT 行业从业人员表示，在疫情期间，数字化转型一直是他们企业的高度优先事项，而 LCNC 技术可以通过简化关键举措的实施和拉平企业采用的学习曲线来帮助企业加速数字化转型进程。企业想要实现数字化转型并非易事，因为许多企业必须克服阻碍 IT 现代化和创新的各种问题，例如，替换遗留系统的成本和难度，企业缺乏明确的方向或优先次序，缺乏足够的 IT 资金，企业与 IT 部门之间沟通不畅，创新项目的执行力不足等，而 LCNC 技术可以有效解决这些问题。

在企业全面拥抱数字化的进程中，不断简化范式化流程、减少重复性工作，是数字化时代各行各业变革的核心诉求，这也是低代码平台厂商需要思考和赋能的价值趋势，想要抓住价值增长的趋势，除了核心产品的创新，还需要优化企业业务发展和服务能力。数字化转型需要考虑的因素包括以下几点：

- 提高敏捷性，加速创新。
- 降低成本，提高效率。
- 实现新市场的增长。
- 应对不断变化的客户行为和偏好。

对于数量众多的中小企业来说，在自身 IT 能力的限制中，如何采取举措将外部的服务能力和自家的 IT 系统融合，保障企业数字化转型进程的价值赋能，是其接下来需要思考的方向。数字化转型的举措是将低代码与自动化、云计算、大数据和实时分析、人工智能和机器学习等技术融合。在这个方向的演进中，均可以通过低代码和无代码支持。因此，从某种意义上来说，低代码和无代码是数字化转型的关键。

1.3.4　应用侧发展趋势

1. 使用低代码和无代码来开发数字产品的原则

在应用侧，低代码和无代码被用来开发数字产品，这些数字产品有些是企业用于信息化建设的内部产品，有些是给用户提供特定功能、在市场上公开销售的软件。开发人员开发的数字产品必须跟上不断变化的业务需求和终端用户需求的步伐，并通过持续现代化来紧密支持开发人员不断成熟的业务模式，将开发人员的持续现代化集中在驱动商业价值的关键特征上。因此，在开发这些数字产品时，需要遵循以下原则。

（1）目的性。功能的设计与实施是为了满足终端用户的需求和解决他们的问题。因此，在开发数字产品时应以用户为中心，使终端用户认为该数字产品是有价值的、有吸引力的，可以让他们获得直观的和一种情感上的满足，使他们想再次使用该数字产品。

（2）适应性。数字产品可以快速定制，以满足不断变化的最终用户需求和技术需求，具有可重复使用和可定制的组件。

（3）可获取性。数字产品是按需提供的，并且是在终端用户的首选界面上的。终端用户在所有设备上都有一个无缝的体验。

（4）私密和安全。终端用户的活动和数据受到保护，不会受到未经授权的访问。

（5）丰富而独到的信息。数字产品提供可消费的、准确的、可信赖的实时数据，这对终端用户很重要。

（6）无缝的应用连接。数字产品通过不间断的用户体验，促进与一个或多个其他数字产品的直接互动。

（7）关系和网络建设。数字产品使人与人之间的联系和互动成为可能，并促进这种联系和互动。

2. 低代码和无代码的应用领域

低代码和无代码平台厂商需结合数字孪生、AI 等前沿技术，深入更大的范围、更多的领域，去解决它们无码化的问题。例如，AI 领域通过低代码解决的问题如表 1-3 所示。

表 1-3　低代码/无代码结合 AI 应用领域

领　域	解　决　问　题
智能平台	平台智能（如 AutoML 自动化机器学习等）、数据智能（如智能建模、数据挖掘、知识图谱等）、分析智能（如根本原因分析、智能预警、时序预测等）和应用智能（如流程自动化、智能推荐等）
数字孪生	对物理世界进行模拟、预测和反馈，优化业务成果。无代码的数字孪生在数用一体的基础上迁移了整个应用场景，数据持续迭代，及时反馈业务变化，为数字虚体和物理实体搭建了一个有效的闭环
AI 编程	不用打字，直接语音下命令进行编程。例如，直接对 AI 下命令"把每行开头的空格去掉"，AI 通过对接软件相应的接口，成功执行操作

国内低代码虽然起步时间晚，但是有着庞大的市场需求体量，随着近两年市场参与者的增多，低代码平台的生态体系逐渐完善，发展正在加速，逐渐出现以低代码产品为招投标的项目。低代码平台的出现，不仅能为企业缩短开发周期、降低运营成本、提高开发效率，还能发挥低代码配置灵活和复用性高的特点，为企业提供更加精益和优质的应用服务。

习　题　1

一、单项选择题

1. 下列哪一个不属于低代码技术分类中的类型？（　　　）

　　A．数据驱动　　　　B．模型驱动　　　　C．需求驱动　　　　D．页面驱动

2. 低代码/无代码的概念和下列哪一代编程语言的思想直接相关？（　　　）

　　A．1GL　　　　　　B．2GL　　　　　　C．3GL　　　　　　D．4GL

3．下列哪一个不是低代码产生的原因？（　　　）

 A．传统的软件开发模式不能适应大数据时代发展的步伐

 B．低代码技术使软件开发的门槛更低

 C．低代码开发和维护的成本更低

 D．传统的开发技术需要经常升级，而低代码不需要

4．低代码的核心能力不包括下列哪一项？（　　　）

 A．成本管理能力   B．全栈可视化编程

 C．全生命周期管理   D．低代码扩展能力

5．被称为"低代码元年"的是哪一年？（　　　）

 A．1980 年   B．2000 年

 C．2014 年   D．2020 年

二、判断题

1．低代码开发模式可以提升企业的开发效率，推动企业的数字化转型。（　　　）

2．由于低代码平台的出现，所有软件开发不再需要程序员了。（　　　）

3．低代码和无代码是同一个概念，两者没有区别。（　　　）

4．使用低代码平台，用户可以在可视化界面中通过拖曳的方式直接生成应用程序。

（　　　）

5．低代码技术可以分为页面驱动、数据驱动、模型驱动等 3 类。（　　　）

6．使用低代码开发应用程序就是完全抛弃代码。（　　　）

7．虽然低代码平台对代码的需求量少，但是隐藏的 Bug 也会更多。（　　　）

8．低代码平台具有开放度广、集成能力强、易用性及安全性高等特点。（　　　）

9．使用低代码平台，现有的人员可以与物联网平台无缝集成来构建 Web 应用或移动应用。

（　　　）

10．低代码平台仅支持 PC 端应用开发，不支持移动端应用开发。（　　　）

三、简答题

1．什么是低代码？什么是无代码？

2．简述低代码产生的原因。

3．低代码技术可以分为哪些类型？各有什么特点？

4．低代码的核心能力包括哪些？

5．简述低代码平台的特点。

6．低代码平台的应用场景有哪些？

7．简述低代码平台的配置过程。

第 2 章

低代码应用开发基础知识

低代码是一种可视化的应用开发方法，即用较少的代码、以较快的速度来交付应用程序。低代码平台是一组数字技术工具平台，基于图形化拖曳、参数化配置等更高效的方式，实现快速构建所需要的业务平台，通过少量代码或不用代码实现数字化转型中的场景应用创新。

简而言之，低代码平台提供了一种更快、更高效的方法来构建应用程序。凭借其可视化方法，低代码平台使开发人员能够拖放预编码块，从而减少编写代码的需要。由于开发人员不必编写很多的代码，因此他们可以比使用传统开发模式更快地构建从移动应用程序到完整系统的内容。

除专业开发人员以外，低代码还使业务用户能够快速开发解决方案，以转变业务流程并满足不断变化的客户需求。使用低代码平台，更多的人可以为软件开发做出贡献，从而实现敏捷性并提高整体生产力。

虽然开发人员和业务用户不需要编写太多的代码，但是为了确保系统开发的高效性、可扩展性，对界面的布局和可视化效果、业务流程设计的规范化等有充分的认识，以及了解和掌握相关的技术与开发基础，是十分必要的。

2.1 相关技术

2.1.1 HTML5

HTML（HyperText Markup Language，超文本标记语言）是万维网最核心的超文本标记语言。"超文本"指的是超链接，"标记"指的是标签。HTML 是一种用来制作网页的语言，这种语言由一个个标签组成。用这种语言制作的文件保存的是一个文本文件，文件的扩展名为".htm"或".html"，一个.htm/.html 文件就是一个网页。如果用编辑器打开.html 文件，则显示的是文本，可以用文本的方式编辑该文件；如果用浏览器（如 IE、FireFox、Google Chrome、Mozilla、Opera、Apple Safari 等）打开.html 文件，则浏览器会按照标签描述的内容将该文件渲染成网页，显示的网页可以从一个网页链接跳转到另一个网页。

万维网（World Wide Web，WWW）不等同于互联网，但它是依靠互联网运行的服务之一，它可以实现在互联网的帮助下访问由许多互相链接的超文本组成的系统。W3C（World Wide Web Consortium，万维网联盟）是 Web 技术领域最权威和最具影响力的国际中立性技术标准机构，成立于 1994 年，相关资料信息可以查看 W3C 的官网。

W3C 标准包括结构化标准语言（XHTML、XML）、表现标准语言（CSS）、行为标准（DOM、ECMAScript）。

从 1999 年发布 HTML 4.01 之后，到 2014 年经历十五年才推出 HTML5，中间还出现了 WHATWG 和 XHTML 2.0 两种规范，最后双方合并成全新的 HTML5 规范，HTML5 规范于 2014 年 10 月 29 日由 W3C 正式宣布制定完成。

HTML5 具有以下特性：

- 淘汰过时的或冗余的属性。
- Indexed DB 本地存储功能。
- 脱离 Flash 和 Silverlight，直接在浏览器中显示图形或动画。
- 一个 HTML5 文档到另一个文档间的拖放功能。
- 提供外部应用和浏览器内部数据之间的开放接口。

1．HTML 文档的基本结构

HTML 文档通常以文档声明开始，该声明的作用是帮助浏览器确定其尝试解析和显示的 HTML 文档类型。文档声明必须是 HTML 文档的第一行且顶格显示，对大小写不敏感。因为任何放在 DOCTYPE 前面的内容，如批注或 XML 声明，会令 IE 9 或更早期的浏览器触发怪异模式。

整个 HTML 文档包含在一个<html></html>标签对中，由头（head）和体（body）两部分构成。HTML 文档的基本结构如下：

```
<!DOCTYPE html>
<html>
<head lang="en">
   <meta charset="utf-8"/>
   <title>我的第一个网页</title>
</head>
<body>
   我的第一个网页
</body>
</html>
```

说明：

（1）HTML 标签是由尖括号包围的关键词，如<html>。

（2）HTML 标签通常是成对出现的，如<html>和</html>，我们将其称为双标签。标签对中的第一个标签是开始标签，第二个标签是结束标签。

（3）有些特殊的标签必须是单标签（极少情况），如
，我们将其称为单标签。

（4）HTML 标签可以有多个标签属性。标签属性放在尖括号内的标签名后，通常以"属性名="属性值""或"属性名"的形式描述。

2．XHTML 语言的基本语法规范

XHTML 语言中使用的元素和 HTML 语言基本没有区别，只是在书写方法上更加规范，其具体内容可以分为以下几点。

1）大小写区分问题

网页基本上是不区分大小写的，但在 XHTML 中，要使用小写字母来定义页面中所有的元素和属性，包括 CSS 样式表中的属性等也要使用小写字母。

2）正确嵌套所有元素

在 XHTML 中，当元素进行嵌套时，必须按照打开元素的顺序进行关闭。正确嵌套元素的示例代码如下：

```
<ul><li></li></ul>
```

XHTML 中一些严格强制执行的嵌套限制如下：

- <a>元素中不能包含其他的<a>元素。
- <pre>元素中不能包含<object>、<big>、<img>、<small>、<sub>或<sup>等元素。
- <button>元素中不能包含<input>、<textarea>、<label>、<select>、<button>、<form>、<iframe>、<fieldset>或<isindex>等元素。
- <label>元素中不能包含其他的<label>元素。
- <form>元素中不能包含其他的<form>元素。

3）元素必须要封闭

在 XHTML 中，所有的页面元素都要有相应的结束元素。例如，<body>元素对应的结束元素是</body>。其中独立的元素也必须结束，方法是在元素的右尖括号前加入一个"/"来结束元素，如
。如果元素中含有属性，则"/"出现在所有属性的后面，如<img src="pic.jpg"/>。

4）属性必须加上双引号

在 XHTML 中，所有的属性（包括数字值等）都必须加上双引号。示例代码如下：

```
<table width="400">
```

5）明确所有的属性值

XHTML 中规定每个属性都必须有一个值，没有值的属性也必须用自己的名称作为值。例如，在 XHTML 中，checked 属性是可以不取值的，但是在 XHTML 中必须用它自身的名称作为值。示例代码如下：

```
<input type="checkbox" name="box1" value="abc" checked="checked"/>
```

6）推荐使用级联样式表控制外观

在 XHTML 中，推荐使用级联样式表控制外观，以实现页面的结构和表现分离，相应地，不推荐使用部分外观属性，如 algin 属性等。

7）使用注释

在 XHTML 中，使用"<!--...-->"在文档中添加注释。示例代码如下：

```
<!--这是一个注释-->
```

说明：在页面中相应的位置使用注释可以使文档结构更加清晰。

8）推荐使用外部链接来调用脚本

在 XHTML 中，使用"<!--"和"-->"在注释中以插入代码的方式插入脚本或样式，但是在 XML 浏览器中会被简单地删除，导致脚本或样式失效。推荐使用外部链接来调用脚本。调用脚本的代码如下：

```
<script language="javascript" type="text/javascript" src="scripts/menu.js">
</script>
```

说明：language 属性表示所使用脚本语言的版本，type 属性表示所使用脚本语言等的种类，src 属性表示脚本文件的路径。

3．标签的使用

标签的种类、数量很多，具体可以查看附录中"HTML 基本常用标签/属性"的内容。

1）基本标签

\<html\>标签用来定义 HTML 文档结构，\<head\>标签用来定义 HTML 文档的头部信息，\<meta/\>标签用来定义 HTML 文档的元信息，\<title\>标签用来定义文档的标题信息，\<link/\>标签用来定义文档与外部资源的关系，\<style\>标签用来定义文档的样式信息，\<body\>标签用来定义 HTML 文档的正文部分，即可见的页面内容，\<script\>标签用来定义脚本代码，\<!--...--\>标签用来定义 HTML 注释内容。

2）标题标签和图像

标题标签用来定义一段文字的标题或主题，并且支持多层次的内容结构。HTML 提供了六级标题标签\<h1\>～\<h6\>，并赋予了标题一定的外观。段落标签\<p\>表示一段文字等的具体内容，换行标签\<br/\>表示强制换行，水平线标签\<hr/\>表示一条水平线，预定义格式标签\<pre\>表示可以根据预先编排好的格式显示内容。

标题标签的使用示例代码如下：

```html
<!DOCTYPE html>
<html>
<head lang="en">
    <meta charset="utf-8"/>
    <title>标题标签的使用</title>
</head>
<body>
    <h1>一级标题</h1>
    <h2>二级标题</h2>
    <h3>三级标题</h3>
    <h4>四级标题</h4>
    <h5>五级标题</h5>
    <h6>六级标题</h6>
    <hr/>
    <p>
        长风破浪会有时，<br/>直挂云帆济沧海。
    </p>
</body>
</html>
```

效果如图 2-1 所示。

图 2-1　标题标签的使用效果

图像是网页中不可缺少的一种元素，图像标签的基本语法结构如下：

```
<img src="图片地址" alt="替代文字" title="鼠标悬停时的提示文字" width="宽度" height="高度"/>
```

<a>标签主要有两种作用：超链接和锚记。基本语法结构如下：

```
超链接：<a href="链接的地址 URL" target="目标窗口位置">链接文本或图像</a>
锚　记：<a name="锚名"/>
```

target 属性用于指定链接在哪个窗口打开，主要取值有 _self（自身窗口）、_blank（新建窗口）、_parent（父窗体）、_top（顶级窗体）、自定义窗体名。在超链接中使用锚名时，锚名前需要加上"#"，如<a href="#锚名"/>。

知识拓展：

标签也可以称为元素，根据标签是否独占整行，我们将 HTML5 中的标签分为块级标签（也称块级元素，block）和行内标签（也称行内元素，inline）。

块级标签不管自身内容有多少，都独占一整行；而行内标签的内容撑开宽度，行内标签将按照宽度的大小从左到右、从上到下的顺序排放。

3）列表标签

列表是信息资源的一种展示形式。它可以使信息结构化和条理化，并以列表的形式显示出来。列表分为 3 种类型：无序列表（ul+li）、有序列表（ol+li）、定义列表（dl+dt+dd）。

列表标签的使用示例代码如下：

```
<!DOCTYPE html>
<html>
<head lang="en">
    <meta charset="utf-8"/>
    <title>列表</title>
</head>
<body>
    <h3>无序列表</h3>
    <ul>
        <li>无序列表第 1 项</li>
        <li>无序列表第 2 项</li>
        <li>无序列表第 3 项</li>
    </ul>
    <h3>有序列表</h3>
    <ol>
        <li>有序列表第 1 项</li>
        <li>有序列表第 2 项</li>
        <li>有序列表第 3 项</li>
    </ol>
    <h3>定义列表</h3>
    <dl>
        <dt>定义列表标题</dt>
        <dd>定义列表数据项 1</dd>
        <dd>定义列表数据项 2</dd>
        <dd>定义列表数据项 3</dd>
    </dl>
</body>
```

```
</html>
```

效果如图 2-2 所示。

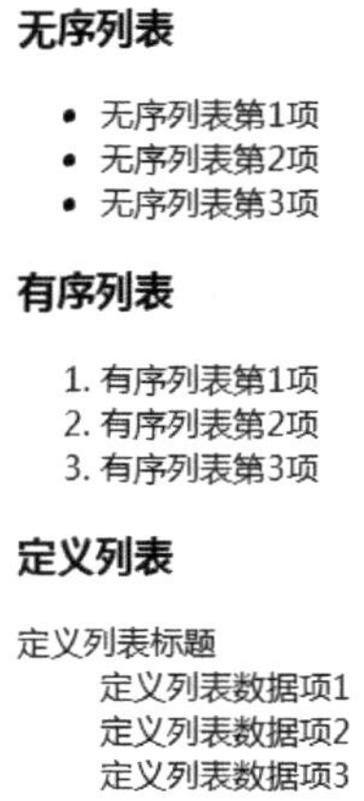

无序列表

- 无序列表第1项
- 无序列表第2项
- 无序列表第3项

有序列表

1. 有序列表第1项
2. 有序列表第2项
3. 有序列表第3项

定义列表

定义列表标题
　　定义列表数据项1
　　定义列表数据项2
　　定义列表数据项3

图 2-2　列表标签的使用效果

无序列表可以通过 type 属性设置列表的图标符号，取值为 disc（实心圆点，默认值）、square（实心正方形）和 circle（空心圆）。有序列表也可以通过 type 属性设置列表的图标符号，取值为 1（阿拉伯数字，默认值）、a/A（小写/大写英文字母）和 i/I（小写/大写罗马数字），还可以通过 start 属性设置序号的起始值。

4）表格标签

标准的表格通常每行的列数一致，同行单元格的高度一致且水平对齐，同列单元格的宽度一致且垂直对齐，形成一个不易变形的长方形盒子结构，堆叠排列起来结构稳定。

表格标签的基本语法结构如下：

```
<table>
    <tr>
        <td>第 1 行第 1 列</td>
        <td>第 1 行第 2 列</td>
        …
    </tr>
    <tr>
        <td>第 2 行第 1 列</td>
        <td>第 2 行第 2 列</td>
        …
    </tr>
    …
</table>
```

表格还可以用<caption>标签设置表格标题，表头部分用<th>标签（默认具有粗体和居中对齐特性）代替<td>标签即可。

对于现实中的很多复杂的表格，可以通过把多个单元格合并为一个单元格的方式来实现，也就是表格的跨行和跨列的功能，可以使用 rowspan 和 colspan 属性来分别设置表格的跨行行数和跨列列数。

表格标签的使用示例代码如下：

```
<!DOCTYPE html>
<html>
```

```
    <head lang="en">
        <meta charset="utf-8"/>
        <title>跨行跨列的表格</title>
    </head>
    <body>
        <table border="1">
            <tr>
                <td colspan="3">学生成绩</td>
            </tr>
            <tr>
                <td rowspan="2">张三</td>
                <td>语文</td>
                <td>98</td>
            </tr>
            <tr>
                <td>数学</td>
                <td>95</td>
            </tr>
            <tr>
                <td rowspan="2">李四</td>
                <td>语文</td>
                <td>88</td>
            </tr>
            <tr>
                <td>数学</td>
                <td>91</td>
            </tr>
        </table>
    </body>
</html>
```

效果如图 2-3 所示。

5）表单标签

表单在网页中应用比较广泛，主要用于用户注册/登录、需求调研、网上搜索、数据处理（如网上订单）等。通俗地讲，表单就是一个将用户信息组织起来的容器，将需要填写的内容放置在表单容器中，当用户单击"提交"按钮时，表单将会把里面的数据统一发送给服务器进行处理。

学生成绩		
张三	语文	98
	数学	95
李四	语文	88
	数学	91

图 2-3　表格标签的使用效果

在 HTML5 中，使用<form>标签来实现表单的创建，该标签属于容器标签，其他表单标签需要在它的范围内才能有效地实现表单数据的传递。

表单标签的基本语法结构如下：

```
<form method="…" action="…">
    表单元素…
</form>
```

其中，method 属性表示表单提交数据的方法，值主要有 get（默认值）、post 等；action 属性表示处理表单数据的服务器端页面的 URL。

在使用 get 方法提交表单数据后，数据将以明文的形式附加在 URL 地址信息中，由于浏览器对地址栏的限制，因此数据量有限。

在使用 post 方法提交表单数据时没有大小的限制，并且数据将以加密的形式被发送。

默认表单数据是使用 get 方法提交的，如果要提交大量数据或敏感的信息，则建议使用 post 方法提交。

为了方便用户的操作，表单提供了多种表单元素，如单行文本框、密码框、复选框、单选按钮、提交按钮等。在 HTML5 中，一般使用<input>标签来定义表单元素。<input>标签的基本语法结构如下：

```
<input type="类型" name="名字" value="值" …/>
```

<input>标签常用的属性如表 2-1 所示。

表 2-1　<input>标签常用的属性

属　　性	说　　明
type	指定表单元素的类型，取值为 text、password、checkbox、radio、submit、reset、file、hidden、image 和 button，默认值为 text
name	指定表单元素的名称
value	指定表单元素的初始值
size	指定表单元素的初始宽度。当 type 属性的值为 text 或 password 时，表单元素的大小以字符为单位。对于其他类型，宽度以像素为单位
maxlength	当 type 属性的值为 text 或 password 时，指定输入的最大字符数
checked	当 type 属性的值为 radio 或 checkbox 时，指定按钮是否被选中

还有一些不使用<input>标签的表单元素，如<button>标签表示普通按钮，<textarea>标签表示多行文本（文本区），<select>和<option>标签分别表示下拉菜单和下拉列表等。

表单元素还具有一些特殊的属性，如只读属性 readonly、禁用属性 disabled、内容提示属性 placeholder、必填属性 required、表单验证属性 pattern 等。

表单标签的使用示例代码如下：

```
<!DOCTYPE html>
<html>
    <head lang="en">
        <meta charset="UTF-8">
        <title>人人网注册页面</title>
    </head>

    <body>
        <form action="#">
            <h1><a href="#"><img src="image/renren_title.gif" alt=""/></a></h1>
            <p>人人网，中国 <strong>最真实、最有效</strong>的社会平台，加入人人网，找回老朋
友，结交新朋友。</p>
            <p>
                电子邮箱:
                <input type="text"/>
            </p>
```

```html
<p>
    设置密码：
    <input type="text"/>
</p>
<p>
    真实姓名：
    <input type="text"/>
</p>
<p>
    性别：
    <input type="radio" name="sex" checked/>男
    <input type="radio"  name="sex"/>女
</p>
<p>
    生日：
    <select name="year">
        <option value="1991" selected>1991</option>
        <option value="1992">1992</option>
        <option value="1993">1993</option>
    </select>
    <span>年</span>
    <select name="month">
        <option value="1">1</option>
        <option value="2">2</option>
        <option value="3">3</option>
        <option value="4">4</option>
        <option value="5">5</option>
        <option value="6">6</option>
        <option value="7">7</option>
        <option value="8">8</option>
        <option value="9">9</option>
        <option value="10">10</option>
        <option value="11" selected>11</option>
        <option value="12">112</option>
    </select>
    <span>月</span>
    <select name="day">
        <option value="1">1</option>
        <option value="2">2</option>
        <option value="3">3</option>
        <option value="30" selected>30</option>
    </select>
    <span>日</span>
</p>
<p>为什么要填写我的生日？</p>
<p>
    我现在：
    <select name="shengfeng" >
        <option value="请选择身份">请选择身份</option>
        <option value="医生">医生</option>
        <option value="教师">教师</option>
    </select>
    <span>(非常重要)</span>
</p>
```

```
    <p>
        <img src="image/renren_code.gif" alt=""/>
        <a href="#">看不清换一张？</a>
    </p>
    <p>
        验证:
        <input name="" type="text" id="yanzheng"/>
    </p>
    <p>
        <input type="image" src="image/renren.gif"/>
    </p>
    </form>
  </body>
</html>
```

效果如图 2-4 所示。

图 2-4 表单标签的使用效果

2.1.2 CSS

CSS（Cascading Style Sheets，层叠样式表）是一种表现 HTML 或 XHTML 文件样式的计算机语言，是用来进行网页风格设计的。

通过建立 CSS 样式表，可以统一控制 HTML 中各个标签的显示属性，包括字体属性（如颜色、大小、风格等）、文本属性（如对齐、缩进、行高、修饰等）、边距属性（如内边距、边框、外边距等）、高度、宽度、背景、网页定位等，可以精确地定位网页元素的位置，美化网页的外观。

使用 CSS 样式表具有以下优势：

（1）内容与表现分离。设置网页样式、风格的 CSS 样式表单独放在一个文件中，而利用 HTML 语言制作的网页引用 CSS 样式文件就可以了，这样网页的内容（HTML 文档）与表现（CSS 样式文件）就分开了，便于后期对 CSS 样式的维护。

（2）网页的表现统一，容易修改。把 CSS 样式表写在单独的文件中，可以对多个网页应用其样式，使网站中的所有页面的表现、风格统一，并且修改 CSS 样式文件可以同时修改所有页面的样式。

（3）丰富的样式使页面布局更加灵活。

（4）减少网页的代码量，增加网页的浏览速度，节省网络带宽。

（5）运用独立于页面的 CSS 样式文件，有利于网页被搜索引擎收录。

1．CSS 的基本语法结构

CSS 的语法规则如下：

（1）CSS 规则由两部分构成，即选择器和声明。

（2）声明必须放在大括号匹配对（{}）中，并且声明可以是一条或多条。

（3）每条声明由属性名与属性值组成，属性名与属性值之间用冒号（:）隔开，以分号（;）结尾。

CSS 的基本语法结构如下：

```
选择器{
    属性名1:属性值1;
    属性名2:属性值2;
    …
}
```

示例代码如下：

```
p{
    font-size:20px;
    color:red;
}
```

说明：CSS 代码中的最后一条声明后的 ";" 可写可不写，但是，基于 W3C 标准规范，建议最后一条声明后的 ";" 都写上。

2．在 HTML 中引入 CSS 样式

在 HTML 中引入 CSS 样式的方法有 3 种，分别是行内样式、内部样式和外部样式。

1）行内样式

行内样式也称直接样式，即在 HTML 标签中直接使用 style 属性设置 CSS 样式。行内样式的示例代码如下：

```
<h1 style="color:green;">style属性的应用</h1>
<p style="font-size:20px;color:pink;">直接在HTML标签中设置的样式</p>
```

使用 style 属性设置的 CSS 样式仅对当前的 HTML 标签起作用。

2）内部样式

内部样式也称内嵌样式，即将 CSS 代码写在<style></style>标签对中。为了能在应用样式前见到样式的定义，通常将<style></style>标签对放在<head></head>标签对中。内部样式的示例代码如下：

```
<style type="text/css">
    h1{
        color:green;
    }
</style>
```

虽然内部样式方便在页面中修改样式，但是不利于在多页面间共享、复用代码及维护，对内容与表现的分离也不够彻底。

3）外部样式

外部样式是指把 CSS 代码单独保存为一个扩展名为.css 的 CSS 样式文件。HTML 文档引

用扩展名为.css 的 CSS 样式文件的方式，有两种，分别是链接式和导入式。

链接外部 CSS 样式文件的方法是通常在 HTML 文档的<head></head>标签对中使用<link/>标签。语法格式如下：

```
<head>
   …
   <link  href="CSS 样式文件" rel="stylesheet" type="text/css"/>
   …
</head>
```

导入外部 CSS 样式文件的方法是在 HTML 文档中使用@import 语句导入外部 CSS 样式文件，该导入语句必须放在<style></style>标签对中，一般放在开始位置。语法格式如下：

```
<head>
   …
   <style type="text/css">
      <!--
         @import url("CSS 样式文件");
      -->
   </style>
</head>
```

外部样式实现了内容与表现的彻底分离，一个 CSS 样式文件可以应用于多个页面。这样不仅可以减少重复的工作量，有利于网站页面样式的统一和维护，还可以减少用户在浏览网页时重复下载代码，提高网站的运行速度。

如果一个页面中同时应用了行内样式、内部样式、外部样式，则当样式之间出现冲突时，一般将按照"行内样式>内部样式>外部样式"的优先级顺序进行覆盖，同时遵循"就近原则"。

3. CSS 选择器

选择器（Selector）是 CSS 中非常重要的概念。用户只需要通过选择器找到对应的 HTML 标签，并赋予各种样式声明，即可实现各种效果。

1）CSS 的基本选择器

在 CSS 中，有 3 种基本选择器，分别是标签选择器、类选择器和 ID 选择器。

标签选择器也称元素选择器，是用 HTML 标签的名称作为相应的标签选择器的名称，如前面内部样式的示例代码里的 h1 标签选择器通常用于设置页面中的标签样式。

类选择器是用一个以句点（.）开头的类名称作为选择器的名称。如果想要在 HTML 标签中应用类样式，则可以使用标签的 class 属性引用类样式。类选择器的示例代码如下：

```
.special{
   font-size:30px;
   color:red;
}
<p class="special">类选择器的示例</p>
```

ID 选择器是用 HTML 标签的 id 属性值前面加一个 "#" 符号组成的名称作为选择器的名称，由于 HTML 页面中 id 属性的唯一特性，因此 ID 选择器的针对性更强，一般只使用一次。ID 选择器的示例代码如下：

```
#container{
   height:300px;
   background-color:pink;
}
<div id="container"></div>
```

上述 3 种选择器的优先级为"ID 选择器>类选择器>标签选择器",不遵循"就近原则"。

2）层次选择器

层次选择器是通过 HTML 的文档对象模型（Document Object Model，DOM）元素之间的层次关系来选择元素的，其主要的层次关系包括后代、父子、相邻兄弟和通用兄弟等，具体语法如表 2-2 所示。

表 2-2　层次选择器的语法

选　择　器	类　型	功　能　说　明
E F	后代选择器	选择包含在 E 元素内的 F 元素（后代关系）
E>F	子选择器	选择 E 元素的直接子元素 F（父子关系）
E+F	相邻兄弟选择器	选择紧接在 E 元素后的 F 元素（相邻兄弟关系）
E~F	通用兄弟选择器	选择 E 元素后所有匹配的 F 元素（通用兄弟关系）

3）属性选择器

在 HTML 中，可以给标签元素设置各种各样的属性及属性值，如 id、class、href 等。属性选择器是通过各种各样的属性及属性值选择到对应的元素并设置样式的，其语法如表 2-3 所示。

表 2-3　属性选择器的语法

属性选择器	功　能　说　明
E[attr]	选择匹配具有 attr 属性的 E 元素
E[attr=val]	选择匹配具有 attr 属性且属性值为 val 的 E 元素（其中 val 区分大小写）
E[attr^=val]	选择匹配具有 attr 属性且属性值以 val 开头的 E 元素
E[attr$=val]	选择匹配具有 attr 属性且属性值以 val 结尾的 E 元素
E[attr*=val]	选择匹配具有 attr 属性且属性值包含 val 的 E 元素

4）伪类选择器

伪类选择器（简称"伪类"）通过冒号（:）来定义，它定义了元素的状态（如单击按下、单击完成等）。通过伪类选择器可以为元素的状态修改样式。

伪类选择器的功能虽然和一般的 DOM 中的元素样式相似，但是和一般的 DOM 中的元素样式不一样，它并不改变任何 DOM 内容，只是插入一些修饰类的元素，这些元素对于用户来说是可见的，但是对于 DOM 来说是不可见的。伪类选择器的效果可以通过添加一个实际的类来达到。

伪类选择器主要可以分为动态伪类选择器、UI 元素状态伪类选择器、结构伪类选择器、否定伪类选择器。

动态伪类选择器可以用于超链接 a 标签的应用中。a 标签有 4 种伪类选择器（即对应 4 种状态），分别是 a:link（超链接被访问之前）、a:visited（超链接被访问之后）、a:hover（鼠标指针悬停在超链接上）、a:active（鼠标单击超链接，但是没有松开时）。

a 标签的这 4 种伪类选择器的顺序为 a:link、a:visited、a:hover、a:active。在同时使用两种或两种以上的伪类选择器时，只有伪类选择器的顺序正确，才能正确显示其效果。表 2-4 所示为动态伪类选择器的语法。

表 2-4　动态伪类选择器的语法

选　择　器	类　型	功　能　说　明
E:link	链接伪类选择器	选择匹配的 E 元素，而且匹配元素被定义了超链接但并未被访问过。常用于链接锚点上

续表

选 择 器	类 型	功 能 说 明
E:visited	链接伪类选择器	选择匹配的 E 元素，而且匹配元素被定义了超链接并已被访问过。常用于链接锚点上
E:active	用户行为选择器	选择匹配的 E 元素，并且匹配元素被激活。常用于链接锚点和按钮上
E:hover	用户行为选择器	选择匹配的 E 元素，并且鼠标指针停留在元素 E 上
E:focus	用户行为选择器	选择匹配的 E 元素，并且匹配元素获取焦点

UI 元素状态伪类选择器主要针对 HTML 中的 form 元素进行操作。例如，type="text"有 enabled 和 disabled 两种状态，前者为可写状态，后者为不可写状态；type="radio" 和 type="checkbox"都有 checked 和 unchecked 两种状态。表 2-5 所示为 UI 元素状态伪类选择器的语法。

表 2-5　UI 元素状态伪类选择器的语法

选 择 器	类 型	功 能 说 明
E:checked	选中状态伪类选择器	匹配选中的复选按钮或单选按钮表单元素
E:enabled	启用状态伪类选择器	匹配所有启用的表单元素
E:disabled	禁用状态伪类选择器	匹配所有禁用的表单元素

结构伪类选择器可以根据元素在文档中所处的位置来动态选择元素，从而减少 HTML 文档对 ID 或类的依赖，有助于保持代码干净、整洁。表 2-6 所示为结构伪类选择器的语法。

表 2-6　结构伪类选择器的语法

选 择 器	功 能 说 明
E:first-child	选择 E 元素作为父元素的第一个子元素。与 E:nth-child(1)等同
E:last-child	选择 E 元素作为父元素的最后一个子元素。与 E:nth-last-child(1)等同
E:root	选择匹配元素 E 所在文档的根元素。在 HTML 文档中，根元素始终是 html，此时该选择器与 html 类型选择器匹配的内容相同
E　F:nth-child(n)	选择父元素 E 的第 n 个子元素 F。其中 n 既可以是整数（如 1、2、3 等）、关键字（如 even、odd 等），也可以是公式（如 2n+1 等），而且 n 的起始值是 1，而不是 0
E　F:nth-last-child(n)	选择父元素 E 的倒数第 n 个子元素 F。该选择器与 E:nth-child(n)选择器的计算顺序刚好相反，但使用方法是一样的，其中 nth-last-child(1)始终匹配最后一个元素，与 last-child 等同
E:nth-of-type(n)	选择父元素内具有指定类型的第 n 个 E 元素
E:nth-last-of-type(n)	选择父元素内具有指定类型的倒数第 n 个 E 元素
E:first-of-type	选择父元素内具有指定类型的第一个 E 元素，与 E:nth-of-type(1)等同
E:last-of-type	选择父元素内具有指定类型的最后一个 E 元素，与 E:nth-last-of-type(1)等同
E:only-child	选择父元素只包含一个子元素且该子元素匹配 E 元素的 E 元素
E:only-of-type	选择父元素只包含一个同类型子元素且该子元素匹配 E 元素的 E 元素
E:empty	选择没有子元素的元素，而且该元素也不包含任何文本节点

否定伪类选择器是反向指定元素的一种方式。表 2-7 所示为否定伪类选择器的语法。

表 2-7　否定伪类选择器的语法

选 择 器	功 能 说 明
E:not(F)	匹配除元素 F 以外的所有 E 元素

4．CSS 样式属性

CSS 中常用的样式属性主要有字体、文本、列表、背景、盒子模型、布局、定位等几大类。

（1）字体样式属性主要有字体（font）、字体风格（font-style）、字体粗细（font-weight）、字体大小（font-size）、字体类型（font-family）等。其中 font 属性是组合属性，可以包含一个或多个其他属性的值，各个属性的值中间用空格隔开，语法格式如下：

```
font:font-style || font-variant || font-weight || font-size || font-family
```

（2）文本样式属性主要有文本颜色（color）、首行缩进（text-indent）、行高（line-height）、文本修饰（text-decoration）、文本对齐（水平对齐 text-align 和垂直对齐 vertical-align）、文本阴影（text-shadow）等。

（3）列表样式属性主要有列表（list-style）、列表项标记类型（list-style-type）、列表项标记图像（list-style-image）、列表项标记位置（list-style-position）和列表样式（list-style）等。其中 list-style 属性是组合属性，可以包含一个或多个其他属性的值，各个属性的值中间用空格隔开，语法格式如下：

```
list-style:list-style-image || list-style-position || list-style-type
```

（4）背景样式属性主要有背景（background）、背景颜色（background-color）、背景图像（background-image）、背景重复（background-repeat）、背景附加方式（background-attachment）、背景位置（background-position）、背景尺寸（background-size，主要取值为 auto、percentage、cover、contain）、CSS3 渐变（线性渐变 linear-gradient 和径向渐变 radial-gradient）等。其中 background 属性是组合属性，可以包含一个或多个其他属性的值，各个属性的值中间用空格隔开，语法格式如下：

```
background:background-color || background-image || background-repeat ||
background-attachment || background-position
```

（5）盒子模型样式属性主要有外边距（margin）、内边距（padding）和边框（border，border 包括边框宽度 border-width、边框风格 border-style 、边框颜色 border-color）等，盒子模型又分上、右、下、左 4 个方向。其中 border 属性是组合属性，可以包含一个或多个其他属性的值，各个属性的值中间用空格隔开，语法格式如下：

```
border:border-width || border-style || border-color
```

CSS3 中增加了盒子模型尺寸（box-sizing）、圆角边框（border-radius）、盒子阴影（box-shadow）等属性。box-sizing 属性用于定义盒子模型的尺寸解析方式，主要取值为 contain-box、border-box。border-radius 属性用于为元素设计圆角的效果。

（6）布局样式属性主要有浮动（float）、清除浮动（clear）、溢出（overflow）、显示（display）和可见性（visibility）等。

（7）定位样式属性主要有上（top）、下（bottom）、左（left）、右（right）4 个方向的位置，以及 Z 轴索引（z-index）和定位（position，主要取值为 static、absolute、fixed、relative）等。

2.2 开发基础

2.2.1 中间件

中间件（Middleware）是一类连接软件组件和应用的计算机软件，它包括一组服务，可以使运行在一台或多台机器上的多个软件通过网络进行交互。中间件技术所提供的互操作性推动了一致性分布式体系架构的演进，该架构通常用于支持并简化那些复杂的分布式应用程序，它包括 Web 服务器、事务监控器和消息队列软件。

中间件是基础软件的一大类，属于可复用软件的范畴。中间件在操作系统、网络和数据库之上，应用软件的下层，其总的作用是为处于自己上层的应用软件提供运行与开发的环境，帮助用户灵活、高效地开发和集成复杂的应用软件。在众多关于中间件的定义中，被普遍接受的是 IDC 的表述：中间件是一种独立的系统软件或服务程序，分布式应用软件借助这种软件在不同的技术之间共享资源，中间件位于客户机/服务器的操作系统之上，管理计算资源和网络通信。

中间件是独立的系统级软件，连接操作系统层和应用程序层，可以将不同操作系统提供应用的接口标准化，协议统一化，屏蔽具体操作的细节。中间件一般提供以下功能。

1）通信支持

中间件为其所支持的应用软件提供平台化的运行环境，该环境屏蔽底层通信之间的接口差异，实现互操作，所以通信支持是中间件一个最基本的功能。早期应用与分布式的中间件进行交互的主要通信方式为远程调用和消息。在通信模块中，远程调用通过网络进行通信，通过支持数据的转换和通信服务，从而屏蔽不同的操作系统和网络协议。远程调用提供基于过程的服务访问，为上层系统提供非常简单的编程接口或过程调用模型。消息提供异步交互的机制。

2）应用支持

中间件的目的是服务上层应用，提供应用层不同服务之间的互操作机制。它可以为上层应用开发提供统一的平台和运行环境，并封装不同操作系统，提供 API 接口，向应用提供统一的标准接口，使应用的开发和运行与操作系统无关，实现其独立性。中间件松耦合的结构、标准的封装服务和接口、有效的互操作机制，可以为应用结构化和开发方法提供有力的支持。

3）公共服务

公共服务是对应用中共性的功能或约束的提取，即将这些共性的功能或约束分类实现，并支持复用，作为公共服务提供给应用程序使用。中间件通过提供标准、统一的公共服务，可以减少上层应用的开发工作量，缩短应用的开发时间，并有助于提高应用的质量。

2.2.2　通信协议

通信协议又称通信规程，是指通信双方对数据传送控制的一种约定，即对数据格式、同步方式、传送速度、传送步骤、检验纠错方式及控制字符定义等问题做出统一规定，通信双方必须共同遵守。它也被叫作链路控制规程。

计算机与计算机之间的沟通必须使用相同的语言，只有这样才能互相传输信息。自然资料在国际互联网上传递时，每一份都要符合一定的规格（即相同的语言），这些规格（语言）都是事先规定好的，一般将其称为"协议"（Protocol），而这种在网络上负责定义资料传输规格的协议，我们统称为通信协议。

常用的通信协议主要有 TCP/IP 协议和 HTTP 协议等。

1. TCP/IP 协议

TCP/IP 协议是网络中使用的基本的通信协议，是用于计算机通信的一组协议，我们通常称为 TCP/IP 协议族。

TCP/IP 协议是 20 世纪 70 年代中期美国国防部为其 ARPANET 广域网开发的网络体系结构和协议标准，以它为基础组建的 Internet 是目前国际上规模最大的计算机网络，正是因为 Internet 的广泛使用，TCP/IP 协议成了事实上的标准。

之所以说 TCP/IP 协议是一个协议族，是因为 TCP/IP 协议包括 TCP、IP、UDP、ICMP、RIP、Telnet、FTP、SMTP、ARP、TFTP 等协议，这些协议一起被称为 TCP/IP 协议。其中 TCP（传输控制协议）和 IP（网际协议）是保证数据完整传输的两个基本的重要协议。

TCP/IP 协议由应用层、运输层、网络层、网络接口层这 4 个层次组成。

- 应用层：应用层是 TCP/IP 协议的第一层，是直接为应用进程提供服务的。

不同种类的应用程序会根据自己的需要来使用应用层的不同协议。例如，邮件传输应用使用了 SMTP 协议，万维网应用使用了 HTTP 协议，远程登录服务应用使用了 Telnet 协议等。

应用层还可以加密、解密、格式化数据。

应用层也可以建立或解除与其他节点的联系，这样能够充分节省网络资源。

- 运输层：运输层是 TCP/IP 协议的第二层。运输层在整个 TCP/IP 协议中起到了中流砥柱的作用；在运输层中，TCP 和 UDP 协议同样起到了中流砥柱的作用。
- 网络层：网络层是 TCP/IP 协议的第三层。在 TCP/IP 协议中，网络层可以进行网络连接的建立和终止及 IP 地址的寻找等。
- 网络接口层：网络接口层是 TCP/IP 协议的第四层。由于网络接口层兼并了物理层和数据链路层，因此网络接口层既是传输数据的物理媒介，也可以为网络层提供一条准确无误的线路。

TCP/IP 协议具有如下特点：

（1）协议标准是完全开放的，可以供用户免费使用，并且独立于特定的计算机硬件与操作系统。

（2）独立于网络硬件系统，可以运行在广域网，更适用于互联网。

（3）网络地址统一分配，网络中的每个设备和终端都具有一个唯一地址。

（4）高层协议标准化，可以提供多种多样、可靠的网络服务。

2. HTTP 协议

HTTP（HyperText Transfer Protocol，超文本传输协议）是一个简单的请求-响应协议，它通常运行在 TCP 协议之上。它指定了客户端可能发送给服务器什么样的消息，以及得到什么样的响应。请求消息和响应消息的头以 ASCII 形式给出；而消息内容则具有类似 MIME 的格式。

HTTP 协议是基于客户/服务器（C/S）模式并且面向连接的协议。典型的 HTTP 事务处理有如下的过程：

（1）客户端与服务器端建立连接。

（2）客户端向服务器端提出请求。

（3）服务器端接收请求，并根据请求返回相应的文件作为应答。

（4）客户端与服务器端关闭连接。

HTTP 协议具有如下特点：

（1）无状态，HTTP 协议对事务处理没有记忆能力。

（2）无连接，HTTP 协议限制每次连接只处理一个请求。

（3）HTTP 协议支持客户和服务器模式。

（4）HTTP 协议非常灵活，允许传输任意类型的数据对象。

（5）HTTP 协议非常简单、快速，当客户端向服务器端请求服务时，只需要传送请求方法和路径即可。

2.2.3　数据库

简单来说，数据库（DataBase，DB）就是用来组织、存储和管理数据的仓库。它的存储空间很大，可以存放大量的、各种类型的数据，包括文本数据、图像、声音等。

在收集并抽出一个应用所需要的大量数据之后，应将其保存起来以供进一步加工、处理和抽取有用信息。所谓数据库就是长期存储在计算机内有组织的、可共享的数据集合。数据库中的数据按照一定的数据模型组织、描述和存储，具有较小的冗余度、较高的数据独立性和易扩展性，并可以被各种用户共享。

数据库在建立、运用和维护时由数据库管理系统统一管理和控制。数据库管理系统（DataBase Management System，DBMS）是位于用户与操作系统之间的一层数据管理软件，是数据库系统的核心组成部分，它使用户能够方便地定义数据和操纵数据，并能够保证数据的安全性和完整性、多用户对数据的并发使用及发生故障后的系统恢复。

根据建立的数据模型的不同，数据库通常可以分为层次数据库、网状数据库和关系数据库 3 种，而不同的数据库是按照不同的数据结构来联系和组织的。在现在的应用中，常见的数据库是关系型（SQL）数据库和非关系型（NoSQL）数据库，常见的关系型数据库有 Access、MySQL、SQL Server、DB2、Sybase、Oracle 等，常见的非关系型数据库有 MongoDB、Redis 等。

结构化查询语言（Structured Query Language，SQL）是关系型数据库的标准语言，用来对关系型数据库进行操作和管理，方便数据的存取、查询、更新及管理关系型数据库系统。

SQL 语句分为五大类，分别是 DQL、DML、DDL、TCL 和 DCL。下面对 SQL 语句的 5种分类进行说明。

1）DQL

DQL（Data Query Language，数据查询语言）用于实现对数据的查询操作，其基本结构是由 SELECT 子句、FROM 子句、WHERE 子句组成的查询块，代表关键字为 SELECT。

2）DML

DML（Data Manipulation Language，数据操纵语言）用于实现对数据的基本操作，如增加、删除、更改操作等，代表关键字为 INSERT、DELETE、UPDATE。

3）DDL

DDL（Data Definition Language，数据定义语言）用于创建、删除、修改数据库及数据库中的各种对象（如数据表、视图、索引、同义词、聚簇）等，代表关键字为 CREATE、DROP、ALTER。和 DML 相比，DML 是对数据库中的数据进行操作，而 DDL 则是对数据库中的结构进行操作。

4）TCL

TCL（Transaction Control Language，事务控制语言）用于实现对事务的管理和控制操作，如开始事务、设置事务点、提交事务、回滚事务等，代表关键字为 COMMIT、ROLLBACK。

5）DCL

DCL（Data Control Language，数据控制语言）用于授予或回收访问数据库的某种特权，并控制数据库操纵事务发生的时间及效果，以及对数据库实行监视等，代表关键字为 GRANT、REVOKE、DENY。

2.2.4 JSON

JSON（JavaScript Object Notation，JS 对象简谱）是一种轻量级的数据交换格式。它是基于 ECMAScript 规范的一个子集，ECMAScript 规范是由欧洲计算机制造商协会（European Computer Manufacturers Association，ECMA）制定的 JavaScript 规范。JSON 采用完全独立于编程语言的文本格式来存储和表示数据，简洁和清晰的层次结构使 JSON 成为理想的数据交换语言。JSON 文档不仅易于阅读和编写，也易于机器解析和生成，并可以有效地提升网络传输效率。

虽然 JSON 使用 JavaScript 语法来描述数据对象，但是 JSON 仍然独立于语言和平台。JSON 解析器和 JSON 库支持许多不同的编程语言。目前非常多的动态编程语言、环境和平台技术（如 PHP、JSP、.NET 等）都支持 JSON。

JSON 语法是 JavaScript 对象表示语法的子集，语法规则如下：

- 数据在键/值对中。
- 数据使用逗号隔开。
- 使用"\"来转义字符。
- 使用大括号（{}）保存对象。
- 使用中括号（[]）保存数组，数组可以包含多个对象。

JSON 中有两种结构：对象和数组。

（1）对象：大括号"{}"中保存的对象是一个无序的键/值对集合。一个对象以左大括号"{"开始，以右大括号"}"结束。每个键后跟一个冒号（:)，键/值对之间使用逗号（,)隔开。语法格式如下：

```
{key1:value1,key2:value2,…,keyN:valueN}
```

（2）数组：中括号"[]"中保存的数组是值（value）的有序集合。一个数组以左中括号"["开始，以右中括号"]"结束，值之间使用逗号（,)隔开。语法格式如下：

```
[
    {key1:value1-1,key2:value1-2,…},
    {key1:value2-1,key2:value2-2,…},
    {key1:value3-1,key2:value3-2,…},
    …
    {key1:valueN-1,key2:valueN-2,…},
]
```

JSON 值（value）可以是双引号引起来的字符串（string）、数值（number）、逻辑值（true 或 false）、null、对象（object）或数组（array），它们是可以嵌套的。

定义一个 JSON 对象，示例代码如下：

```
{
    "name":"John",
    "age":25,
    "birthday":"1998 年 7 月 14 日"
}
```

定义一个 JSON 对象数组，示例代码如下：

```
[
    {"name":"百度","url":"www.baidu.com"},
    {"name":"Google","url":"www.google.com"},
    {"name":"微博","url":"www.weibo.com"}
]
```

习　题　2

一、简答题

1. CSS 中的选择器有哪些类型？并举例说明。

2. 上网查找资料，国际标准化组织（ISO）制定的 OSI（Open System Interconnection）参考模型是哪七层模型？各自有什么功能？

3. 上网查找资料，数据库设计中的三大范式是什么？各自有什么作用？

二、编程题

1. 编写 HTML 文件，实现图 2-5 所示的效果。

2. 编写 HTML 文件，利用 CSS 实现图 2-6 所示的效果。

图 2-5　HTML 文件效果图

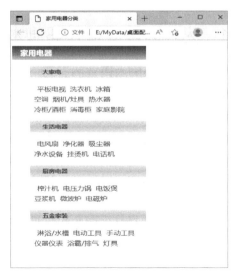

图 2-6　利用 CSS 的 HTML 文件效果图

第 3 章

低代码脚本

低代码平台是快速开发业务需求的应用开发工具，能够整合应用和数据，从数据源中获取业务数据，根据需求，以拖曳组件的方式快速完成应用开发。但在实际业务需求中，场景的处理就会变得复杂，低代码平台虽然提供了多种组件化模块，帮助用户快速实现业务需求，但是其功能毕竟有限。这时，可以使用低代码平台提供的开放编程接口来实现更多的功能，这就是低代码脚本。

低代码平台的编程扩展主要包括客户端编程扩展、服务端编程扩展，以及与第三方平台的对接。本章将主要讲解客户端编程扩展和服务端编程扩展，以及涉及的相关基础知识，包括 Groovy 配置、FreeMarker 配置及动态 SQL 节点配置。

3.1 低代码脚本语言简介

3.1.1 为什么需要低代码脚本语言

1．需要低代码脚本语言的原因

作为一种新的软件开发方式，低代码对软件行业带来了深入而广泛的影响。但正如很多大城市里面都有地铁，地铁为人们提供了高效、便捷的出行方式，但是在某些时候，人们还是需要骑行共享单车或步行来解决最后一段路程。

低代码不是零代码，低代码脚本语言就是用来解决业务功能盲区，处理一些非常规的业务场景的。根据已有的开发经验和借鉴其他低代码平台的一些场景案例，大部分低代码平台都可以满足 95%的场景，但是恰巧有 5%的场景无法通过低代码平台已有的功能实现，所以很多低代码平台都会选择兼容或允许一部分脚本语言来增加平台能力，通过简单、明了的一段低代码脚本进行逻辑编排来适应不同的业务场景。

2．低代码脚本语言在低代码平台中的作用

无论是对于软件厂商来说还是对于 IT 服务商来说，使用低代码开发工具不仅可以减少大量代码工作量（包括前端展示交互、服务器端功能处理等），还可以大幅度降低研发成本，缩短项目交付周期。由于现实的场景是千变万化的，一些业务需要实现特殊的功能，因此低代码平台需要实现开放的编程接口，而这正是低代码脚本的工作范围。

低代码脚本在低代码平台中的作用如下：

- 可以承接低代码平台上下文的数据处理，改变数据内容、数据流向、数据的封装等。
- 可以用于实现业务功能，以及作为第三方集成的"粘合剂"，扩展了平台的能力。
- 可以简化开发、部署、测试等周期，对于一个需要满足多应用场景的平台来说，这无疑提供了极大的方便。

3.1.2 低代码脚本语言介绍

低代码脚本语言和常规的软件开发中的脚本语言并无二致，主要包括 JavaScript、Groovy 等脚本语言。

1. JavaScript

1）JavaScript 语言简介

HTML、CSS 和 JavaScript 语言是开发人员和设计师必须掌握的工具，同时 JavaScript 也是世界上最流行的编程语言之一，已有多年的历史。Web 开发人员使用的 3 种主要工具的作用可以简述如下：

- HTML 语言用于定义网页内容。
- CSS 语言用于指定网页的布局。
- JavaScript 语言用于对网页的行为进行编程。

JavaScript 语言和 Java 语言在概念与设计上都是完全不同的语言。JavaScript 语言由 Brendan Eich 于 1995 年发明，并于 1997 年成为 ECMA 标准。ECMA-262 是该标准的官方名称，ECMAScript 是该语言的官方名称。

JavaScript 可以用于各种各样的目的，从增强网站功能到运行游戏和基于 Web 的软件，不需要编译器，Web 浏览器使用 HTML 解释。

JavaScript 允许向网站添加交互式功能，包括动态更新的内容、受控的多媒体、动画图像等。之所以在 Web 浏览器中使用 JavaScript，是因为 JavaScript 具备以下特点：

- 可以增加网站的交互性。
- 功能强大，易于学习。
- 具有出色的工具（如编辑器、Lint 工具、浏览器和第三方库等），并可以通过大量活跃的开源社区提供强大的在线支持。

2）JavaScript 可以做什么

（1）JavaScript 可以更改 HTML 内容。

例如，查找一个 HTML 元素（使用 id="veinfo"），并将元素内容（innerHTML）更改为 "Hello JavaScript"，代码如下：

```
document.getElementById("veinfo").innerHTML = "Hello JavaScript";
```

（2）JavaScript 可以更改 HTML 属性值。

例如，更改图像的 src（源）属性的值，代码如下：

```
<button onclick="document.getElementById('veinfo').src='pic_bulbon.gif'">Turn on
the light</button>
```

（3）JavaScript 可以更改 HTML 样式。

例如，更改 HTML 元素的字体大小，代码如下：

```
document.getElementById("veinfo").style.fontSize = "35px";
```

（4）JavaScript 可以隐藏 HTML 元素。

例如，通过更改 HTML 元素的 display 属性值可以隐藏该元素，代码如下：

```
document.getElementById("veinfo").style.display = "none";
```

（5）JavaScript 可以显示 HTML 元素。

例如，通过更改隐藏的 HTML 元素的 display 属性值可以显示该元素，代码如下：

```
document.getElementById("veinfo").style.display = "block";
```

2．Groovy

1）Groovy 语言简介

Groovy 语言是一种应用于 JVM（Java 虚拟机）的敏捷动态编程语言，是一种已经成熟的面向对象编程语言，其既可以用于面向对象编程，也可以用作纯粹的脚本语言。在使用该语言时不必编写大量的代码，同时该语言具有闭包和动态语言中的其他特性。

由于可以用 Groovy 语言在 Java 平台上进行 Java 编程，因此 Groovy 语言是 JVM 的一个替代语言，其使用方式与 Java 语言的使用方式基本相同。该语言特别适合与 Spring 的动态语言一起使用，Groovy 语言在设计时充分考虑了与 Java 语言集成，这使 Groovy 代码与 Java 代码的互操作很容易，Groovy 语言和 Java 语言可以很好地结合编程。

2）Groovy 语言的主要特点

Groovy 语言是一种基于 JVM 的敏捷开发语言，结合了 Python、Ruby 和 Smalltalk 等语言的许多强大的特性。

Groovy 语言的主要特点如下：

- Groovy 语言是一种基于 JVM 的敏捷动态编程语言。
- Groovy 语言构建在强大的 Java 语言之上，并添加了从 Python、Ruby 和 Smalltalk 等语言中学到的许多特征。
- Groovy 语言为 Java 程序开发人员提供了现代最流行的编程语言特性，并且学习成本很低（几乎为零）。
- Groovy 语言支持 DSL（Domain Specific Languages，领域定义语言）和其他简洁的语法，让代码变得易于阅读和维护。
- Groovy 语言拥有原生类型处理能力、面向对象能力及 Ant DSL 能力，使创建 Shell Scripts 变得非常简单。
- 在开发 Web 应用、GUI、数据库或控制台程序时通过减少框架性代码，可以大大提高开发人员的效率。
- 支持单元测试和模拟（对象），可以简化测试。
- 无缝集成所有已经存在的 Java 对象和类库。
- Groovy 代码直接编译成 Java 字节码，这样可以在任何使用 Java 的地方使用 Groovy。

Groovy 语言的更多内容将在 3.2 节中进行详细介绍。

3.2 Groovy

3.2.1 环境搭建

1. Java JDK 配置

因为 Groovy 和 Java 一样，依赖 JDK 环境，所以需要先配置好 JDK。

第 1 步：访问 Java 官网。

第 2 步：进入下载页面，如图 3-1 所示，单击"立即下载 Java"按钮。

图 3-1　Java 下载页面

第 3 步：图 3-2 所示为常用操作系统的 JDK 软件包。本书的环境是 64 位的 Windows 系统，因此选择"Windows"选项卡。根据计算机硬件的架构选择下载对应的安装版本。

图 3-2　选择下载 JDK 软件包

第 4 步：下载完成后，在本地硬盘中会出现一个软件包。

第 5 步：安装软件包。

第 6 步：测试 JDK 是否安装成功。选择"开始"→"附件"→"命令提示符"命令，在弹出的"命令提示符"窗口中输入"java"，如果输出如图 3-3 所示的信息，则说明 JDK 安装成功。

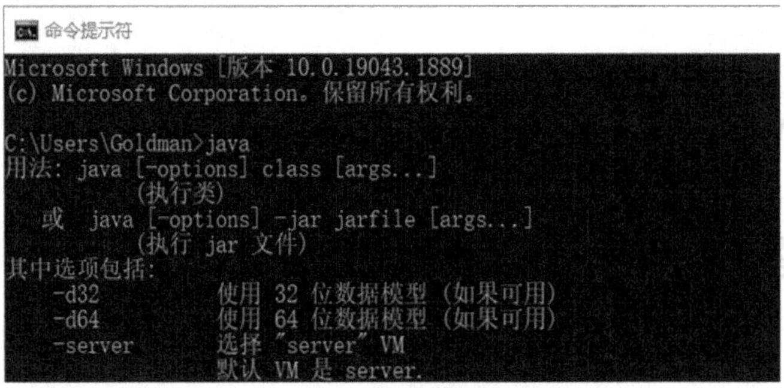

图 3-3　测试 JDK 是否安装成功

2．Groovy 环境变量

1）下载 Groovy

访问 Groovy 官网，页面如图 3-4 所示。

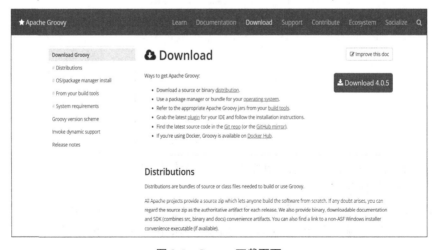

图 3-4　Groovy 官网页面

单击 Groovy 官网页面的菜单栏中的"Download"，进入 Groovy 下载页面，如图 3-5 所示。

图 3-5　Groovy 下载页面

在 Groovy 下载页面中找到"Groovy 4.0"区域，如图 3-6 所示，单击最右侧的"Windows installer"链接，在进入的页面中获得对应 Windows 系统的 Groovy 安装程序。

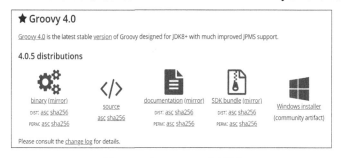

图 3-6　"Groovy 4.0"区域

启动 Groovy 安装程序，然后执行以下安装步骤。

第 1 步：启动安装程序，进入安装向导界面，如图 3-7 所示，单击"Next"按钮。

图 3-7　安装向导界面

第 2 步：进入"End-User License Agreement"界面，勾选"I accept the terms in the License Agreement"复选框，如图 3-8 所示，单击"Next"按钮。

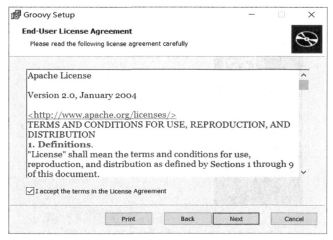

图 3-8　勾选"I accept the terms in the License Agreement"复选框

第 3 步：进入"Choose Setup Type"界面，如图 3-9 所示，这里接受默认组件，选择"Typical"安装类型，单击"Typical"按钮。

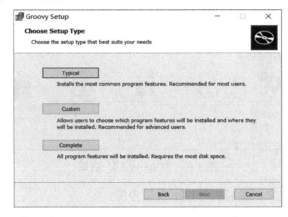

图 3-9　"Choose Setup Type"界面

第 4 步：已准备好安装，如图 3-10 所示，单击"Install"按钮，开始安装。

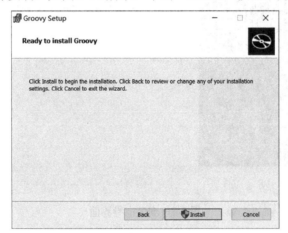

图 3-10　准备安装

第 5 步：单击"Finish"按钮完成安装，如图 3-11 所示。

图 3-11　完成安装

执行上述安装步骤之后，用户就可以开始使用 Groovy Shell 了。测试 Groovy 是否安装成功，选择"开始"→"附件"→"命令提示符"命令，在弹出的"命令提示符-groovysh"窗口中输入"groovysh"，如果输出如图 3-12 所示的信息，则说明 Groovy 安装成功。

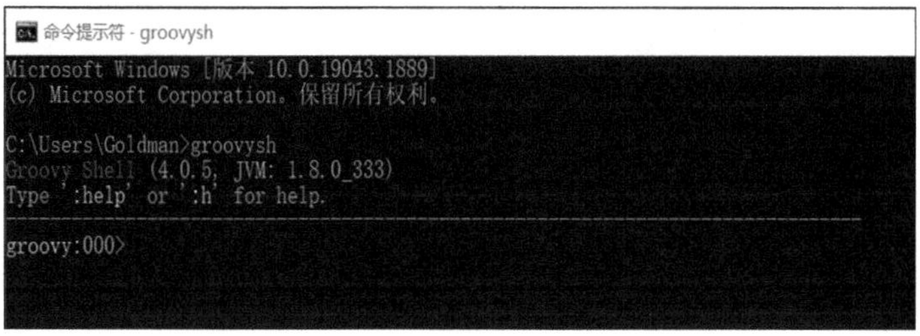

图 3-12　测试 Groovy 是否安装成功

2）配置环境变量

首先新建环境变量 GROOVY_HOME，变量值是安装路径；然后配置环境变量 PATH，在 PATH 的值中添加"%GROOVY_HOME%\bin"。

3. Hello World 项目

新建 Groovy 项目，创建第一个程序"Hello World"，代码如下：

```
class Example{
  static void main(String[] args){
    // 使用简单的 println 语句将输出打印到控制台
    println('Hello World');
  }
}
```

运行上面的程序，会得到以下结果：

```
Hello World
```

4. 集成 IDEA

访问 JetBrains 官网，下载并安装开发工具 IntelliJ IDEA。

3.2.2　基本语法

1. Groovy 导入语句

如果想要在代码中使用其他库的功能，则可以通过使用 import 语句导入其他库的方式实现。

下面的示例演示了如何使用 MarkupBuilder 类，这可能是最常用的创建 HTML 或 XML 标记的类之一。

```
import groovy.xml.MarkupBuilder
def xml = new MarkupBuilder()
```

在默认情况下，Groovy 在代码中包括以下库，因此不需要显式地导入这些库。

```
import java.lang.*
import java.util.*
import java.io.*
import java.net.*
```

```
import groovy.lang.*
import groovy.util.*

import java.math.BigInteger
import java.math.BigDecimal
```

2．Groovy 令牌

令牌可以是关键字、标识符、常量、字符串文字或符号等。示例如下：

```
println('Hello World');
```

在上面的代码行中有两个令牌，一个是关键字 println，另一个是字符串'Hello World'。

3．Groovy 注释

Groovy 中有两种注释方式：单行注释和多行注释。

单行注释以"//"标识，可以在该行的任何位置。示例如下：

```
class Example{
    static void main(String[] args){
        // 使用简单的 println 语句将输出打印到控制台
        println('Hello World');
    }
}
```

多行注释以"/*"开始，以"*/"结束。示例如下：

```
class Example{
    static void main(String[] args){
        /* 这个程序是第一个程序。
        这个程序展示了如何显示"Hello World" */
        println('Hello World');
    }
}
```

4．分号

Groovy 语言和 Java 语言一样，在定义多个语句时，语句之间需要使用分号进行区分。示例如下：

```
class Example{
    static void main(String[] args){
        // 可以看到每个语句后面都有 1 个分号
        def x=5;
        println('Hello World');
    }
}
```

上述示例中不同行的代码语句之间使用分号进行了区分。

5．标识符

标识符被用来定义变量、函数或其他用户定义的变量。标识符以字母开头，可以包含美元符号（$）或下画线（_）。标识符不能以数字开头。以下是有效标识符的一些示例：

```
def employeename
def student1
def student_name
```

其中，def 是 Groovy 语言中用来定义标识符的关键字。

例如，上面"4.分号"示例中的变量 x 被用作标识符。

6．关键字

关键字是 Groovy 语言中保留的特殊字。表 3-1 所示为 Groovy 语言中的关键字。

表 3-1　Groovy 语言中的关键字

as	assert	break	case
catch	class	const	continue
def	default	do	else
enum	extends	false	finally
for	goto	if	implements
import	in	instanceof	interface
new	null	package	return
super	switch	this	throw
throws	trait	true	try
while			

7．空白

空白是编程语言（如 Java、Groovy 等语言）中用来形容空格、制表符、换行符的术语。

例如，在下面的示例代码中，关键字 def 和变量名 x 之间存在空白。这是为了让编译器知道 def 是需要被使用的关键字，用来定义变量 x。

```
def x=6;
```

8．文字

文字是 Groovy 语言中表示固定值的符号。Groovy 语言中的文字包括符号整数、浮点数、字符和字符串。Groovy 语言中的文字示例如下：

```
12
1.55
'a'
"aa"
```

3.2.3　数据类型

1．基本数据类型

Groovy 语言提供多种内置数据类型，以下是 Groovy 语言中的数据类型的列表。

- byte：表示字节值。例如 2。
- short：表示短整型数。例如 10。
- int：表示整型数。例如 1234。
- long：表示一个长整型数。例如 10000090。
- float：表示 32 位浮点数。例如 12.34。
- double：表示 64 位浮点数，属于双精度型浮点数据。例如 12.3456565。
- char：定义单个字符文字。例如'A'。

- Boolean：表示一个布尔值，可以是 true 或 false。
- String：以字符串的形式表示的文本。例如'Hello World'。

2．绑定值

表 3-2 所示为基本数据类型的取值范围。

表 3-2　基本数据类型的取值范围

数 据 类 型	取 值 范 围
byte	−128～127
short	−32,768～32,767
int	−2,147,483,648～2,147,483,647
long	−9,223,372,036,854,775,808～9,223,372,036,854,775,807
float	1.401,298,464,324,817,07e−45～3.402,823,466,385,288,60e+38
double	4.940,656,458,412,465,44e−324d～1.797,693,134,862,315,70e+308d

3．数据对象类型

Groovy 语言中除了基本数据类型，还有数据对象类型（有时称为包装类型）：java.lang.Byte、java.lang.Short、java.lang.Integer、java.lang.Long、java.lang.Float、java.lang. Double。

此外，Groovy 语言中还有支持高精度计算的数据对象类型，如表 3-3 所示。

表 3-3　支持高精度计算的数据对象类型

数 据 类 型	描　述	示　例
java.math.BigInteger	不可变的任意精度的有符号整数数字	30
java.math.BigDecimal	不可变的任意精度的有符号十进制数	3.5

以下示例代码说明如何使用不同的内置数据类型：

```
class Example{
  static void main(String[] args){
    // int 数据类型示例
    int x=5;

    // long 数据类型示例
    long y=100L;

    // float 数据类型示例
    float a=10.56f;

    // double 数据类型示例
    double b=10.5e40;

    // BigInteger 数据类型示例
    BigInteger bi=30;

    // BigDecimal 数据类型示例
    BigDecimal bd=3.5;

    println(x);
    println(y);
```

```
        println(a);
        println(b);
        println(bi);
        println(bd);
    }
}
```

运行上面的程序，会得到以下结果：

```
5
100
10.56
1.05E41
30
3.5
```

3.2.4　变量

Groovy 语言中的变量可以通过两种方式定义：一种是使用数据类型语法定义，另一种是使用关键字 def 定义。对于变量定义，必须明确提供类型名称或在定义中使用关键字 def。这是 Groovy 解析器需要的。

Groovy 语言中不仅有基本数据类型（如 3.2.3 节所述）的变量，还有其他数据类型（如数组、结构和类等类型）的变量。

1. 变量声明

变量声明用于告诉编译器为变量创建存储的位置和大小。变量声明的示例代码如下：

```
class Example{
    static void main(String[] args){
        // x 被定义为一个变量
        String x="Hello veinfo";

        // 变量 x 的值被打印到控制台
        println(x);
    }
}
```

运行上面的程序，会得到以下结果：

```
Hello veinfo
```

2. 变量命名

变量的名称可以由字母、数字和下画线组成。变量名称必须以字母或下画线开头。大写字母和小写字母是不同的，因为 Groovy 语言和 Java 语言一样，是一种区分大小写的编程语言。示例代码如下：

```
class Example{
    static void main(String[] args){
        // 用小写形式定义变量
        int x=5;

        // 用大写形式定义变量
        int X=6;
```

```
    // 定义一个名称中带有下画线的变量
    def _Name="Veinfo";

    println(x);
    println(X);
    println(_Name);
  }
}
```

运行上面的程序，会得到以下结果：

```
5
6
Veinfo
```

由上述示例可知，x 和 X 是两个不同的变量，因为区分大小写。在第三种情况下，可以看到变量_Name 的名称以下画线开头。

3. 打印变量

使用 println 方法可以打印变量的当前值。下面的示例代码显示如何实现这一点：

```
class Example {
  static void main(String[] args) {
    // 初始化两个变量
    int x=5;
    int X=6;

    // 将变量的值打印到控制台
    println("The value of x is "+x+" The value of X is "+X);
  }
}
```

运行上面的程序，会得到以下结果：

```
The value of x is 5 The value of X is 6
```

3.2.5 语法控制

1. 条件语句

条件声明需要程序指定一个或多个条件进行判断。如果条件被确定为真，则要执行一个或多个语句；如果条件被确定为假，则要执行其他语句。条件语句和描述如表 3-4 所示。

表 3-4　条件语句和描述

序　　号	条件语句和描述
1	if 语句：首先在 if 语句中计算一个条件。如果条件为真，则执行语句
2	if-else 语句：首先在 if 语句中计算一个条件。如果条件为真，则执行语句，并在 else 条件之前停止并退出。如果条件为假，则执行 else 语句块中的语句，然后退出
3	嵌套 if 语句：一个 if 语句嵌入另一个 if 语句内部
4	switch 语句：用来代替嵌套的 if-else 语句，switch 语句更容易理解
5	嵌套 switch 语句：switch 语句也可以多层嵌套

2．循环

除了按照顺序方式一个接一个执行的语句，Groovy 语言还提供了语句来改变程序逻辑中的控制流，即循环语句和循环控制语句。循环语句和描述如表 3-5 所示，循环控制语句和描述如表 3-6 所示。

表 3-5　循环语句和描述

序　　号	循环语句和描述
1	while 语句：while 语句首先计算条件表达式（布尔值），如果条件表达式的值为真，则执行 while 循环中的语句
2	for 语句：for 语句用于遍历一组值
3	for-in 语句：for-in 语句用于遍历一组值，in 指明遍历范围

表 3-6　循环控制语句和描述

序　　号	循环控制语句和描述
1	break 语句：break 语句用于改变循环语句和 switch 语句内的控制流
2	continue 语句：continue 语句用于改变循环语句内的控制流，仅限于 while 语句和 for 语句中使用

3.2.6　闭包

1．什么是闭包

闭包是一个短的匿名代码块，通常包含几行代码。可以将代码块作为参数来调用闭包。闭包是匿名的。下面是一个简单闭包的示例代码：

```
class Example{
  static void main(String[] args){
    def clos={println "Hello World"};
    clos.call();
  }
}
```

在上面的示例中，代码{println "Hello World"}被称为闭包。标识符 clos 引用的代码块可以使用 call 语句执行。

运行上面的程序，会得到以下结果：

```
Hello World
```

2．集合和字符串中的闭包

List、Map 和 String 方法接收一个闭包作为参数。

以下示例显示了如何使用闭包与列表。在下面的例子中，首先定义一个简单的值列表 lst，然后使用列表类型 lst 定义一个名为 each 的函数，该函数将闭包作为参数，并将闭包应用于列表的每个元素。

```
class Example{
  static void main(String[] args){
    def lst=[11,12,13,14];
    lst.each {println it}
  }
}
```

运行上面的程序，会得到以下结果：

```
11
12
13
14
```

3.2.7　低代码平台中的 Groovy 配置

1．Groovy 函数节点配置说明

1）简介

通过编写 Groovy 脚本来处理无法配置的业务逻辑，实现复杂的业务逻辑。

2）选择/添加

在"选择/添加"区域中，可以手动输入或选择已存在的函数名称，并选择函数分组，配置后可以在"函数"区域中进行定义或修改。

3）函数

在"函数"区域中，可以定义 Groovy 函数，如果选择已存在的函数，则可以在此处进行修改。

Groovy 节点的函数属性用于编写代码。在编写代码的过程中，可以选择前面定义的变量、节点输出流。基于用户需求在 Groovy 节点编程实现后，输出某个值或不返还任何值。

低代码平台中的 Groovy 脚本支持 Groovy 的数据类型、变量、运算符、循环语句、条件语句、方法、文件 I/O 等所有语法。

4）输出结果

对输出结果类型及中文名、英文名进行配置。

2．低搭低代码平台中的 Groovy 配置

以浩云科技股份有限公司的低搭低代码平台为例，Groovy 函数节点配置页面如图 3-13 所示。

图 3-13　Groovy 函数节点配置页面

Groovy 函数（校验 Kafka 是否能连上）脚本如下：

```
import org.apache.kafka.clients.consumer.ConsumerConfig
import org.apache.kafka.clients.consumer.KafkaConsumer
import org.apache.kafka.common.serialization.StringDeserializer

// 入参
def address=${[node_1660882636178].address}$

KafkaConsumer<String,String>consumer=null;
try{
  Properties properties=new Properties();
  // key 反序列化方式
  properties.put(ConsumerConfig.KEY_DESERIALIZER_CLASS_CONFIG,
StringDeserializer.class);
  // value 反序列化方式
  properties.put(ConsumerConfig.VALUE_DESERIALIZER_CLASS_CONFIG,
StringDeserializer.class);
  // 提交方式
  properties.put(ConsumerConfig.ENABLE_AUTO_COMMIT_CONFIG,true);
  // 指定 broker 地址，多个 broker 地址中间用“,”隔开，来找到 group 的 coordinator
  properties.put(ConsumerConfig.BOOTSTRAP_SERVERS_CONFIG,address);
  // 指定超时时间
  properties.put(ConsumerConfig.SESSION_TIMEOUT_MS_CONFIG,500);
  // 请求超时时间
  properties.put(ConsumerConfig.REQUEST_TIMEOUT_MS_CONFIG,500);
  // 默认 API 超时时间
  properties.put(ConsumerConfig.DEFAULT_API_TIMEOUT_MS_CONFIG,500);
  // 指定心跳
  properties.put(ConsumerConfig.HEARTBEAT_INTERVAL_MS_CONFIG,100);

  // topic 列表
  consumer=new KafkaConsumer<>(properties);
  consumer.listTopics();
  return "true";
} catch(Exception e){
  println(e.printStackTrace());
  return "false";
} finally{
  try{
    if(consumer!=null){
      // 关闭连接
      consumer.close();
    }
  } catch(Exception e){
  println(e.printStackTrace());
  return "false";
  }
}
```

③.③ 页面 CSS 风格代码编写

3.3.1 FreeMarker

1. 什么是 FreeMarker

FreeMarker 是一款模板引擎，即一种基于模板和要改变的数据生成输出文本（如 HTML 网页、电子邮件、配置文件、源代码等）的通用工具。FreeMarker 不是面向最终用户的，而是一个 Java 类库，是一款程序员可以嵌入所开发产品的组件。

FreeMarker 是免费的，基于 Apache 许可证 2.0 版本发布，编写模板所使用的语言是 FreeMarker 模板语言（FreeMarker Template Language，FTL）。由于该语言是简单、专用的语言，而不是像 PHP 那样成熟的编程语言。因此需要另外编程显示数据，如数据库查询和业务运算等，之后 FTL 模板显示已经准备好的数据。在 FTL 模板中主要专注于如何展示数据，而在 FTL 模板之外则专注于要展示什么数据。

2. 工作原理

假设在一个应用系统中需要一个 HTML 页面，该 HTML 页面的代码如下：

```html
<html>
   <head>
      <title>Welcome!</title>
   </head>
   <body>
      <h1>Welcome Eric L!</h1>
      <p>Our latest product:
      <a href="products/greenmouse.html">green mouse</a>!
   </body>
</html>
```

该 HTML 页面中的用户名（即上面的"Eric L"）是登录这个网页的访问者的名字，并且显示的数据应该来自数据库，这样才能随时更新。所以，不能直接在 HTML 页面中输入"Eric L"和"green mouse"及链接，也不能使用静态 HTML 代码。此时，可以使用要求输出的模板来解决，模板和静态页面是相同的，只是模板会包含一些 FreeMarker 将模板变成动态内容的指令。使用模板文件的代码如下：

```html
<html>
   <head>
      <title>Welcome!</title>
   </head>
   <body>
      <h1>Welcome ${user}!</h1>
      <p>Our latest product:
      <a href="${latestProduct.url}">${latestProduct.name}</a>!
   </body>
</html>
```

模板文件存放在 Web 服务器上，当有访问者访问这个页面时，FreeMarker 就会介入执行，然后动态转换模板，用最新的数据内容替换模板文件中的"${...}"部分，之后将结果发送到访问者的 Web 浏览器中。访问者的 Web 浏览器就会接收到如第一个 HTML 页面那样的内容（也就是没有 FreeMarker 指令的 HTML 代码），访问者也不会察觉到服务器端使用的 FreeMarker。（存放在 Web 服务器上的模板文件是不会被修改的，替换也仅仅出现在 Web 服务器的响应中。）

为模板文件准备的数据整体被称作数据模型。数据模型是树形结构（就像硬盘上的文件夹和文件），在视觉效果上，数据模型可以是以下形式（这只是一个形象化显示，数据模型不是文本格式，数据模型来自 Java 对象）：

```
(root)
  |
  +- user = "Eric L"
  |
  +- latestProduct
      |
      +- url = "products/greenmouse.html"
      |
      +- name = "green mouse"
```

FreeMarker 可以从数据模型中选取这些值，使用 user 和 latestProduct.name 等表达式即可。类比于硬盘的树形结构，数据模型就像一个文件系统，"(root)"和"latestProduct"就对应着目录（文件夹），而 user、url 和 name 就是这些目录中的文件。

总体上，模板和数据模型是 FreeMarker 生成输出所必需的组成部分，即模板+数据模型=输出。

3. 基本语法

（1）${...}：FreeMarker 将会输出真实的值来替换大括号内的表达式，这样的表达式被称为 interpolation（插值）。

（2）注释：FTL 语言的注释和 HTML 语言的注释很相似，使用"<#--"和"-->"来标识。FTL 语言的注释不会出现在输出中（不出现在访问者的页面中），因为 FreeMarker 会跳过 FTL 注释。

（3）FTL 标签（FreeMarker 模板的语言标签）：FTL 标签和 HTML 标签有一些相似之处，但是 FTL 标签是 FreeMarker 的指令，是不会在输出中打印的。这些标签的名字以"#"符号开头。（用户自定义的 FTL 标签则需要使用"@"符号来代替"#"符号）。

3.3.2　案例分析

低代码平台提供了简便的方法，使工程师可以在不编写代码的情况下创建应用程序。由于现实的场景是千变万化的，一些业务需要实现特殊的功能，因此低代码平台需要实现开放的编程接口。

本节以浩云科技股份有限公司的低搭低代码平台为例，介绍如何在低代码平台中集成第三方的 HTML 和 CSS。

1. 数据结构转换节点配置说明

1）简介

对数据结构进行转换，如原来只有设备 ID 的数据，现在把数据转换成有设备 ID、设备类型、位置信息的数据。

2）结构体逻辑编辑

配置方式分为静态配置和动态配置两种。

（1）静态配置。

需要先添加子逻辑，包括 for、if、else if、else 这 4 种，排列顺序要符合条件语句逻辑，可以为当前层级设置别名。

如果是循环逻辑（for），则需要根据提示配置循环参数。

如果是条件语句逻辑（ifelse），则需要根据提示配置判断条件。条件公式是指用 and、or 或括号将多个条件连接起来的公式。条件与逻辑运算符之间需加空格，如"1 and (2 or 3) or 4"。

在完成静态配置后，需要对结构体逻辑进行数据绑定，从而生成需要的结构体，即数据映射。

（2）动态配置。

在"选择/添加"区域中，可以手动输入或选择已存在的函数名称，并选择函数分组，配置后可以在"函数"区域中进行定义或修改。

在选择模板后可以进行数据映射的相关配置。

在完成 FreeMarker 模板选择后，进行输出结构配置，可以保存模板，方便下次使用。

2. 动态配置 FreeMarker

第 1 步：双击"数据结构转换"节点，如图 3-14 所示。

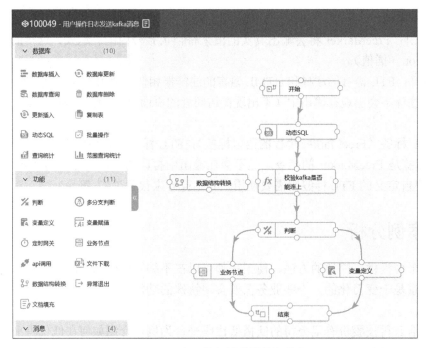

图 3-14　双击"数据结构转换"节点

第 2 步：在弹出的"编辑'数据结构转换'节点"对话框的"结构体逻辑编辑"区域中选择"动态配置"选项卡，如图 3-15 所示，输入或选择已存在的函数名称并选择函数分组。

图 3-15 "编辑'数据结构转换'节点"对话框

第 3 步：在"动态配置"选项卡的"选择/添加"区域的"选择/添加模板"文本框中单击，在弹出的"点击可选择模板"对话框中选择模板，如图 3-16 所示。

图 3-16 选择模板

第 4 步：在完成 FreeMarker 模板选择后，进行输出结构配置，如图 3-17 所示。

图 3-17 进行输出结构配置

3.4 高级数据库 SQL 代码编写

3.4.1 动态 SQL 节点配置说明

1）简介

通过配置动态 SQL 节点、编写数据库代码来实现查询数据表数据，可以支持对多个数据表中的数据进行复杂查询，并且支持获取业务逻辑定义的变量，以及支持获取前面节点的输出流。

2）操作步骤

在"SQL 代码参数定义"区域中对参数进行定义后，在"SQL 代码区"区域中编写 SQL 代码，然后对查询结果进行定义，定义后的查询结果可以实现排序字段和搜索字段的同步。

3）SQL 代码参数定义

在"SQL 代码参数定义"区域中，可以对 SQL 代码中的参数进行定义。

4）SQL 代码区

在"SQL 代码区"区域中可以编写代码。在编写代码的过程中，可以选择前面定义的变量、节点输出流。

5）SQL 返回查询结果

可以设置查询结果的编码、名称和输出类型。

6）排序字段

设置查询结果后进行同步，可以对同步字段按照排序需求进行编辑。

7）搜索字段

设置查询结果后进行同步，可以对同步字段按照搜索需求进行编辑。

3.4.2 动态 SQL 节点配置

第 1 步：双击"动态 SQL"节点，如图 3-18 所示。

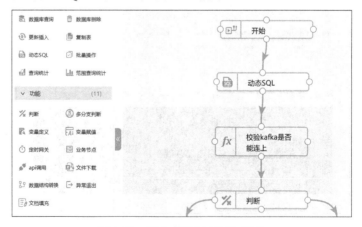

图 3-18 双击"动态 SQL"节点

第 2 步：在弹出的"编辑'动态 SQL'节点"对话框中配置信息，如图 3-19 所示。

图 3-19 "编辑'动态 SQL'节点"对话框

动态 SQL（用户操作日志发送 Kafka 消息）脚本如下：

```
<script>
SELECT address FROM bizgw_plugin_driver_business_cfg
where bus_cfg_key = 'KAFKA_SERVER'
</script>
```

习 题 3

一、单项选择题

1. 关于低代码脚本，下列哪个描述是错误的？（　　　）

   A．可以承接低代码平台上下文的数据处理

   B．可以用于实现业务功能，以及作为第三方集成的"粘合剂"，扩展了平台能力

   C．可以简化开发、部署、测试等周期

   D．低代码脚本实现的编程扩展只包括客户端编程扩展，不包括服务端编程扩展

2. 下列哪个描述不是 Groovy 语言的特点？（　　　）

   A．Groovy 语言是一种应用于 JVM 的敏捷动态编程语言

   B．Groovy 语言不能在 Java 平台上进行 Java 编程

   C．Groovy 语言和 Java 语言可以很好地结合编程

   D．Groovy 代码可以直接编译成 Java 字节码

3. 下列哪一个不是 Web 开发人员使用的主要工具？（　　）

    A．HTML　　　　　　　　　　　　B．CSS

    C．C++　　　　　　　　　　　　　D．JavaScript

4. 想要在 Groovy 代码中导入语句，需要使用下面哪个关键字实现？（　　）

    A．import　　　　　　　　　　　　B．println

    C．package　　　　　　　　　　　　D．implements

5. Groovy 语言中的单行注释使用下面哪个符号标识？（　　）

    A．//　　　　　　B．/*　　　　　　C．*/　　　　　　D．{}

6. 下列哪一个不是 Groovy 语言中的数据类型？（　　）

    A．double　　　　　　　　　　　　B．Integer

    C．Boolean　　　　　　　　　　　　D．String

7. 下列关于低代码平台中的 Groovy 脚本的描述，哪个是错误的？（　　）

    A．通过编写 Groovy 脚本处理无法配置的业务逻辑，实现复杂的业务逻辑

    B．在"函数"区域中，可以定义 Groovy 函数，如果选择已存在的函数，则可以在此处进行修改

    C．基于用户需求在 Groovy 节点编程实现后，输出某个值或不返还任何值

    D．低代码平台中的 Groovy 脚本不一定支持 Groovy 的数据类型、变量、方法、文件 I/O 等所有语法

8. 下列关于低代码平台中的 FreeMarker 的描述，哪个是正确的？（　　）

    A．FreeMarker 是收费的

    B．FTL 标签和 HTML 标签一样，并不是 FreeMarker 的指令

    C．FreeMarker 是一个 Java 类库，是一款程序员可以嵌入所开发产品的组件

    D．FreeMarker 主要用于如何控制流程，而不是如何展示数据

9. 下列哪一个不属于低代码平台的编程扩展？（　　）

    A．服务端编程扩展　　　　　　　　B．与操作系统的对接

    C．客户端编程扩展　　　　　　　　D．与第三方平台的对接

10. 目前主流低代码平台采用配置方式进行编程扩展，下列哪一项不属于低代码平台采用的配置方式？（　　）

    A．Groovy 配置　　　　　　　　　B．FreeMarker 配置

    C．动态 SQL 节点配置　　　　　　D．Java API 库开发

二、判断题

1. 低代码脚本可以实现开放的编程接口，扩展了平台的能力。（　　）

2. 低代码脚本同样需要编程，证明低代码平台对业务开发没有什么用处。（　　）

3. Groovy 语言构建在强大的 Java 语言之上，并添加了从 Python、Ruby 和 Smalltalk 等语言中学到的许多特征。（　　）

4. FreeMarker 和 Groovy 语言一样，也是一种新的开发语言。（　　）

5．通过配置动态 SQL 节点、编写数据库代码来实现查询数据表数据，可以支持对多个数据表中的数据进行复杂查询。　　　　　　　　　　　　　　　　　（　　　）

三、简答题

1．什么是低代码脚本语言？为什么需要低代码脚本语言？

2．低代码脚本语言包括哪些脚本语言？

3．简要回答什么是 Groovy 语言中的闭包。

4．简要回答什么是 FreeMarker。

5．简述动态 SQL 节点的配置过程。

第 **4** 章

基于低代码平台的需求分析

4.1 软件需求的概念

4.1.1 从软件开发生命周期到需求分析

软件是一种高度抽象的产品，软件的最终质量在开发过程中往往是难以监控的。开发业界经常开玩笑地把软件的开发过程比喻为"香肠"的生产："在香肠灌装成形之前，我们几乎看不明白它将会变成什么。"为了让最终开发完成的软件达到预期目标，业界制定出一系列软件开发的过程模型，让开发人员可以参考预定义的过程和关键步骤来更好地控制软件开发的过程。无论是哪一种软件开发过程模型，基本都遵循软件开发生命周期。

软件开发生命周期指的是软件开发过程的整体流程，传统的软件开发生命周期在粗粒度层面上大致可以划分为以下几个阶段，每个阶段由软件公司中的不同岗位人员完成。

1）需求分析阶段

需求分析主要由需求分析师或产品经理主导，其目标是收集软件客户非形式化的需求描述并将其转化成形式化的需求定义，从而确定软件必须实现什么样的功能。

2）系统设计阶段

系统设计通常由系统架构师或技术经理主导，可以细分为概要设计阶段和详细设计阶段，其目的是根据需求分析的结果对软件进行技术选型、模块的划分和实现细节的设计，设计的结果将用于指导程序员进行软件开发。

3）编码实现阶段

编码实现就是编写代码，主要由程序员完成，是软件功能的具体实现过程。

4）测试阶段

软件测试可以分为单元测试、集成测试、系统测试和验收测试等，主要由测试工程师主导，程序员配合完成。

5）部署实施阶段

部署实施主要由实施工程师负责，具体的工作是把开发完成的软件安装在用户的机器上，初始化并调试软件，使软件正常运行，最后培训用户如何使用软件。

6）运维阶段

软件运维主要由运维工程师负责，其目标是排除故障，确保软件在工作期间正常运行。

在上述阶段中，首要的、对软件质量起决定性作用的是需求分析阶段。需求分析阶段是软件开发生命周期的开始，需求分析的正确与否决定了软件开发的方向和最终结果，正所谓"差之毫厘，谬以千里"，因此需求分析阶段是软件开发中非常重要的环节。

在低代码应用开发中，软件生命周期中的设计、实现和测试等阶段均得到了很大程度的简化，但需求分析阶段的开发方式和传统软件开发是一致的，因而更凸显了需求分析在低代码应用开发中的重要性。

4.1.2　什么是软件需求

软件需求是一个复杂而笼统的概念，软件开发会涉及许多关系人，这些关系人包括客户、用户、需求分析师和开发人员等，每种关系人对软件需求的理解各有差异，因此也产生了多种不同的概念，如业务需求、用户需求、功能需求和非功能需求等。

1．软件需求的 3 种层次

首先，软件需求有 3 种不同的层次：业务需求、用户需求和功能需求。

业务需求描述了客户为什么需要这样一个软件，该软件可以为客户带来怎样的效益。比如，某超市为了降低收银台的运作成本，减少收银人员，想要构建一个自助结账系统，让超市顾客可以自行完成商品的结账，这样的需求就是业务需求。业务需求通常是由软件投资者、客户组织机构的管理人提出的需求，通常是软件项目的最高目标和方向，但业务需求在描述上通常比较笼统。

用户需求描述了用户使用该软件所必须完成的任务，以及在完成任务的过程中软件能为用户提供的价值。比如上述提到的自助结账系统，超市顾客可以通过该系统完成商品的添加、结算、支付和打印凭证等操作。用户需求是站在软件最终使用者角度的需求。

功能需求描述了软件产品在特定条件下所展示出来的行为，也就是软件产品提供的某种具体功能。比如上述提到的自助结账系统，需要提供自助终端，当超市顾客把商品放置在自助终端的扫码区时，自助终端会自动读取商品信息，添加商品，然后自动计算并汇总商品的总金额，用户可以在自助终端上选择支付方式，系统会引导用户完成支付过程。功能需求是软件产品最终需要实现的每一项具体功能。

需求分析师的一项重要任务就是获取并分析出软件的功能需求，并把它记录在软件需求规格说明书中，尽可能详细地为其他软件关系人描述软件的预期行为。功能需求规定了后续开发人员需要在软件产品中实现的具体功能，用户利用这些功能来完成任务，从而最终满足软件投资者的业务需求。

2．非功能需求

如果说功能需求描述的是软件具体能为用户做什么，则非功能需求的重点在于描述软件做得有多好。软件除了能实现具体功能，还应该具备易用性、安全性、性能、可靠性、健壮性等特征，这些具体功能以外的软件需求就是非功能需求。

- 易用性：指用户使用软件的难易程度，好的软件应该尽量降低用户的学习成本。
- 安全性：指防止软件遭到破坏的能力，如防止黑客入侵或恶意的操作的能力。

- 性能：指软件响应用户输入或处理任务的快慢程度。
- 可靠性：指软件发生故障前的连续正常运行时间。
- 健壮性：指软件应对非预期操作的能力。

除了上述几点，非功能需求可能还有很多其他指标，如软件系统的可扩展性、可移植性、可重用性和界面的美观性等。这些非功能需求实际上决定了软件系统的质量，也就是前面所说的软件对用户而言是否好用。

综上所述，软件需求是一个比较复杂的概念，归纳起来，就是指用户对目标软件在功能、行为、性能、设计和约束等方面的期望。简而言之，就是用户想要一个什么样的软件，软件要完成什么样的工作，用户对软件的质量有什么样的要求，软件界面的美观性如何等。

4.1.3　从客户的角度理解软件需求

软件的最终使用者是客户，因此在获取软件需求时最关键的一点是需要从客户的角度理解软件需求。

但在获取软件需求的过程中，客户并不一定非常配合。我们可以看看下面的例子。

律师事务所管理人："我打算构建一套系统来管理我们律师事务所的客户信息和案件信息，实现电子化办公，提高我们律师事务所的办案效率。"

项目经理："好的，我希望派一位需求分析师到你们律师事务所中和律师们一起共事一段时间，从而了解你们的工作。"

律师事务所管理人："为什么？我们律师都是很忙的，没时间招呼你们。"

项目经理："但我们是 IT 人员，不是律师，并不了解你们的工作方式，无法知道你们需要的具体功能。"

律师事务所管理人："你们难道不能想象一下吗？就这样吧，等软件做出来后我们就知道哪里要改了。"

在实际工作中，软件客户往往不了解软件开发方需要从实际用户及其工作场景中获取需求信息的重要性。软件项目的成功离不开软件客户和软件开发方的密切合作。上述例子中的律师事务所管理人只是出资人，不是软件最终的使用者，因此他无法提供完整的用户需求，同样地，律师作为系统的最终用户也只能描述他们要通过软件完成的具体工作，但无法描述这些工作需要通过什么样的功能来实现。因此，需求分析师需要与客户保持密切沟通，让客户参与到需求分析过程中，这样才能真正深入了解用户需求。

1．缩小客户期望落差

有这样一个故事：一家软件公司完成了一个企业委托开发的信息系统，在整个开发过程中，软件开发人员获取到的用户需求就很少。当软件完工交付时，客户却拒绝接收该软件，认为该软件完全没有达到他们预期的效果。最后该软件公司只能重新调研客户需求，大幅度重写软件功能。

如果没有足够的客户参与到需求分析过程中，则软件项目无法避免的结果就是客户的期望与软件最终结果之间的落差较大。缩小客户期望落差最好的方法是让客户选出适当的用户代表与软件开发方频繁地进行沟通。每次沟通都是一个缩小客户期望落差的机会，通过沟通可以让软件开发方及时修正需求，从而让最终的软件能够更贴近客户的期望。

图 4-1 所示为调侃软件开发过程的一幅漫画，如果没有站在客户的角度做充分的需求调研，没有定期频繁地与客户沟通，则软件开发过程就会越来越偏离客户的初衷，最终走向失败的境地。

图 4-1　缺乏沟通导致的客户期望与项目结果之间的落差

2．明确谁是客户

软件客户也是一个笼统的概念，其可以是发起项目的组织机构管理者、软件的投资者、将来软件的直接或间接使用者、参与到业务流程中的其他人员等。

在做需求分析时不应该遗漏任何这些软件的使用者或与之利益相关的人员。例如，一个常见的进销存系统中的主要业务可能并不涉及财务，但在工作流程中，财务人员必然会参与到采购和销售的环节中，因此在做需求分析时就不能遗漏财务人员。

还需要区分提出业务需求的客户和真正使用软件的用户的区别。提出业务需求的客户有时会试图替代实际用户表达需求，然而这些需求可能和真实需要相去甚远。例如，提出业务需求的公司领导通常只会关心软件需要实现的大目标，而具体操作软件的业务人员才会关心工作流程是否合理。

有时还需要调和不同客户之间可能的矛盾。例如，提出业务需求的公司领导由于预算或业绩的需要提出了苛刻的需求，并通过管理手段强迫实际业务人员接受新的工作方式或流程，这样的结果可能会让实际用户反感，他们就会不愿和软件开发方合作以实现这些需求。遇到这种情况，需求分析师就需要基于双方的目标格外耐心地与对方进行深入的沟通。

3．与客户建立高效的协作

成功的需求分析过程植根于软件开发方与客户的高效沟通和协作上。为了更好地共同完成需求分析目标，在开展需求开发工作前，需求分析师需要预先与客户明确他们在需求沟通中各自的责任。

需求分析师的责任如下：

（1）应该使用客户容易理解的语言进行交流，避免使用软件行业的术语和工具。

（2）应该预先充分了解客户的业务和目标。

（3）应该使用正式的需求文档把需求记录下来。

（4）在需求评审前应该为客户提供需求文档的相关解释。

（5）在需求评审完成前允许客户变更需求。

（6）倾听需求，提出解决方案的建议或替代方案。

（7）确保客户收到满足业务需求的高质量软件。

客户的责任如下：

（1）应该为需求分析师讲解业务知识。

（2）应该提供足够的时间来阐述需求。

（3）应该及时对需求进行确认。

（4）尊重开发人员对需求可行性和成本的估算。

（5）参与需求评审并确认需求。

（6）及时沟通，修正需求。

4.2 需求的开发与引导

在介绍什么是软件需求之后，下面探讨如何对需求进行开发和引导。

4.2.1 需求开发的主要过程

需求开发的过程可能涉及多种软件关系人，这些关系人既包括软件客户方的客户代表，也包括软件公司的不同岗位人员，如需求分析师、产品经理、UI 设计师等。

需求开发的主要过程如图 4-2 所示。

图 4-2 需求开发的主要过程

（1）明确业务需求：前文阐述过，业务需求是客户所需的高层次目标，应该作为贯穿需求分析、设计和开发过程的核心方向。因此，在进行需求开发时，首先需要与客户的高层代表进行洽谈，确定客户的业务需求，避免后续开发过程中出现"南辕北辙"的情况。

（2）收集用户需求：在明确业务需求以后，需求分析师需要和软件的目标用户进行深入的沟通，通过一系列的访谈、问卷调查、观察、单据分析、报表分析等方式收集用户需求。收集用户需求是需求开发中最重要的工作之一，具体做法后续会进行详细探讨。

（3）制定需求说明书：在收集用户需求后，需求分析师需要对需求进行进一步的分析，分解需求，确定用户、场景和流程，结合软件所能够提供的能力制定软件的功能需求，然后把定义好的功能需求记录在软件需求规格说明书中。软件需求规格说明书中需要包含每个功能需求的细节及整个软件的非功能需求。

（4）绘制需求原型：软件需求规格说明书虽然详细地描述了功能需求，但是很难为客户提供一个直观的认识。一个能够看到的用户界面和交互效果不仅可以更容易让客户明白软件最终提供的功能，也可以更容易让客户发现存在的问题。因此，更好的方式是产品经理或 UI 设计师依据软件需求规格说明书绘制界面原型，在关键的地方搭配上基本的操作交互效果，让客户可以直接体验到将要实现的软件功能。

4.2.2　收集用户需求

如前文所说，需求开发中最重要的工作之一就是收集用户需求。

收集用户需求不等于简单地把用户所说的内容全部记录下来，而是全面、深入地挖掘用户的需要，因此收集用户需求是一个综合的协作分析过程。收集用户需求是一项富有挑战性的工作，幸运的是，软件业界在工作中总结出了许多切实可行的方法可以运用在收集用户需求的过程中，这些方法包括用户访谈、问卷调查、观察、单据分析、报表分析、系统接口分析等。

1. 用户访谈

用户访谈就是使用提问交流的方式了解用户需求的过程。对商业产品和信息系统而言，用户访谈是最常见的需求获取方法。在开展用户访谈工作时，需要注意以下要点。

（1）提前规划用户访谈。

通常，用户提供的访谈时间是很有限的，为了能够充分利用访谈时间，需要提前对访谈进行规划。

确定访谈主题，需要确定访谈目标和访谈提纲，避免在访谈中跑题。

确定访谈对象，根据访谈目的来筛选需要访谈的用户代表。

确定访谈时间，提前和访谈对象约定访谈时间。

提前准备好要提问的问题，可以预先设定一些假设以引导谈话内容。

准备好访谈的记录方式，如设计访谈记录表、准备录音工具等。

（2）根据一定的访谈流程开展访谈。

在访谈开始时，先向用户介绍自己的身份、访谈目的、访谈形式和预计时长。

在访谈过程中，要主动掌握节奏，避免跑题，运用沟通技巧挖掘用户需求。

详细记录访谈内容，提问了什么问题，用户回答了什么，应保留原话记录。

访谈后总结汇总结果，访谈结束后要整理访谈纪要或访谈结果，交与访谈用户签字确认，并把结果及时反馈给客户经理。

（3）设计访谈问题时的要点。

在上述访谈过程中，访谈问题的质量非常重要，在设计访谈问题时，应该注意 3 个关键：现状、痛点和方案。

现状是指询问用户现在是如何完成工作的。痛点是指询问用户现在的工作方式遇到了什么样的困难。方案是指和用户一起讨论什么样的解决方案可以解决这些困难。

通过现状、痛点和方案，逐步把用户的业务需求转化成软件的功能需求。

（4）运用访谈技巧。

在访谈过程中，还需要注意运用访谈技巧，确保访谈顺利进行，例如以下几点。

● 营造轻松的访谈氛围：可以通过温和的语气、幽默的言辞等营造轻松的访谈氛围。

- 主动倾听：在访谈中要表现出耐心，适当地给出反馈，在不清楚时提问，在了解后给出明确的认可。
- 聚焦重点：不时提醒自己谈论的焦点是否偏离了主题。
- 及时提出自己的看法：访谈不仅需要记录客户所说的内容，还需要在客户需求不明确时提出自己的看法，或者向客户提供一些选择。

2．问卷调查

问卷调查是通过制定详细周密的问卷，对大群体用户进行调研并了解其需要的一种需求收集方法。这种方法受众广泛，但花费不高，是从大规模用户群获取信息的理想选择。

根据媒介的不同，问卷调查可以分为纸质问卷调查和网络问卷调查两种。纸质问卷调查无论是执行成本还是统计成本都比较高，适用于问卷需要归档保存的情况；而网络问卷调查则更方便和高效，一般推荐这种方式。市面上有许多现成的网络问卷调查产品，如问卷星、金数据和腾讯问卷等，通过这些网络问卷调查产品可以快速实现问卷调查。

（1）问卷的组成结构。

问卷一般由问卷标题、导语、填写人信息和问卷主体组成。

导语主要用来告知被调查用户调查者是谁、调查目的和注意事项等；问卷主体就是问卷中设计好的问题。

（2）设计问卷时的关键。

首先，确定问卷主题，即问卷是为了解决什么问题而设定的，需要收集什么数据。

其次，设置合理的问题。尽量选择封闭性的问题，尽量使用客观选择题和填空题，避免使用开放性的问答题（既不便于回答，也不便于统计和归纳）。问题提供的答案选项尽量穷尽，涵盖所有可能的反馈。问题提供的答案选项尽量互斥，避免模糊和重叠。在题目中不能暗示正确答案。在发放调查问卷之前，要对问卷进行测试，检验其是否对被调查用户友好、耗时是否过长等，避免设置被调查用户不愿意回答的问题。

最后，选择有代表性的调查对象，保证针对正确的人群提出正确的问题。

（3）获取问卷结果。

网络问卷调查可以自动分析调查结果，统计每个答案的用户比例，我们可以在此基础上对结果进行进一步的分析。

3．观察

观察法就是到客户的具体工作环境中去观察用户的工作过程。

如果只是让用户描述自己的工作方式，则他们的表达可能很不完整，遗漏细节或表述不准确。例如，当工作流程比较复杂时，则用户可能也难以记住每个细节；当用户对所执行的任务过于熟悉时，则用户可能反而无法将习以为常的环节描述出来。

值得注意的是，观察用户工作是很耗时的，因此不适用于所有用户或任务，为了不干扰用户的日常工作，每次观察活动的时间也不应该太长。建议选择重要性或风险性较高的环节，选择有代表性的用户进行观察。

4．单据分析

单据分析是通过分析用户现有的纸质单据来获取需求的方法。软件的主要目的是帮助客户管理信息，而在没有软件之前，纸质单据就是客户的信息系统。通过分析纸质单据，我们可以快速掌握用户工作中的数据模型及数据的流转方式。所以，单据分析也是相当重要的一种需求收集方法。

5．报表分析

报表分析是通过分析用户当前使用的报表来获取需求的方法。报表往往是客户业务信息的汇总结果，通常是提交给公司管理者查看的。理解报表就可以理解公司管理者的管理方式；弄清楚报表中每项数据的来源，就可以深刻理解公司管理者对信息的真实需求。

6．系统接口分析

系统接口分析是一种独立的需求获取方法，当我们的软件需要与外部其他系统（软件或硬件系统）关联时，我们就要进行系统接口分析。接口分析检查哪些系统与我们要开发的系统关联，我们的软件需要从外部系统采集哪些数据，如何采集，然后又需要向外部系统输出哪些数据，如何输出。系统接口分析揭示的功能需求涉及多个系统之间的数据和服务交换。

7．如何得知需求收集工作已经完成

当需求收集工作满足以下条件时，就可以认为需求收集工作基本完成了。

（1）用户想不出更多的需求。

（2）用户提出了新的使用场景，但是这些场景并不能引出新的功能需求。

（3）用户重复以前讨论过的问题。

（4）用户提出的软件的新特性、新需求都在项目范围之外。

（5）用户提议的新需求优先级都很低。

（6）后续的开发人员和测试人员的疑问越来越少。

4.2.3　软件需求规格说明书

在收集到用户需求后，要对用户需求进行进一步的分析与处理，最终记录在软件需求规格说明书中。关于需求的分析过程，将在下一节中重点讨论。

软件需求规格说明书是需求分析阶段最重要的文档制品，也是需求分析工作的最终产物。软件需求规格说明书实际上是把前面收集到的用户需求以文档的方式详细地记录下来。

软件需求规格说明书的主要内容包含以下部分。

（1）项目概述：包括产品介绍、产品范围、运行环境、用户、角色等。

（2）功能性需求：分析收集到的需求，通过需求描述、业务流程图、需求规约等方式把每个需求详细地描述出来。

（3）非功能性需求：把界面、性能、安全性、可靠性、正确性、产品质量等软件质量相关需求描述出来。

（4）外部接口：描述软件如何与用户、系统硬件、其他软件进行交互。

图 4-3 所示为一份软件需求规格说明书的基本结构。

一份良好的软件需求规格说明书具有以下功能：

（1）易于为客户和后续开发人员所理解，便于交流和发现问题。

（2）正确描述出软件的功能需求，可以作为软件开发的基础和依据。

（3）可以作为需求评审、测试和验收的依据。

（4）可以为软件成本估算和编制计划进度提供基础。

（5）可以作为软件不断改进的基础。

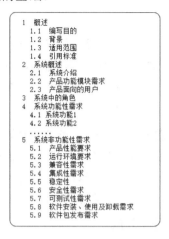

1　概述
　1.1　编写目的
　1.2　背景
　1.3　适用范围
　1.4　引用标准
2　系统概述
　2.1　系统介绍
　2.2　产品功能模块需求
　2.3　产品面向的用户
3　系统中的角色
4　系统功能性需求
　4.1　系统功能1
　4.2　系统功能2
　　……
5　系统非功能性需求
　5.1　产品性能要求
　5.2　运行环境要求
　5.3　兼容性需求
　5.4　集成性需求
　5.5　稳定性
　5.6　安全性需求
　5.7　可测试性需求
　5.8　软件安装、使用及卸载需求
　5.9　软件包发布需求

图 4-3　一份软件需求规格说明书的基本结构

4.2.4　软件需求原型

软件需求规格说明书虽然以形式化的方式详细地描述了软件需求，但是对客户而言可能过于专业和抽象。一般客户可能需要通过可视化的界面和各种交互效果来理解软件功能。同样地，对后续开发软件的程序员而言，可视化的界面也可以帮助他们快速了解要实现的效果。因此，在完成软件需求规格说明书之后，最好能制作一套软件需求原型。

软件需求原型可以理解为一个软件模型，它不需要具备实际功能，但可以给出将要实现的界面效果和交互效果。

早期的软件需求原型实际上就是软件公司的 UI 设计师设计出来的一些软件 UI 效果图。但是由于制作 UI 效果图需要耗费美工人员大量的时间，而且后续还可能要根据客户的意见频繁修改，因此软件公司为了加快软件需求原型的迭代，开始使用较为抽象的线框图来替代 UI 效果图。线框图虽然不美观，但是基本可以向用户展示软件界面的结构。例如，图 4-4 所示为一个网站的线框图设计效果。

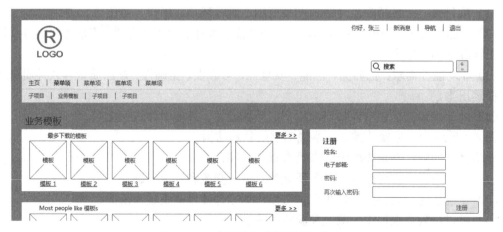

图 4-4　一个网站的线框图设计效果

第 4 章　基于低代码平台的需求分析

无论是静态设计图还是线框图都不能尽如人意，它们都无法让客户体验到软件的交互效果。近年来，业界涌现了许多优秀的软件需求原型设计工具。软件需求原型设计工具把软件界面的常见构成元素设计成了控件，通过对控件的简单拖曳和定位，就可以快速构建出软件的界面效果，这些界面效果还可以通过导出的方式直接生成静态网页。在软件需求原型设计工具中，通过设置控件的事件，还可以实现简单的界面交互效果，可以模拟用户单击和输入后的一些界面反馈。通过软件需求原型设计工具，产品经理不需要 UI 设计师和美工人员的协助，就可以快速定制出高保真的软件需求原型。

常见的软件需求原型设计工具有国外的 Axure RP 和 Sketch、国内的墨刀和蓝湖等，这些软件都可以快速创建出高保真的软件需求原型。例如，图 4-5 所示为墨刀原型开发工具的设计界面。

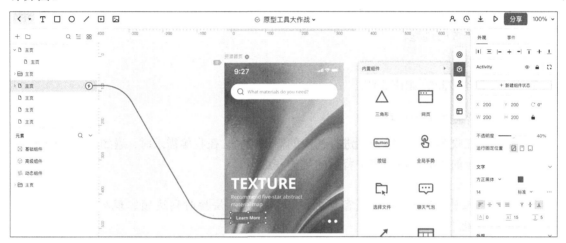

图 4-5　墨刀原型开发工具的设计界面

4.3 需求的分析与实践

4.3.1 需求分析的目的

在需求收集过程中，从软件客户方收集到的用户需求往往只是原始需求，用户仅描述出了自己的预期、目的或想法，甚至只是简单地提出了要解决的问题。

对于原始需求，需要进一步挖掘和分析用户的真实目的，结合软件可以提供的解决方案、交互方式和服务才能得到具体的产品需求，也就是软件产品最终需要具有的功能。需求分析的目的如图 4-6 所示。

图 4-6　需求分析的目的

077

案例：

某银行希望减少 50%的柜台人员以降低人力成本。

这就是原始需求，无法直接对应软件功能。

要实现该银行减少柜台人员的原始需求，首先需要进一步挖掘柜台人员日常要处理哪些具体业务。通过挖掘需求，得知柜台人员需要处理开户、销户、存款、取款、转账、理财产品交易等日常任务。这时就可以结合软件可能提供的能力和服务，为用户提供解决方案。比如，通过自助终端机就可以让顾客自行完成存款、取款、转账等操作，通过网页或手机 App 就可以让顾客完成转账和理财产品的交易等操作。在把这些软件的解决方案提供给该银行选择之后，才可以确定最终软件的产品需求。

综上所述，需求分析的目的就是站在软件产品的角度审视用户的需求，从而明确用户对软件产品的预期（或者说用户需要通过软件产品来达成的目的），也就是把用户的原始需求转变为软件产品需求的过程。

4.3.2　需求分析的时机

1．收集需求时进行分析

我们应该在收集需求时就开始进行初步的需求分析。在收集需求时，遇到不明确的需求，应该通过进一步的挖掘，追问需求背后的目的和细节。

案例：

售后部门人员："经常接到顾客投诉，工程人员无法按时到达顾客现场，希望通过软件产品进行优化。"

首先，这只是用户的原始表述，如果直接把它作为需求记录在需求文档中，会有很多的疑问。因此，在收集需求时就应该及时追问，去了解更多的背景细节。例如，工程人员的具体业务工作是什么？当前是怎样给工程人员分配工作的？工程人员为何会出现迟到的情况？迟到对顾客有什么影响？等等。提出这些问题实际上就是对需求进行初步的分析。

2．收集需求后进行分析

无论在收集需求时是否对需求进行了进一步的挖掘，都需要在收集需求后继续进行深入的需求分析。因此，需要把软件客户方的原始需求详细地记录在需求文档中，后续再对这些需求逐一进行深入的分析。

4.3.3　需求分析的方法

需求分析的关键是要找出原始需求所包含的用户角色、工作场景和客户的真实目的。

1）识别角色

识别角色就是分析原始需求中涉及了哪些用户角色。这些用户角色主要包括产生需求的角色（也就是需求的发起者）、需求涉及的角色（通常是任务的执行者）和需求影响到的角色。

2）梳理场景

梳理场景就是梳理出需求发生的场景，即任务、环境和事件，需要搞清楚什么人在什么情况下做了什么事情。一个复杂的业务往往需要多个用户在不同的环境中各司其职共同合作来达成。梳理场景实际上就是对需求进行进一步的分解。

3）挖掘目的

挖掘目的就是搞清楚软件要帮助用户达到什么目的，帮助用户得到什么样的业务提升。在搞清楚软件的每个目的后，就可以导出软件所需提供的具体功能。

案例：

售后部门人员："经常接到顾客投诉，工程人员无法按时达到顾客现场，希望通过软件产品进行优化。"

需求分析师："目前工程人员的业务是怎样的？"

售后部门人员："顾客打电话来报障，办事处负责人经过分析判断后，安排就近办事处工程人员处理。"

需求分析师："工程人员是怎样分配的？"

售后部门人员："办事处工程人员谁有空就由谁去处理，或者由办事处负责人分配。"

需求分析师："工程人员为何会出现迟到的情况？"

售后部门人员："有时是到达了顾客现场但忘记签到了，顾客以为没到；有时是没信号；还有就是路程太远，无法在规定时间内赶到。"

需求分析师："迟到对顾客有什么影响？"

售后部门人员："顾客会反复报障，影响顾客体验，容易造成顾客流失。"

对上面的一段对话进行分析，可以得到以下结果。

（1）出现的角色：售后部门人员、工程人员、办事处负责人、顾客。

（2）出现的场景：顾客报障、工程人员分配、处理故障、签到打卡、顾客体验反馈。

（3）需要达到的目的：希望顾客的报障信息可以记录起来方便查看、工程人员可以主动接单、办事处负责人可以分配工单、工单可以记录在案、工程人员到达现场后能够及时签到打卡、处理故障后能够得到顾客满意的评价。

在搞清楚角色、场景和目的之后，就可以基本确定软件需要提供如下的具体功能了：

（1）顾客在线自助报障，或者售后部门人员接到报障电话后添加报障记录。

（2）系统自动根据故障地点向就近办事处推送报障信息。

（3）办事处工程人员通过手机 App 主动接单，或者办事处负责人分配工程人员处理故障。

（4）手机 App 自动提醒工程人员注意处理时限、签到和记录结果。

（5）为顾客提供故障处理后的反馈和评价功能。

4.3.4　需求分析的步骤

需求分析过程的主要步骤有需求澄清、需求甄别、划分需求的优先级、确认需求方案。

1）需求澄清

在需求收集过程中，有时收集到的原始需求可能相对完善，但是在更多情况下，这些需求是不明确的，所以在需求分析开始时就需要进一步明确需求的细节，尤其是搞清楚需求的背景是什么。

需求澄清的核心是了解用户为什么会提出这样的需求，实际上就是了解需求提出的背景。在进行需求澄清时，应该围绕 3 个方面向客户提问：第一，具体用户是谁，软件产品的使用者是谁，是谁对软件产品提出了需求；第二，具体问题是什么，用户在什么情况下产生了什么样的问题；第三是现状，目前这些用户是如何解决问题的。

在上一节提到的"售后部门人员"的案例中，追问的问题就是围绕这些方面去进一步澄清用户需求。

2）需求甄别

在日常生活中，我们有时候会发现，由于各种原因，和我们交流的人并没有如实地告诉我们他内心的真实想法。在需求收集过程中其实也存在类似情况。比如，用户可能不愿意透露自己的工作状态和个人隐私，或者用户错误地表达了自己的需求，或者用户的需求是片面的，等等。这时，我们收集到的需求就有可能是伪需求。因此，对收集到的需求去伪存真是一个非常重要的步骤。

想要判定一个需求的真伪，可以从以下几个方面去考查需求：

首先，考查需求是否具有普遍性，需求是否只是一个特例，只是特定用户的个人行为所导致的。在考查普遍性时，可以多找几位相同岗位的用户进行沟通，以确定他们是否都遇到了相同的问题，提出了相同的需求。具有普遍性的需求才是真实的需求。

其次，考查方案是否解决了用户的痛点，即用户所选择的方案是否解决了根本性问题。用户往往是短视的，只能看到眼前的困难，因此他们选择的解决方案常常只能解决眼前的问题而忽略了最终的目标。没有解决根本性问题的需求往往是伪需求。

最后，考查需求涉及的问题是否高频出现，有些用户的问题虽然具有普遍性，但是出现的频率却很低，用户只是偶然遇到。比如，软件初始化时等待的时间过长，这个问题虽然普遍存在，但只会发生一次。如果问题发生的频率很低，则这样的需求也是不重要的，不值得花过多精力去解决。

3）划分需求的优先级

在收集到大量需求之后，我们不可能一口气马上实现所有需求，这时就需要为这些需求划分优先级别，决定哪些需求先实现，哪些需求后实现。需求优先级的划分可以采用管理学上的四象限法实现。

四象限法是时间管理理论的一个重要方法，具体做法是建立一个二维直角坐标系，把时间的紧急程度和需求的重要程度分别作为二维直角坐标系的横坐标轴和纵坐标轴，从而把坐标平面划分成4个象限，如图4-7所示。

建立四象限后，判断每个需求的紧急程度和重要程度，把需求放进对应的象限中。

第一象限的需求表示重要且紧急的需求，这些是客户的核心需求，应该投入核心资源马上处理。需要注意的是，第一象限的需求不宜过多，过多会导致开发团队的压力无限增加，"疲于奔命"，最终的软件产品质量很差。第一象限的需求过多的原因很可能是第二象限的需求被错误地划分进来了。

第二象限的需求表示重要但不紧急的需求，对于这些需求，可以先做好计划，再集中精力来实现。

第三象限的需求表示不重要但紧急的需求，这些需求对软件产品的整体影响不大，只需投入较少的资源去实现即可。

第四象限的需求表示不重要且不紧急的需求，对于这些需求，在繁忙时可以暂时不去处理，只需先记录下来，等将来有时间再去实现即可。

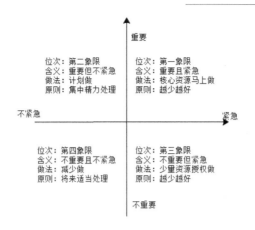

图 4-7　四象限法

4）确认需求方案

确认需求方案就是根据前面需求分析的过程中所提炼出的目的及流程，有针对性地去选择出满足需求的产品方案。这里所说的产品方案包括但不局限于业务流程、功能点、用户使用场景和相关的文件格式等。

在确认需求方案时，首先需要关注的是产品方案中的业务流程和功能点，这些是产品方案的核心部分，必须经过用户确认才能确定下来。对于较为复杂的业务流程，可以配合流程图等方式向用户阐明。

在确认需求方案时，如果有多个备选方案，则还可以通过新旧产品的体验对比，结合用户的使用成本和软件的开发成本来评估各个方案的价值，以挑选更适合的解决方案，如图 4-8 所示。

图 4-8　评估方案价值

需求方案的确认结果应该用书面文档的形式详细地记录下来，并且要得到客户的签名认可，以免后续与客户产生需求上的纠纷。

4.4　需求管理

从收集到需求开始，就需要对需求进行管理，需求管理工作会一直贯穿后续的需求分析、需求确认及未来可能发生的需求变更。

需求管理实际上就是记录所有获取到的需求及其属性，在软件开发生命周期的整个过程中跟踪需求的发展和变化，并使用严格的流程处理需求变更，在需求变更发生时及时识别影响范围，并及时通知需求变更影响到的相关人员。

4.4.1 使用需求池

1．建立需求池

需求池是用来收集和管理各方需求的集合。

需求池中的每个需求都拥有一系列属性，这些属性包含需求的核心信息和辅助信息。需求的核心信息包括需求来源、提交者、提交时间、所属模块、功能点及需求描述等信息，需求的辅助信息包括需求优先级、需求分类、需求状态、备注等信息。

在实际工作中，需求池可以使用电子表格或特定的需求管理软件来实现。例如，图 4-9 所示为需求池的一个基本示例模板。

模块	子模块	功能点	需求描述	需求分类	优先级	提交人	提交时间	状态	备注
安卓App-社区	UGC	发布本地视频	用户可以从手机本地选择视频发布	新增功能	A	张三	2022.8.2	暂缓	当前开发资源不足，延后2个月

需求优先级按从高到低：A、B、C、D、E
需求分类为：新增功能、改进功能、体验提升、Bug修复、内部需求
需求状态为：待讨论、已评估、被拒绝、已实现、暂缓。暂缓的需求可以在备注中注明原因

图 4-9　需求池的一个基本示例模板

需求池的作用主要有 3 个：管理需求、维护需求、回溯需求。

管理需求是指如实地记录软件客户方的原始需求信息。维护需求是指在需求分析的过程中及时更新需求信息，如需求的状态变化、优先级的调整等。回溯需求是指在后期可以对需求进行溯源。某些在中途被拒绝或暂缓的需求，必要时也可以从需求池中重启。

在建立需求池后，就可以对需求进行管理了。在管理需求时，应该遵循两个原则：有进有出，宽进严出。

1）有进有出

所有记录在需求池中的需求都应该在一定时间内处理完成。每个需求都应该有一个最终的完成状态，可以是已实现，也可以是已拒绝，但不能让需求一直处于中间状态。

2）宽进严出

所有接收到的需求都应该被记录到需求池中，无论这个需求在目前看来是否合理。需求池中的所有需求并不是都要被实现的，我们会在需求分析过程中对需求进行甄别、筛选、分配优先级和评估确认，只有被确认有效的需求才会被安排在后续实现。所以，需求池中的需求只用于记录，并不是最终的软件需求。

2．需求池的应用场景

在建立需求池后，需求池中存放的需求可以非常方便地被迁移到其他应用场景中。

1）需求跟踪表

对需求池中的原始需求进行简单的拆分，就可以放进需求跟踪表中。需求跟踪表可以用于跟踪这些需求在分析、设计、开发、测试等阶段的完成进度。

图 4-10 所示为需求跟踪表的一个示例，与需求池中的需求相比，该需求跟踪表中的功能需求被拆分得更细致，也相应添加了需求分析、设计和开发的相关跟踪信息。

功能项序号	功能模块	功能分类	功能项名称	功能项目说明	需求分析&系统设计覆盖情况				规划实现版本	开发情况		
					需求类别	需求分析	系统设计	备注		需求是否实现	开发人员	备注说明
1	项目管理	项目管理	项目列表	查看项目列表，支持搜索					v1.0.0			
2			项目详情	查看项目详情信息					v1.0.0			
3			新建项目	填写表单新建项目					v1.0.0			
4			编辑项目	编辑项目字段信息					v1.0.0			
5			删除项目	删除项目					v1.0.0			
6			启禁用项目	更改项目状态为启用/禁用					v1.0.0			
7		服务位置	服务位置列表	查看服务位置列表，支持搜索					v1.0.0			
8			服务位置详情	查看服务详情信息					v1.0.0			
9			新建服务位置	填写表单新建服务位置					v1.0.0			
10			编辑服务位置	编辑服务位置字段信息					v1.0.0			
11			删除服务位置	删除服务位置					v1.0.0			
12			启禁用服务位置	更改服务位置状态为启用/禁用					v1.0.0			

图 4-10　需求跟踪表的一个示例

2）软件需求规格说明书

需求池中的需求经过详细地分析、设计后，会进一步流入软件需求规格说明书中。在需求分析、设计之后，会得到功能需求、方案流程和非功能需求等信息，这些信息将会被记录在软件需求规格说明书中。关于软件需求规格说明书的结构和内容，读者可以参考 4.2.3 节的内容。

4.4.2　需求的变更

在项目一开始就定义好所有的需求是不现实的，随着软件开发的进行，客户的工作环境可能变化，业务和工作流程也可能变化，因此需求变更是很常见的情况。一项需求的改变就可能产生难以预计的广泛影响，因此在需求变更时需要谨慎处理。

1．建立需求基线

在完成需求分析工作后，会得到一系列由软件关系人商定好的、经过确认的功能需求和非功能需求，这些需求被整体确定下来作为后续设计和开发的目标，这些需求共同组成了需求基线。需求基线中的需求应该提供版本控制。当需求基线中的需求发生变更时，就应该执行严格的变更流程。而在建立需求基线之前，对于需求的演进则没有必要执行严格的流程。

2．为需求提供版本控制

为了能够追踪需求的变更过程，应该为每个需求基线中的需求提供版本控制，记录需求的变更历史，提供需求的版本回滚，以随时查看各版本中的需求详情。

在版本控制中，需求的每个版本都应该有一个唯一标识，也就是需求的版本号。

实现需求版本控制的最好方式是把需求保存在专门的需求管理工具（软件）中，让系统跟踪每个需求的历史信息。如果没有专门的需求管理工具，而是在电子文档中存放需求（如微软的 Word 等），则可以使用修订标记功能来跟踪需求的变更，然后将文档保存在版本控制软件中（如 Git 或 SVN 等），这样就可以把文档当作代码一样管理起来，从而实现文档的签入、签出、提交、回滚和追踪修改人等操作。

3．管理需求变更

在发生需求变更时应注意以下几点：

（1）提出的需求变更在核准前需要进行深思熟虑的评估。

（2）需要通过权威的决策人员决定需求变更是否执行。

（3）核准的需求变更需要通知到所有受到需求变更影响的软件关系人，尤其是开发人员。

（4）需要以统一的方式和流程处理需求变更。

为了有效地管理需求变更的执行，需要制定统一的需求变更处理流程。统一的处理流程可以确保每一项需求变更都被有效地管理起来。例如，图 4-11 所示为一个基本的软件需求变更处理流程。

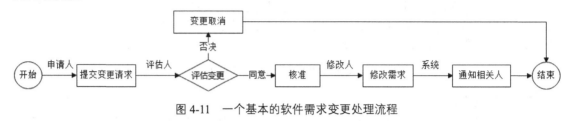

图 4-11　一个基本的软件需求变更处理流程

4.5　需求分析实例

本节将通过一个简单的实例来讲解需求分析过程。

例如，我们接到了某图书馆需要开发图书馆管理系统的项目委托。在接到该项目委托后，我们首先要完成的工作就是收集需求。

4.5.1　收集需求并初步分析

1．明确业务需求

首先，我们需要与软件项目委托人（即图书馆管理层）进行沟通，了解软件的业务需求。

通过与图书馆管理层的交流，我们大致了解到图书馆管理系统分为图书馆的内部管理和书籍的对外借还这两部分，并且均需要提供网上操作平台。图书馆管理系统需要提供内部人员信息管理、图书信息管理、图书采购、图书上下架、读者信息管理、图书借还和统计分析等方面的功能。

上述的这些就是软件的业务需求，也就是软件要达到的高层次目的。把这些业务需求进行整理后可以作为系统概述记录在软件需求规格说明书中。

2．明确用户角色

在收集需求时就可以开始对需求进行初步的分析了。参考以下案例。

需求分析师："可以介绍一下图书馆的整体运作方式吗？"

图书馆管理者："我们图书馆比较大，设置了文学、社科、外文和期刊等多个分馆。每个分馆都由一个分馆长负责，每个分馆下由多个图书管理员负责日常的工作。图书管理员平常的工作主要是记录图书信息、图书上下架、整理图书、协助读者办理证件及借阅和归还图书。我们的读者可以持借书证进入图书馆，可以随意浏览图书，以及在柜台办理图书的借阅和归还。"

需求分析师："图书是怎样进入馆藏的？现有的图书馆信息系统是怎样的？"

图书馆管理者："图书是由图书采购员购入的，至于现有的图书馆信息系统，你需要去问系统管理员。"

通过进一步的对话，我们可以识别出系统的用户角色。

（1）总馆长：主持图书馆的整体工作。

（2）分馆长：主持不同分馆的工作。

（3）图书管理员：负责图书信息维护、图书上下架、整理图书和为读者提供服务。

（4）读者：图书馆的服务对象，可以浏览图书、办理证件、借阅和归还图书。

（5）图书采购员：负责采购图书。

（6）系统管理员：负责原有图书馆信息系统的管理。

3．用户访谈

由于前面获取到的业务需求过于模糊，因此我们还需要深入挖掘背后的用户需求。收集用户需求最常见的方法是用户访谈。

前面提到，用户访谈需要选择正确的访谈对象。我们以业务需求中的图书采购管理为例，选择图书采购员作为访谈对象。

需求分析师："可以说说图书采购工作是怎样进行的吗？"

图书采购员："我们是根据图书管理员提供的采购申请单上的书目购买图书的。图书管理员会先填写采购申请单，然后交给馆长签名，我们收到馆长签名确认的采购申请单后才能订购图书。买到图书后，我们会在采购申请单上签名并登记采购完成日期，然后把采购的图书入库，并填写入库记录。最后就是图书管理员对采购的图书进行登记、上架。"

4．澄清需求

通过与图书采购员的对话，我们发现只能了解到图书采购管理需求的其中一部分细节，还有另一部分细节隐藏在图书管理员的工作中。因此，我们应该进一步澄清需求，继续与图书管理员进行访谈，追问另一部分采购细节。

需求分析师："请说说你是怎样填写采购申请单的？"

图书管理员："我们先从各个出版社寄来的新书书目和各个渠道的畅销书目中挑选图书，选择好后就可以填写采购申请单了。采购申请单上要写上每本书的书名、出版社、ISBN 号、单价、采购数量和采购原因。"

需求分析师："图书采购员说这个采购申请单是要馆长签名的？"

图书管理员："是的，如果采购图书的金额在 10000 元以下，则将采购申请单交给我们分馆长签名就可以了，但如果采购图书的金额超过 10000 元，则分馆长签名后还要将采购申请单交给总馆长签名。"

需求分析师："图书采购员把新书入库后，你们后续还要做些什么？"

图书管理员："我们要把新书登记到系统中，然后把新书上架到对应分类的书架位置。"

通过多次类似的反复追问和挖掘，我们就可以得到整个业务的背景和流程。

5．记录需求

在收集到需求后，我们就可以把需求详细地记录在需求池中。图 4-12 所示为需求池如何记录采购管理需求的详细内容。

模块	子模块	功能点	需求描述	需求分类	优先级	提交人	提交时间	状态	备注
图书管理	采购管理	填写采购申请单	图书管理员填写采购申请单	新增功能	A	张三	2022.8.2	待讨论	
		分馆长审核	分馆长审核图书管理员提交的采购申请单	新增功能	A	张三	2022.8.2	待讨论	
		总馆长审核	总馆长审核分馆长提交的采购图书金额超过10000元的采购申请单	新增功能	A	张三	2022.8.2	待讨论	
		采购入库	图书采购员采购图书，更新采购申请单，把新书入库，并填写入库记录	新增功能	A	张三	2022.8.2	待讨论	
		登记上架	图书管理员把新书登记到系统中，然后把新书上架到对应分类的书架位置	新增功能	A	张三	2022.8.2	待讨论	

需求优先级按从高到低：A、B、C、D、E
需求分类为：新增功能、改进功能、体验提升、Bug修复、内部需求
需求状态为：待讨论、已评估、被拒绝、已实现、暂缓。暂缓的需求可以在备注中注明原因

图 4-12　图书馆管理系统需求池（采购管理需求）

4.5.2　深入分析

根据上述收集到的需求信息，我们可以进一步进行需求分析。

1）识别角色

采购管理涉及的用户角色有图书管理员、图书采购员、分馆长和总馆长。

2）梳理场景

采购管理包含的业务场景有填写采购申请单、审核采购申请单、采购图书、更新采购申请单、图书入库、登记图书和上架图书。

3）描述业务流程

对于比较复杂的需求，我们应该分析并制定出合理的业务流程。

由于采购管理涉及的角色和场景较多，为了让各方可以理解并认可我们的分析结果，我们可以使用流程图的方式把分析好的业务流程清晰地描述出来。图 4-13 所示为图书采购管理需求的业务流程图。

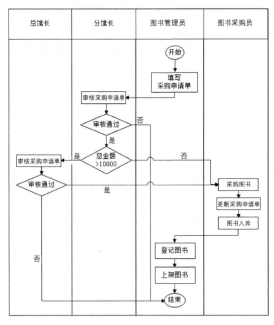

图 4-13　图书采购管理需求的业务流程图

4.5.3　填写软件需求规格说明书

前文介绍过，软件需求规格说明书是需求分析阶段最重要的文档制品，软件需求规格说明书主要由概述、系统概述、系统中的角色、系统功能性需求和系统非功能性需求等章节组成（见图 4-3）。

在上述需求分析实例中，我们通过对图书采购过程的详细分析，获得了图书采购管理的功能需求、系统角色和业务流程，这些分析结果就可以作为具体内容编写到软件需求规格说明书中。

例如，在软件需求规格说明书的"系统中的角色"一章中，我们可以确定的系统角色包括总馆长、分馆长、图书管理员、图书采购员，然后逐一阐述每种角色在系统中的职责，如图 4-14 所示。

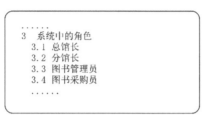

图 4-14　软件需求规格说明书的"系统中的角色"章节

在软件需求规格说明书的"系统功能性需求"一章中，我们可以把经过需求分析的图书采购管理及其子功能、图书采购业务流程图等详细信息作为功能性需求添加其中，如图 4-15 所示。

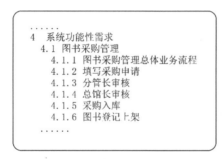

图 4-15　软件需求规格说明书的"系统功能性需求"章节

至此，图书馆管理系统中的一项重要业务——图书采购管理的需求分析过程就基本完成了。

一、单项选择题

1．需求按照层级划分可以分为（　　　）。

A．功能需求、非功能需求、系统需求

B．业务需求、用户需求、功能需求

C．业务需求、页面需求、数据需求

D．系统需求、数据需求、安全需求

2．为了使用户可以通过可视化界面来理解软件的功能需求，在需求分析后期，可以制作（　　）。

A．需求跟踪表 　　　　　　　　B．软件需求规格说明书

C．数据库数据字典 　　　　　　D．软件需求原型

3．以下哪一项不属于常见的需求收集方法？（　　）

A．控制变量 　　B．问卷调查 　　C．观察 　　　　D．用户访谈

4．在问卷调查过程中，设置问题时（　　）。

A．提供的答案选项只需要涵盖部分可能的反馈即可

B．提供的答案选项尽量互斥且穷尽

C．在题目中可以暗示正确答案

D．对于被调查对象不愿意回答的问题要穷追不舍

5．软件需求分析阶段的目的是澄清用户的需求，并最终把双方共同的理解明确地表达成一份书面文档，这份文档是（　　）。

A．用户测试用例集 　　　　　　B．需求分析报告

C．软件需求规格说明书 　　　　D．系统设计说明书

二、填空题

1．在软件公司中，需求分析工作主要由_____和_____两种岗位人员主导。

2．需求开发的主要过程包括_____、_____、_____、_____。

3．在收集需求的各种方法中，_____法就是到客户的具体环境中去观察用户的工作过程。

4．_____的作用主要有3个：管理需求、维护需求、回溯需求。

5．从收集到需求开始，就需要对需求进行管理，_____工作会一直贯穿后续的需求分析、需求确认及将来可能发生的需求变更。

三、简答题

1．什么是软件开发生命周期？软件开发生命周期有哪些阶段？

2．什么是功能需求？什么是非功能需求？

3．收集需求的常用方法有哪些？

4．如何为众多需求划分优先级？

5．什么是需求池？需求池有什么作用？

第 5 章

可视化开发

5.1 可视化建模

5.1.1 建模的意义

建模和抽象是架构师最核心的能力。

建模就是建立模型，就是为了理解事物而对事物做出的一种抽象，是对事物的一种无歧义的书面描述。建立系统模型的过程又称模型化。建模是研究系统的重要手段和前提。凡是用模型描述系统或者事物的因果关系或相互关系的过程都属于建模，在生活或工作中有许多案例。例如，图 5-1 所示为建筑模型中的平面建模，图 5-2 所示为建筑模型中的 3D 建模，图 5-3 所示为数学建模。

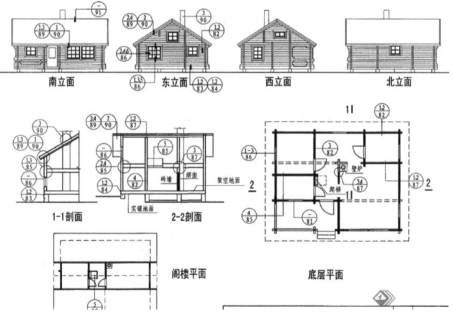

图 5-1 建筑模型-平面建模

图 5-2　建筑模型-3D 建模

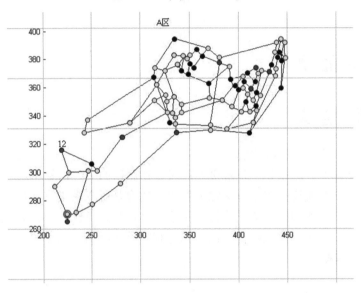

图 5-3　数学建模

软件建模是现代化的产物，是伴随着计算机的发明、软件的应用而出现的一种设计术语，其在软件需求和软件实现之间架起了一座"桥梁"。软件工程师按照设计人员建立的模型开发出符合设计目标和业务要求的软件，并且软件的维护、改进也基于软件模型。其实建模就是把一件复杂的事件简单化，简单来说，就是对复杂的事物进行分解，分解是人类操控复杂性、认知复杂性的最佳实践。

那么，为什么要建模呢？

比如，要建造一座小房子，首先需要给要建造的房子设计一张草图甚至蓝图。如果要建造一座大厦，则首先要做的肯定不是先去购买所需的建筑材料，而是需要对建筑物的大小、形状和样式做一个规划，做出相应的图纸和模型。如果在做规划的过程中突然有了更好的想法，则还可以对图纸和模型不断地进行修改，直到对图纸和模型满意之后再进行施工。这样不仅能够建造出满意的大厦，还能够提高施工的效率。

建造建筑物需要建模，同样地，开发软件也需要建模。如果在没有进行建模的情况下直接开发某个软件，并且想要开发出高质量的软件产品，则结果就是软件不断地出现 Bug，甚至有时候都不知道问题出在哪里。

通过建模要达到以下 4 个目的：

（1）模型可以帮助设计者按照实际情况或按照设计者所需要的样式对系统进行可视化。

（2）模型可以允许设计者详细说明系统的结构或行为。

（3）模型可以给出一个指导设计者构造系统的模板。

（4）模型可以对设计者做出的决策进行文档化。

建模的价值主要体现在以下两个方面。

首先，作为沟通的工具。无论是实际的事物还是脑海中的想法，通常都非常复杂或模糊，难以让其他人理解。这时，通过模型或许就可以解决这个问题。例如，地球仪是很有效的模型，可以帮助设计者理解各国疆域和地理位置；建筑蓝图也是很有效的模型，可以帮助建筑工人建设房屋。

其次，有助于设计、实验、观察、改进变化过程。当出现变化时，如果直接对实物进行调整，则成本会非常高；而如果对模型进行调整，则会容易得多。通过对模型进行调整，设计者可以推演出适合的变化轨迹，并应用到真实的世界中。

通过建模，设计者可以把握事物的本质规律和主要特征，正确建立模型和使用模型，可以防止在各种细节中迷失方向。如果软件庞大复杂，则通过建模可以抽象软件的主要特征和组成部分，梳理这些关键组成部分的关系，在软件开发过程中依照模型的约束开发，软件整体的格局和关系就会可控，相关人员从始至终都能清晰地了解软件的蓝图和当前的进展，不同的开发工程师会很清楚自己开发的模块和其他同事工作内容的关系与依赖。

对于软体开发来说，模型的变化就是对软体的重整（重新工程化）的设计；对于企业组织变革来说，模型的变化就是对企业架构和业务调整过程的设计。

5.1.2　建模的组成

1．业务场景

场景是指某个剧情中的人物在固定的时间与空间、环境内发生的行动。而业务场景是指企业和商家需要在客户参与的某个特定的环节中，适时提供给客户可能需要的及关联的产品或服务。换句话说，业务场景是商家与消费者、企业与客户、平台商和供应商之间的"桥梁"。这种"桥梁"在时间和空间两个维度上进行延伸，包含了人、事、物和动作及相关要素的集合。

业务场景其实可以看作一个简化版的叙事文，抓住典型的人物和事物，描写参与人的所处环境与内心的活动。业务场景描述了一件事情的前因后果，可以按照时间、任务维度对其进行拆分，从下至上先拆分再合并；或者自上而下逐渐拆分，颗粒度需要根据实际的需求进行把握。而需求是一款产品或一个软件的开始，比如以下案例：

（1）想要快捷打车，需要有一个平台可以进行打车，所以有了一系列的打车软件。

（2）想要给自己的计算机进行安全防护，需要一款杀毒软件，所以有了一系列的计算机安全防护产品。

（3）想要把 PDF 文件格式的资料转换成 Word 格式文件，所以出现了类似的 PDF 转Word、Word 转 PDF 等软件。

（4）为了方便管理图书信息、图书借阅信息、读者信息及多方面的查询需求，所以出现了一些高效、完善的图书馆管理系统。

那么这些需求是怎么来的呢？

以上面的第 4 个案例为例，可以设想一下，如果使用传统的 Excel 方式来管理图书馆的一些基础信息和日常工作，则可能会出现管理人员交接不规范的情况，从而造成存档不连续，这会给存档工作带来很大的麻烦，尤其是当工作人员的活动或办公电脑出现问题时，散落的书籍信息一旦丢失就无法更新。所以基于上述问题，可以提供一个软件平台来对上述的信息和一些线下的流程进行线上的管理，使整个图书馆的运作更加智能化、规范化、流程化。假设这个图书馆管理系统的功能如图 5-4 所示。

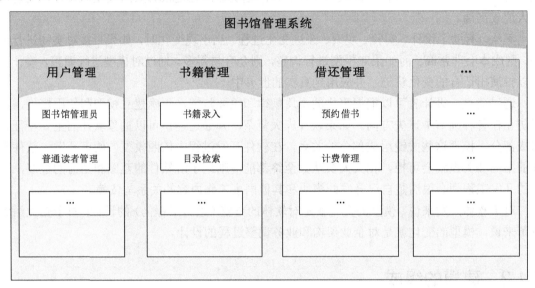

图 5-4　图书馆管理系统的功能

由图 5-4 可知，如果图书馆新来了一批书籍，则意味着需要将新增书籍的信息在系统里面进行登记录入，新增书籍信息的录入就是图书馆的一个业务场景，转换成系统的需求就是系统要提供一个录入图书馆新增书籍信息的功能；如果用户要去图书馆借书，则用户需要登记成为这个图书馆管理系统里面的一名读者，添加读者也是图书馆的一个业务场景。由此可知梳理清楚业务场景对一个软件或产品的重要性，只有把一个软件或产品的业务场景梳理清楚后，才能确认这个软件或产品会提供什么样的功能。

2. 业务用例

业务过程是描述这个业务的具体工作流的，是一次涉众（与要建设的业务系统相关的一切人和事）与实现业务目标的业务之间的交互。业务过程可能包含手动和自动化的过程，也可能发生在一个长期的时间段中。业务用例描述了被建模的组织中的人和部门之间的交互，一般指测试人员或软件开发人员使用业务场景来验证业务模型的组织是如何工作的，然后重构"现有"的业务用例模型，让其面向将要建模的组织的未来设计。业务用例通常是以白盒的形式编写的。

还是以图书馆管理系统为案例，可以梳理出如图 5-5 所示的图书馆管理系统的部分用例图。

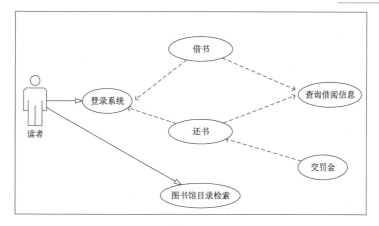

图 5-5　图书馆管理系统的部分用例图

按照图 5-5 中读者登录系统这个用例来说，操作的人是读者，读者要在图书馆管理系统的登录界面中输入对应的账号和密码登录系统。根据上述内容使用业界的用例模板整理一个读者登录用例，如表 5-1 所示。

表 5-1　读者登录用例

用 例 编 号	TSG-0001
用 例 名 称	读者登录
用 例 描 述	读者登录图书馆管理系统
参 与 者	读者
前 置 条 件	（1）图书馆管理系统正常运行 （2）读者已经在图书馆管理系统中注册账号
后 置 条 件	读者成功登录图书馆管理系统
基 础 路 径	（1）读者进入图书馆管理系统的登录界面 （2）读者输入账号和密码 （3）登录成功
异 常 路 径	（1）读者输入的账号错误：提示读者重新输入账号 （2）读者输入的密码错误：提示读者重新输入密码 （3）……
补 充 说 明	无

通过表 5-1，设计者可以清楚地看到读者在登录图书馆管理系统时的一些情节的描述，以读者的角度描述图书馆管理系统的行为，将图书馆管理系统的一个功能描述成一系列事件。

3．业务对象

业务对象是指对数据进行检索和处理的组件，是简单真实世界的软件抽象，通常被认为代表实体，如一辆车、一个人、一个组织等。业务对象由状态和行为组成，可以重复使用。

业务对象的必要条件包括以下两种：

（1）表达了一个业务场景中一个具体的人、地点、物或一个概念，即根据业务中的信息从业务的领域中提取出相关的名词，如消费者、订单、商品等。在软件开发领域中，业务对象是包含业务的状态和行为的普通实体。

（2）表达了在一个业务场景中业务的流程或工作流转中的具体某个任务/事件，通常需要实体对象的支撑，是业务的动态表示方法，也可以指一个软件程序、系统或物理设备在运行过程中由一些操作或环境的变化造成/产生的一些事件。

还是以图书馆管理系统为案例，可以抽象出如图 5-6 所示的图书馆管理系统的部分业务对象。

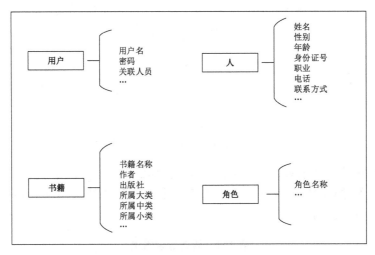

图 5-6　图书馆管理系统的部分业务对象

4．业务流程

业务流程是为了达到特定的一些目标、效果、结果而由不同的成员共同完成的一系列事件或活动。活动之间有先后、有逻辑，并且活动的内容和方式及责任都会有明确的定义与界限。梳理出业务流程可以很好地给软件和系统提供标准化的程序或执行流程，明确了每个节点的相关负责人，可以确保业务有序、顺利地执行。

5.1.3　如何建模

1．识别业务

一个业务场景总是可以通过"谁""在哪里""做什么""怎么做""产生的结果"这样一个范式进行表述。

（1）谁：找到参与者，用人或系统描述。

（2）在哪里：找到上下文，用时间、空间和状态描述。

（3）做什么：找到要完成的事情，用任务序列描述。

（4）怎么做：找到人如何与业务连接，用产品介质和服务形态描述。

（5）产生的结果：识别目标，用价值描述。

以图书馆增加书籍这一场景为例，业务场景和要素的映射关系如表 5-2 所示。

表 5-2　业务场景和要素的映射关系

谁	在 哪 里	做 什 么	怎 么 做	产生的结果
图书馆管理员	图书馆	添加书籍信息	图书馆管理员登录图书馆管理系统，在系统中进行登记	书籍库中新增一本书

但是有时，如果按照这个模板去询问一个图书馆管理员，则图书馆管理员可能无法直接

回答得如此简单明了，大多数情况下图书馆管理员会说："我们现在的流程和操作很烦琐，在借书时，读者需要将要借阅的书籍的名称和借阅证交给我，我先要去书籍的 Excel 台账中根据读者提供的要借阅的书籍的名称查找图书馆内是否还有读者需要借阅的书籍,这个 Excel 台账确认会随着书籍增加而越来越难，然后我要将每本书的信息卡片和读者的借阅证放到一个小格栏中，最后在借阅证和每本书的借阅条上面填写借阅信息。而且借阅和归还频率高的情况下会出现一系列意想不到的差错，每次新来一批书籍，就要更新 Excel 台账里面的条目、库存等信息，如果 Excel 文件太大，则计算机在打开该 Excel 文件时速度会很慢。"以及图书馆管理员觉得会遇到的其他问题。

而如果作为读者，当使用传统的图书馆管理模式时，则大多数情况下读者会说："之前去借书太麻烦了，要去到图书馆，而且高峰期要排队，需要等图书馆管理员一个一个处理，最后有可能别人借了导致轮到我的时候已经不能借阅了。在借了书后，有可能由于学习或工作忙而忘记还书，导致在想起来时需要支付罚金。"以及等读者觉得会遇到的其他问题。

对于上述图书馆管理员和读者所说的问题，可以抽象归纳出以下几点：

（1）书籍管理与维护耗时，书籍检索慢，复杂，不方便。

（2）借书流程需要人为干预，容易出现差错，效率低。

（3）借阅耗时，存在借阅失败的情况。

（4）书籍忘记归还。

所以，如果要提供一个可用的图书馆管理系统，则需要解决上述抽象归纳出的问题。下面按照问题进行拆分。

（1）书籍管理与维护耗时、书籍检索慢、复杂、不方便等问题的解决方案。

① 新增书籍信息录入问题的解决方案。

- 提供一个书籍库，由图书馆管理员在系统页面进行统一录入。
- 提供标准的导入模板，由供应商提供书籍基本信息，系统支持批量导入的方式录入书籍信息。
- 提供扫描条码的方式自动录入书籍信息。

② 书籍检索慢、复杂、不方便等问题的解决方案。

- 入库的书籍的信息按照出版社、作者、入库时间进行排序。
- 严格按照国家图书集成分类法对书籍信息进行分类。
- 系统提供搜索引擎，可以通过书籍属性进行关键字检索。

（2）借书流程需要人为干预、容易出现差错、效率低等问题的解决方案。

① 提供线上借阅证办理流程。

② 支持线上发起书籍借阅流程，系统自动维护书籍库存、书籍状态等信息。

（3）借阅耗时、存在借阅失败的情况等问题的解决方案。

提供线上书籍预约借阅流程。

（4）书籍忘记归还等问题的解决方案。

在借阅书籍后，在归还日期前一定天数进行短信或电话语音提醒。

根据上述问题与解决方案，可以对上述问题对应的业务场景进行梳理。图 5-7 所示为图书馆管理系统的业务场景。

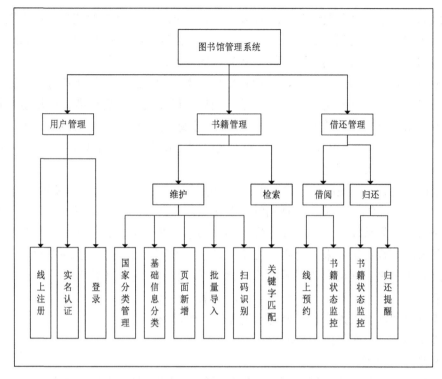

图 5-7　图书馆管理系统的业务场景

其中线上注册就是一个业务场景，套用业务模板（见表 5-2）：普通读者在图书馆管理系统的用户注册界面中填写对应的个人信息，完成系统的新用户注册业务，最终在线上进行书籍的借阅。

2．业务数据建模

数据建模是一个用于定义和分析在组织的信息系统范围内支持商业流程所需的数据要求的过程。简单来说，数据建模基于对业务数据的理解和数据分析的需要，将各类数据进行整合和关联，使数据可以最终以可视化的方式呈现，让使用者能够快速、高效地获取到数据中有价值的信息，从而做出准确、有效的决策。

而在软件行业，业务数据建模（Data Modeling）是为要存储在数据库中的数据创建数据模型的过程。数据建模在概念上包括以下 3 个部分：

- 数据对象（Data Objects）。
- 不同数据对象之间的关联（Associations）。
- 规则（Rules）。

数据建模有助于数据的可视化和数据业务的实施。数据模型可以确保命名约定、默认值、语义、安全性和一致性，同时确保数据质量。数据模型强调的是数据的选择和数据的组织形式，不关注需要对数据执行的操作。数据模型就像是架构师设计的架构，它有助于为数据构建概念模型并设置数据中不同项之间的关联。

数据建模技术有以下两种：

- 实体关系模型（Entity Relationship Model，E-R Model）。
- UML（Unified Modeling Language，统一建模语言）。

数据建模的目标如下：

- 确保准确表示数据库所需要的所有数据对象。
- 数据模型有助于在概念、物理和逻辑层面设计数据库。
- 数据模型有助于定义关系表、主键、外键及存储过程。
- 提供基本数据的清晰图像，让数据库开发人员可以使用它来创建物理数据库。
- 有助于识别缺失项和冗余数据。
- 虽然在开始阶段进行数据建模时会费时费力，但是从长远来看，数据模型可以使软件的基础架构易于升级和维护。

无论是一些企业的信息网站还是常见的一些商城，各种大大小小的程序的最原始的功能都是对数据进行操作，可以看成某些用户对一些数据的需求造就了一个一个的程序或软件，所以一个软件或程序在已经有清晰的业务场景的前提下，设计者需要分析业务场景涉及的数据的结构，厘清数据的关系，再往上面一点的话就要考虑数据的类型、数据量的大小，以及数据的存储媒介（如数据库或文件存储系统），这上面所说的就是业务数据建模的过程。

如果要进行业务数据建模，则首先业务场景要满足数据固化的基本要求，比如业务场景中涉及的消费者，那么要固化消费者这个对象，就会有姓名、性别、年龄、职业等一些基础元素，要把这些元素确定下来，确保数据能存储在存储媒介中，其次就是这些数据的结构应该是容易被应用或程序操作的，这样用户就可以借助应用或程序对数据进行所需的管理、操作等。

3. 业务流程建模

在跨组织业务流程重组的前提下，流程建模的主要目的就是提供一个有效的跨组织流程模型，并辅助相关人员进行跨流程的分析与优化。有大量的流程建模技术能够支持业务流程的重组，但这也给相关人员带来了困惑：面对如此多的技术，很难选择一种合适的技术或工具。同时，对流程建模技术的研究大多集中于建模技术的提出与应用，缺乏对现有技术的整理与分类及技术之间的横向对比，这也就加深了流程建模技术选择的复杂性。业务流程可以被认为是由静态资源与动态活动组成的，业务流程建模的关键要素如下。

1）最终的目的

- 这个业务流程会解决企业/用户什么样的问题。
- 有这个业务流程和没有这个业务流程的区别。

2）起点

"谁"在什么场景下会触发这个业务流程。比如，读者要借书，则需要在图书馆管理系统上预约借书。

3）执行的任务

- 当输入的数据或前置条件变更后，触发不同人物的逻辑。比如，读者还书，如果在规定还书时间内还书，则正常还书；如果超出还书时间期限，则需要支付罚金。
- 某个特定的场景执行的逻辑、数据处理，如支付罚金等。

4）参与的人

参与的人通常包括发起业务流程的对象，以及这个业务流程涉及的人或组织，如读者、图书馆管理员等。

5）次序和执行逻辑

次序和执行逻辑分别指活动执行的顺序和规则。比如，当需要支付罚金时，要先输入网银密码等信息，然后等待银行扣款，罚金入账后会收到支付成功提示信息，最后归还书籍，业务流程结束。

6）前置条件

前置条件指执行业务流程或活动的前提。比如，想要在还书时支付罚金，那么还书时间需要超出规定还书时间。

7）结果

结果指业务流程执行完成后最终呈现、输出的数据或内容。

下面以图 5-8 所示的图书馆管理系统用户登录流程为案例来描述用户登录图书馆管理系统的业务流程。

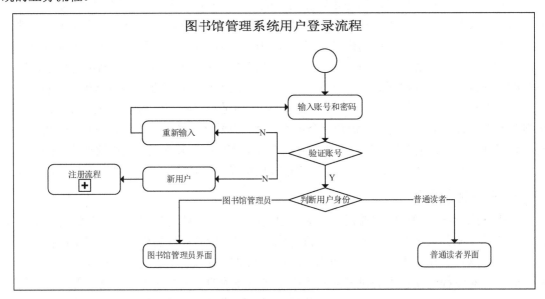

图 5-8　图书馆管理系统用户登录流程

由图 5-8 可知，当用户需要登录图书馆管理系统时，需要输入账号和密码，图书馆管理系统会根据用户输入的账号和密码对账号进行校验。

如果校验失败，并且提示用户账号或密码错误，则重新跳转到用户登录界面；如果校验失败，并且提示账号不存在，则跳转到新用户注册页面，执行注册流程。

如果校验成功，则判断用户的身份。如果是图书馆管理员，则进入图书馆管理系统的图书馆管理员界面；如果是普通读者，则进入图书馆管理系统的普通读者界面。

上述的业务流程清晰地描述了一个登录过程中会执行的活动，以及对应的分支逻辑和最终的结果，可以很好地将业务场景梳理时的一些复杂的事件简单化。

5.2　页面可视化开发

5.2.1　页面建模基础

通过对本节内容的学习，读者可以了解页面建模的基础，并且可以根据业务流程搭建出页面。

1. 自定义页面

自定义页面是设计者可以根据实际业务流程自己搭建出来的页面。首先在左侧的导航栏中选择"页面建模"→"自定义页面"命令，打开"自定义页面"页面，如图 5-9 所示，设计者可以看到一些系统自带的归属模块与页面。

图 5-9　"自定义页面"页面 1

在"自定义页面"页面中单击右侧的"新建"按钮，会弹出"新建页面"对话框，如图 5-10 所示。设计者需要在该对话框中配置页面名称与归属模块，至于页面类型与页面模板，系统会帮设计者默认选择。这里需要注意的是，每个新建的页面都要放在正确的归属模块下，因为这与后面会学到的权限有关。

图 5-10　"新建页面"对话框

2．平台页面布局

在如图 5-11 所示的"自定义页面"页面中，单击"页面名称"列中的页面名称就可以进入页面设计界面，如图 5-12 所示，这是使用低搭低代码平台开发系统时的界面。

图 5-11　单击页面名称

图 5-12　页面设计界面 1

大致可以把页面设计界面分为顶部操作栏、左侧工具栏、中间画布、右侧属性配置面板，如图 5-13 所示。

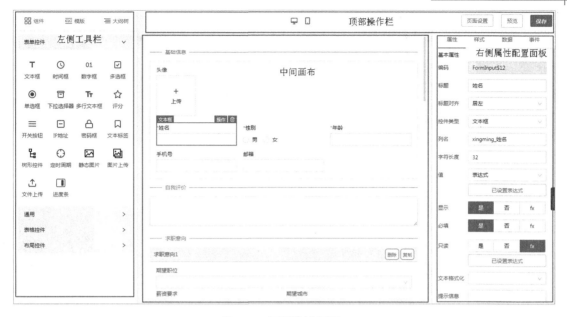

图 5-13　页面设计界面 2

（1）顶部操作栏介绍如下。

①"页面设置"按钮：单击"页面设置"按钮，会弹出"页面设置"对话框，该对话框中包含"页面动作"选项卡和"变量"选项卡，可以分别设置页面动作和变量。

图 5-14 所示为"页面动作"选项卡，单击其中的"新增"按钮，在弹出的"新增动作"对话框（见图 5-15）中可以新增一些页面动作来帮助设计者实现更多的功能。

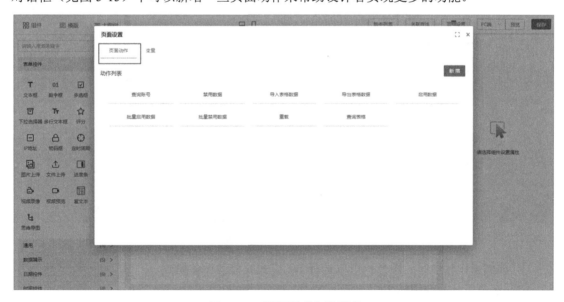

图 5-14　"页面动作"选项卡

选择"变量"选项卡，如图 5-16 所示，可以看到页面的变量信息，也可以自行新增变量。

②"预览"按钮：设计者可以在应用端展示出配置页面，并且对页面进行保存，同时可以打开预览端对页面进行预览。

③"保存"按钮：可以对页面配置信息进行保存。

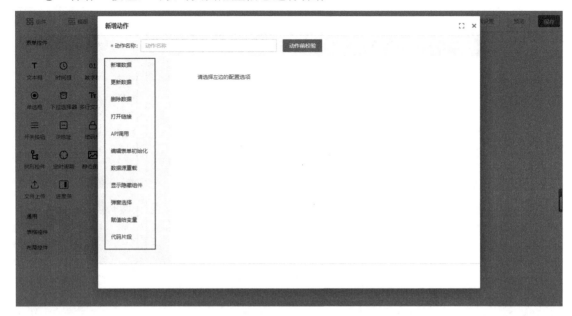

图 5-15 "新增动作"对话框

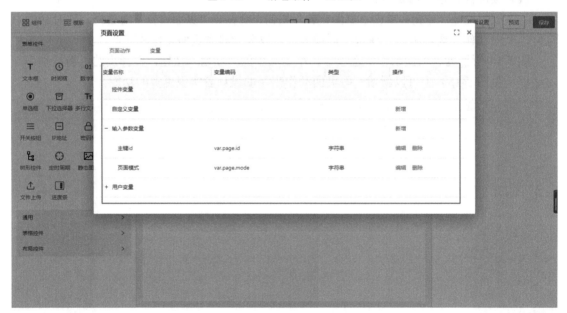

图 5-16 "变量"选项卡

④ 顶部操作栏中间的图标：可以选择 PC 模式或移动设备模式。

（2）左侧工具栏介绍如下。

①"大纲树"面板：设计者可以更清晰地查看页面的整体布局，也可以通过"大纲树"面板对控件进行批量的拖曳与删除，如图 5-17 所示。

②"组件"面板：选中"组件"面板中的组件进行拖曳，可以将控件拖曳到画布中或"大纲树"面板中的指定位置，如图 5-18 所示。

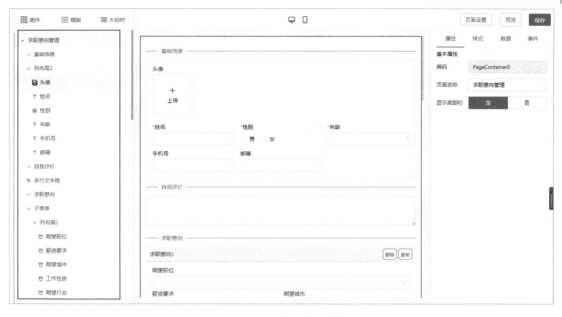

图 5-17　"大纲树"面板

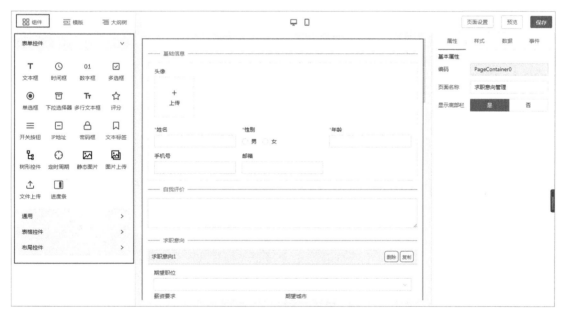

图 5-18　"组件"面板

（3）中间画布介绍如下。

画布用来对控件进行排布、配置，从而完成页面的搭建，如图 5-19 所示。在画布中可以根据光标提示来拖曳控件进行布局，也可以对控件进行复制、删除操作，如图 5-20 所示，其中复制和删除操作都可以直接使用快捷键完成。

（4）右侧属性配置面板介绍如下。

①"属性"面板：在"属性"面板中可以配置控件常用的一些属性，如图 5-21 所示，配置后，画布中的控件会实时显示配置变化的生效结果。在"数据"面板中可以将当前的属性

绑定数据操作的 API，从而达到动态显示的效果。需要注意的是，数据绑定的结果在页面设计界面中无法实时展示，需要预览页面才能查看数据绑定的结果。

图 5-19　中间画布

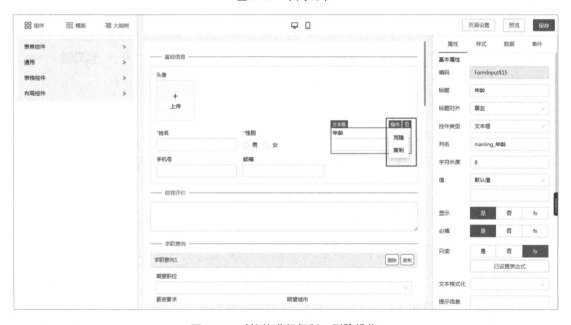

图 5-20　对控件进行复制、删除操作

　　②"样式"面板：在"样式"面板中可以设置标题颜色、边框、背景颜色、控件值颜色、外边距、内间距及自定义样式，如图 5-22 所示。如果想要设置自定义样式，则可以单击"样式"面板中的"设置自定义样式"按钮，在弹出的"自定义样式编辑"对话框中进行设置，如图 5-23 所示。

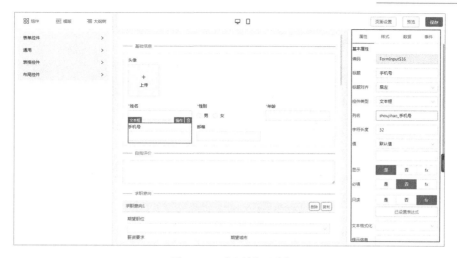

图 5-21　"属性"面板

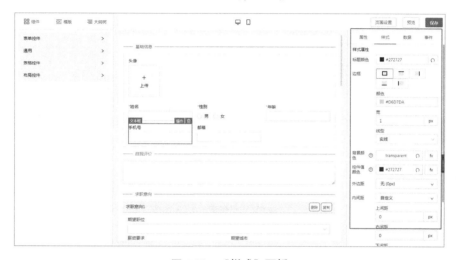

图 5-22　"样式"面板

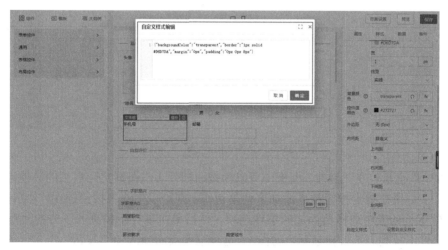

图 5-23　"自定义样式编辑"对话框

③"数据"面板：在"数据"面板中可以绑定数据源，如图 5-24 所示。如果想要绑定数

据源，则可以单击"数据"面板中的"绑定数据源"按钮，在弹出的"业务 API 选择"对话框中进行设置，如图 5-25 所示。

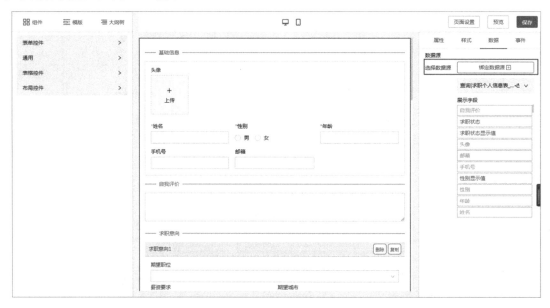

图 5-24　"数据"面板

图 5-25　"业务 API 选择"对话框 1

④"事件"面板：在"事件"面板中可以为按钮控件（或根据实际需求的其他控件）添加事件与动作。如果想要为按钮控件添加事件与动作，则可以先选中按钮控件，然后在"事件"面板的事件下拉列表中选择要添加的事件选项，然后单击事件下拉列表下方的"添加动作"按钮，在事件下拉列表下方会显示"动作 1"选项框及其右侧的 3 个按钮（这 3 个按钮依次为"新增执行动作"按钮、"动作执行条件"按钮和"删除"按钮），单击"动作 1"选项框右侧的第一个按钮（即"新增执行动作"按钮），在弹出的"新增执行动作"对话框中进行设置即

可，可以添加多个动作，设置完成后如图 5-26 所示。并且可以为不同的控件添加不同的事件，如图 5-27 所示。

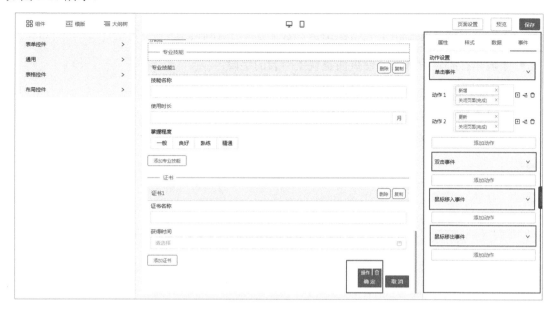

图 5-26   添加事件与动作

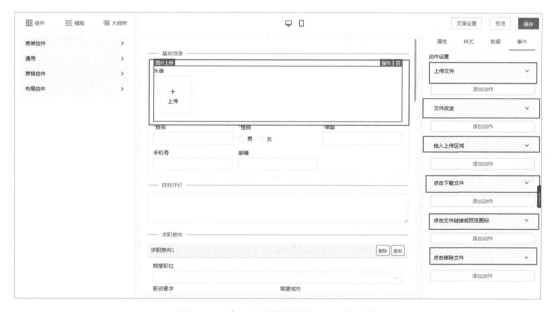

图 5-27   为不同的控件添加不同的事件

3. 常用控件介绍

由于工具会更新迭代，控件也会开发得越来越多，因此这里只着重介绍几个常见的控件。

- 文本框：可以输入文字、数字、各类符号、空格等。
- 数字框：只可以输入数字，包括负数和小数点。
- 多选框：可以让用户选择多个选项。
- 单选框：只可以选择一个选项。

- 图片上传：可以上传图片。
- 表格：展示数据。
- 树形控件：展示层级关系，并且有筛选功能。
- 列布局：使"文本框"和"数字框"等控件有规则地排序。
- 子表单：绑定附属表，使页面呈现主附表的字段。

4．页面开发设计（表格与表单的创建）

首先要明确一下表格与表单的功能。

表格是用来展示数据的，如图 5-28 所示。

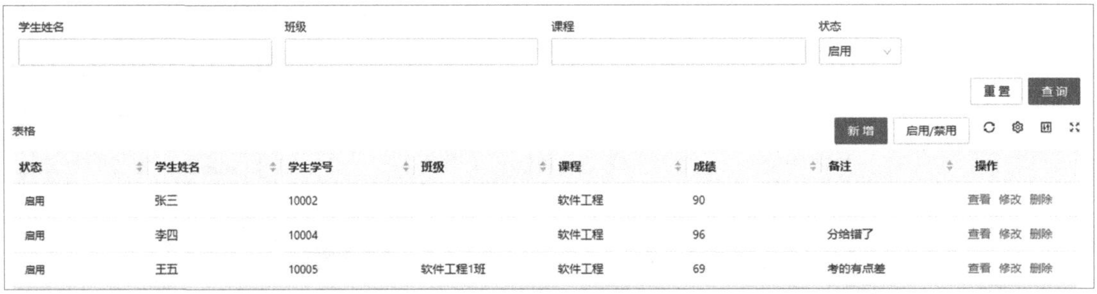

图 5-28　表格

表单是用来操作数据的，如新增、修改、查看数据等，如图 5-29 所示。

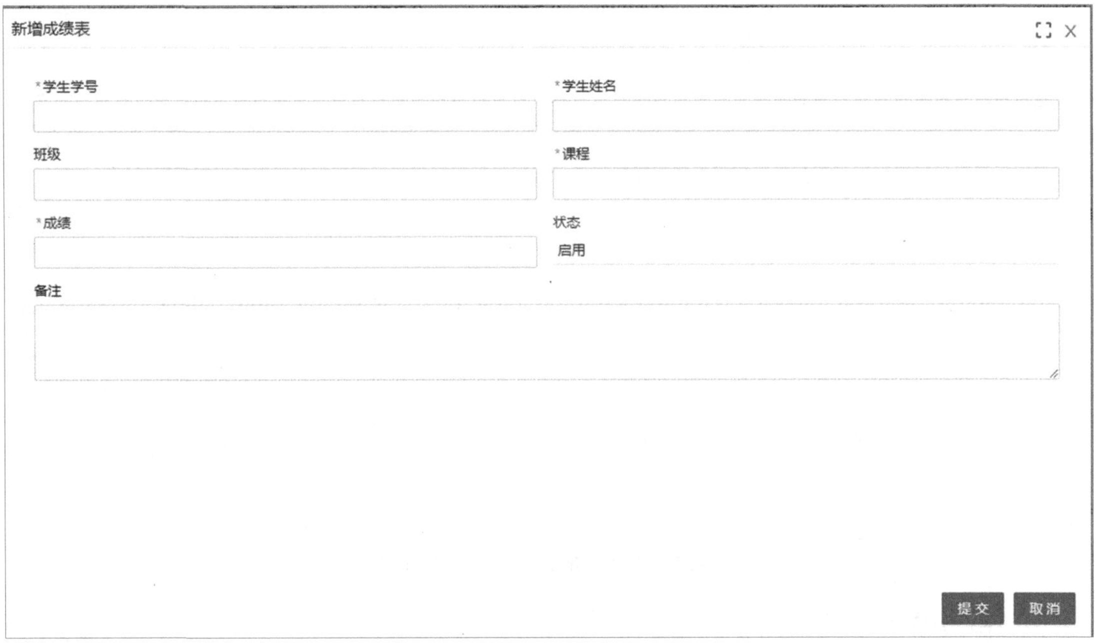

图 5-29　表单

在明确表格与表单的功能之后，就可以开始搭建页面了。首先在左侧的导航栏中选择"数据建模"→"表结构管理"命令，打开"表结构管理"页面，如图 5-30 所示，在该页面中新建需要的数据表。

图 5-30 "表结构管理"页面

在新建数据表之后，在左侧的导航栏中选择"页面建模"→"自定义页面"命令，打开"自定义页面"页面，如图 5-31 所示，此时就可以在该页面中新建表格页面和表单页面了。

图 5-31 "自定义页面"页面 2

前面提到模块与权限有关，现在设计者可以自己新建模块，将每个页面放到对应的模块里面。在新建页面时，在"新建页面"对话框的"归属模块"文本框中单击，会打开"选择模块"对话框，如图 5-32 所示，设计者可以在该对话框中选择已有的模块，也可以新建模块，操作是：单击"选择模块"对话框中"全部"右侧的"+"按钮，在弹出的"新建菜单"对话框中设置要新建的模块的信息，如图 5-33 所示。

为了方便，设计者可以先把表格页面和表单页面新建好，如图 5-34 所示，再进入单独的页面进行搭建。

图 5-32　"选择模块"对话框

图 5-33　"新建菜单"对话框

图 5-34　新建好的表格页面和表单页面

进入表格页面设计界面后,将左侧工具栏的"组件"面板的"数据展示"组中的"表格"控件拖入画布,然后通过右侧属性配置面板中的"数据"面板绑定数据源。这里需要注意的是,设计者需要把数据源绑定"表格"控件,而不是绑定最外层的页面,如图 5-35 所示。

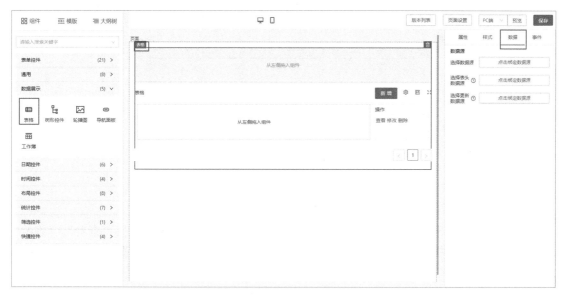

图 5-35 把数据源绑定"表格"控件

在为"表格"控件绑定数据源时,在右侧属性配置面板中选择"数据"面板,单击"选择数据源"右侧的"点击绑定数据源"按钮,在弹出的"业务 API 选择"对话框中选择自己需要的数据源,如图 5-36 所示。

图 5-36 "业务 API 选择"对话框 2

可以在"数据"面板中单击"配置搜索字段"按钮和"配置展示字段"按钮来分别配置搜索字段和展示字段,如图 5-37 所示。

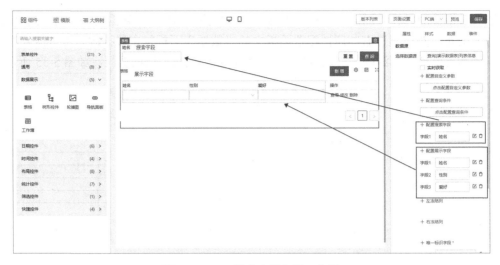

图 5-37　配置搜索字段和展示字段

这里需要提一下，"表格"控件被拖曳出来之后，会自动带出"新增"、"查看"、"修改"和"删除"等默认按钮，如图 5-38 所示。当然，设计者也可以自定义配置按钮，实现想要的功能。

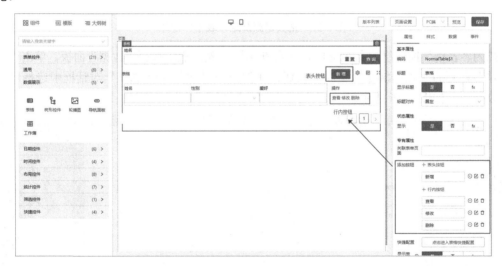

图 5-38　默认按钮

在完成上述步骤后，可以在右侧属性配置面板的"属性"面板中关联（即绑定）表单页面。具体操作是：在右侧属性配置面板的"属性"面板的"关联表单页面"文本框中单击，如图 5-39 所示，会打开如图 5-40 所示的"请选择页面"窗口，在该窗口中单击要关联的页面的名称前面的链接图标，就可以跳转到所需要的页面的设计界面。在跳转到表单页面的设计界面后，选中最外层的页面，单击右侧属性配置面板的"数据"面板中的"绑定数据源"按钮，如图 5-41 所示，在弹出的"业务 API 选择"对话框的"详情 API"选项卡中选择要绑定的数据源，如图 5-42 所示，设置完成后单击"确定"按钮即可。

这里需要注意的是，与表格页面不同的是，表格页面是在"表格"控件绑定数据源，而表单页面则是在最外层的页面绑定数据源。

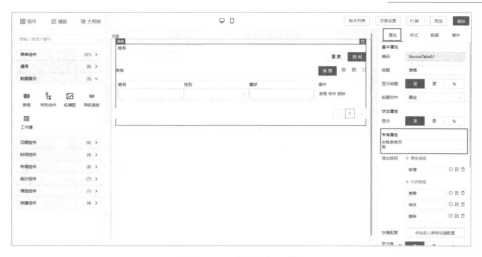

图 5-39 "属性"面板

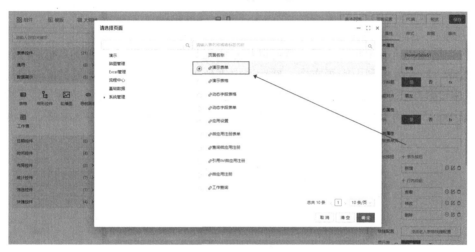

图 5-40 "请选择页面"窗口

图 5-41 单击"绑定数据源"按钮

图 5-42　"业务 API 选择"对话框 3

在将数据源绑定表单页面之后，就可以将左侧工具栏的"组件"面板的"布局控件"组中的"列布局"控件拖曳到中间画布中，然后选中"列布局"控件，在右侧属性配置面板的"属性"面板中设置自己想要的列数，如图 5-43 所示。选中最外层的页面，然后在右侧属性面板中选择"数据"面板，即可看到数据表中的字段，这时候就可以把字段拖曳到画布中，如图 5-44 所示。

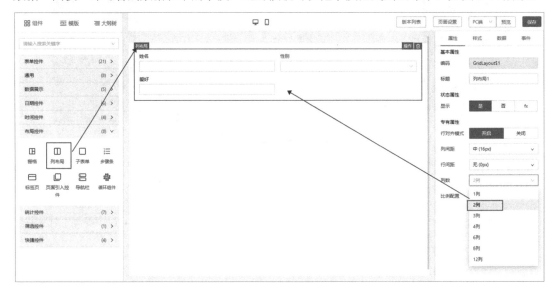

图 5-43　将"列布局"控件拖曳到中间画布中并设置列数

在完成以上操作之后，选中最外层的页面，并在右侧属性配置面板中选择"属性"面板，单击"显示底部栏"右侧的"是"按钮，会在中间画布中显示"确定"按钮和"取消"按钮，如图 5-45 所示。

选中"确定"按钮，然后在右侧属性配置面板中选择"事件"面板，单击事件下拉列表下方的"添加动作"按钮添加动作，如图 5-46 所示，在事件下拉列表下方会显示"动作 1"选项框及其右侧的 3 个按钮，如图 5-47 所示。

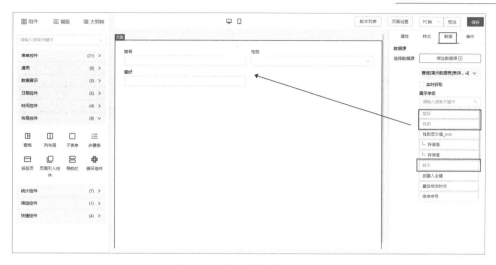

图 5-44　将字段拖曳到画布中

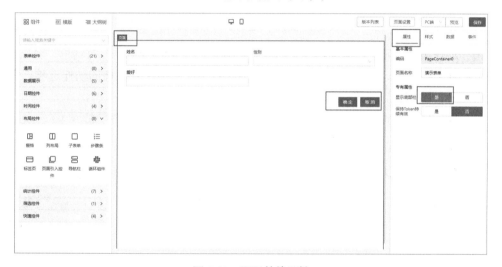

图 5-45　配置其他属性

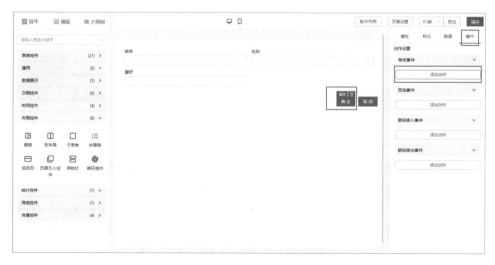

图 5-46　添加事件动作

图 5-47　显示"动作 1"选项框及其右侧的 3 个按钮

单击"动作 1"选项框右侧的第一个按钮，会弹出"新增执行动作"对话框，可以在"动作名称"文本框中输入动作名称，然后在下方左侧列表框中选择要新增的动作选项，并在右侧设置要选择的数据源，如图 5-48 所示。

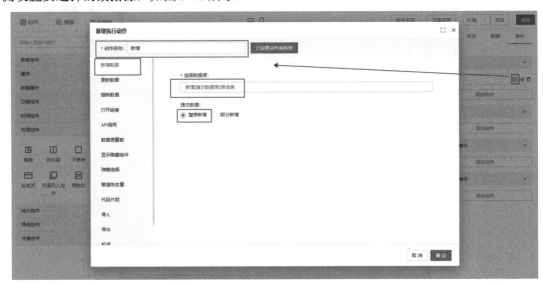

图 5-48　"新增执行动作"对话框

在完成以上步骤之后，还需要在"动作 1"选项框中单击，在弹出的下拉列表中选择"关闭页面(完成)"选项，这样在单击"确定"按钮新增数据时可以同时刷新页面。如果选择"关闭页面(取消)"选项，就只是关闭页面，不会刷新数据。

接下来，单击"动作 1"选项框右侧的第二个按钮，会弹出"动作执行条件"对话框，在"变量"列的下拉列表中选择"输入参数变量"→"页面模式"选项，在"条件"列的下拉列表中选择"等于"选项，在"值"列的下拉列表中选择"新增"选项，在"条件公式"下面的文本框中输入序号的数字，如图 5-49 所示。

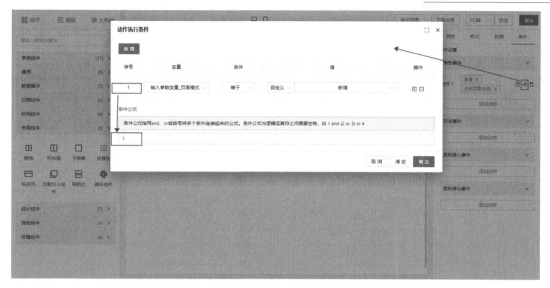

图 5-49　"动作执行条件"对话框

按照以上步骤可以添加一个动作 2，按照同样的操作完成修改页面的事件。在完成上述步骤后，一个简单的表格页面与表单页面就搭建好了。设计者可以在预览端查看效果。

5.2.2　系统菜单

菜单主要用来对业务操作分类建立模块，对配置好的页面分模块进行管理。在"菜单管理"页面中单击"添加父节点"按钮，在弹出的"新建菜单"对话框中可以看到，菜单类型有两种：模块和页面，如图 5-50 所示。一个模块中可以存在多个模块和页面（即子项）。

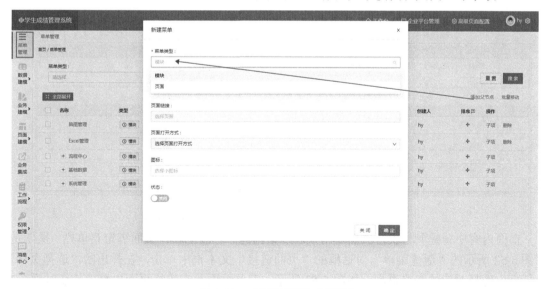

图 5-50　"新建菜单"对话框

需要注意的是，如果模块中存在子项，则这个模块不能被删除；如果模块中不存在子项，则这个模块可以被删除，如图 5-51 所示。

图 5-51　存在子项的模块不能被删除

新建模块类型的菜单的操作与新建页面类型的菜单的操作基本一致，唯一的区别是模块不能绑定页面。模块类型和页面类型的菜单的默认状态均为禁用，如果需要启用，则单击"状态"按钮进行启用，如图 5-52 所示。

图 5-52　"状态"按钮

前面内容中曾提到，表格页面是用来展示数据的。一般把表格页面绑定菜单栏，操作是：在图 5-52 所示的"新建菜单"对话框的"页面链接"文本框中单击，在弹出的"选择页面"对话框中选择对应的表格页面，如图 5-53 所示。表单页面是在表格页面中单击按钮时弹出来的页面。

图 5-53　"选择页面"对话框

5.2.3　系统变量

系统变量是由系统统一定义、能被其他模块引用的数据。

由系统提供的变量支持在配置过程中使用。比如，当前时间，获取系统当前时间，用在创建时间、修改时间等字段；当前用户，获取当前登录用户的姓名或编号，用在创建人、修改人等字段；当前机构，获取当前用户所在的机构，用在所属机构、所属班级等字段。

5.2.4　表达式

在低搭低代码平台中，可以看到很多地方都可以自己编写表达式，如图 5-54 所示。接下来简单介绍表达式的用法。

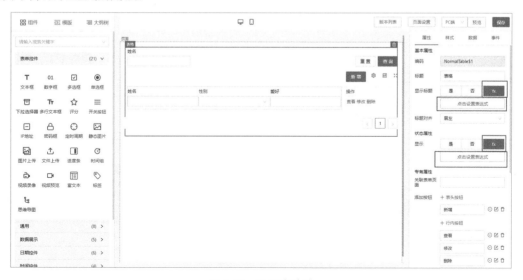

图 5-54　设置表达式

1. 可用变量

可用变量有系统变量、控件变量、自定义变量、输入参数变量、用户变量，如图 5-55
所示。

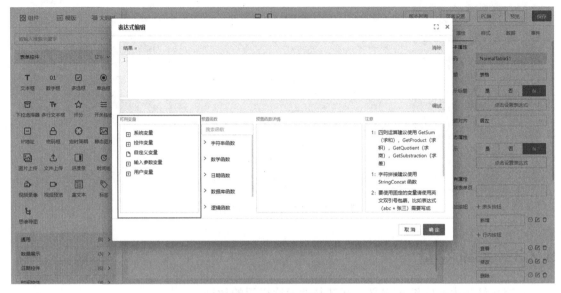

图 5-55　可用变量

2. 预置函数

预置函数是低搭低代码平台自带的函数。如果把鼠标指针移动到"预置函数"列表框中
对应的函数选项上，则右侧的"预置函数详情"文本域中会显示该函数的示例、用法、描述，
如图 5-56 所示。

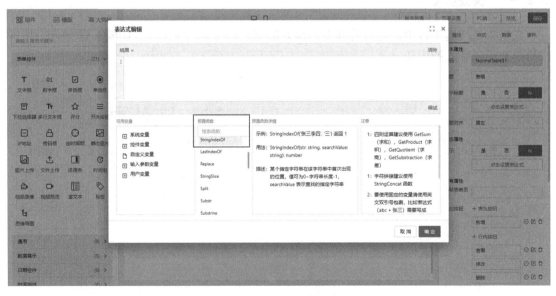

图 5-56　预置函数

预置函数详情是对预置函数的解释，方便用户了解这个函数的用法，如图 5-57 所示。

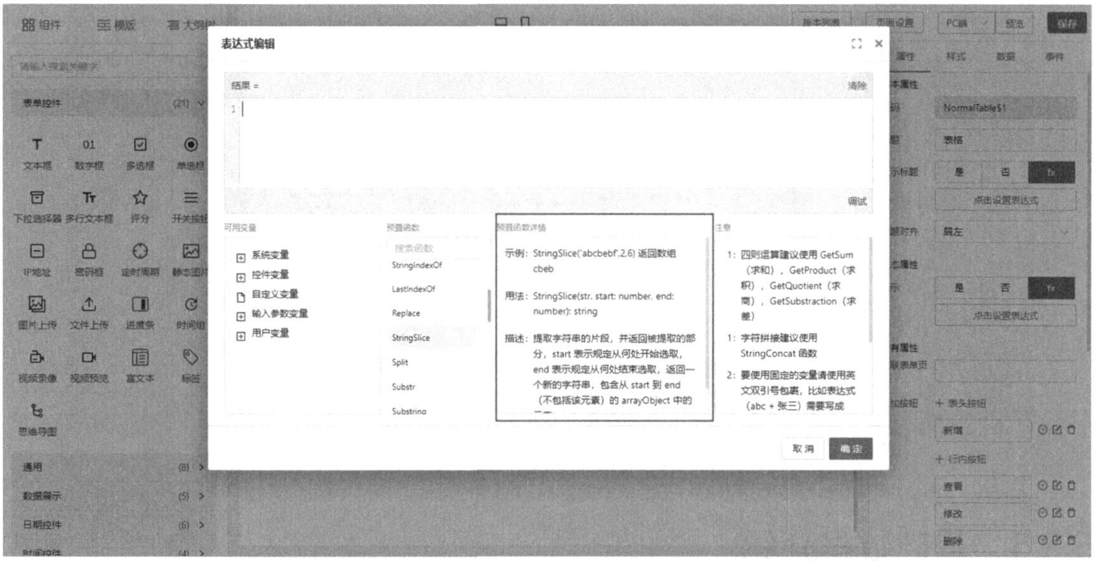

图 5-57　预置函数详情

需要注意的是，在运用函数时需要注意遵守四则运算建议、字符拼接建议，以及其他一些特殊规则建议，如图 5-58 所示。

图 5-58　在运用函数时的注意事项

3．函数设置结果

在图 5-59 所示的"表达式编辑"对话框的表达式调试框中可以调试函数，在下方选择的变量及函数都会显示在表达式调试框中。

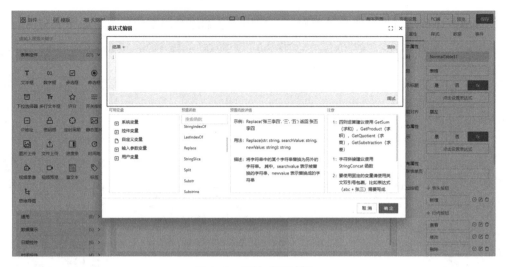

图 5-59 表达式调试框

5.2.5 基础数据介绍

1. 基础数据的定义

基础数据的定义如下：

（1）支撑系统进行业务处理的数据。

（2）其他页面可以用到的数据。

（3）一个系统的底层数据。

2. 基础数据的分类

每个系统的业务流程不一样，基础数据也可能不一样，但是大致相同。大致可以把基础数据分为以下几类。

（1）活动机构/活动组织：指按照一定的方式将相关的工作活动予以划分和组合，形成易于管理的组织单位。

（2）人员：指在系统上面有档案的人。

（3）角色：指某一类型的人物。

（4）岗位：指工作的职位。

（5）权限：指职权的范围。

（6）位置：指空间分布，所在或所占的地方。

（7）资产：指财产，可以是金钱或物品等。

（8）设备：指参与系统运行的边缘硬件单元。

5.2.6 权限设计基础

1. 权限设计的意义

权限设计有它的存在意义，如让使用者在有效的限制范围内访问被授权的资源等。例如，在学生成绩管理系统中，学生只能看到自己的成绩，教师可以看到自己所教班级学生的成绩，学院领导可以看到整个学院学生的成绩。

正是有了权限系统，才可以明确工作群组内不同人员、不同组织的分工，让这些不同的角色专注于自己的工作范围，也可以降低操作风险发生的概率，便于管理。例如，老师角色只能操作自己所教班级学生的成绩；管理员角色可以给用户分配角色和进行权限管理。

2．权限设计的用途

权限设计的用途是规定"谁"能在什么时候做什么事情，如员工能在 9 点打卡上班。

3．权限的要素

权限的要素主要有 3 个：一是系统的角色；二是鉴权的授权的操作，先判断用户的角色，再给角色授权，然后关联用户；三是页面的元素资源，如按钮、菜单等。

4．权限的分类

按照系统的分类，权限可以分为数据权限和功能权限两类。

1）数据权限

数据权限分为行权限和列权限。行权限就是限制用户对某些行的访问权限，比如，校长能查看所有学生的信息，院长只能查看本院学生的信息，系主任只能查看本系学生的信息。列权限就是限制用户对某些列的访问权限，比如，校长能查看所有教师的薪资，院长只能查看本院教师的薪资，其他教师只能查看自己的薪资。

2）功能权限

功能权限是指（各角色的）用户具有哪些权利去做什么事情，如特定的新增、删除、修改、查询等。功能权限一般按照一个人在组织内的工作内容来划分。比如，一个单据通常有录入人和审批人，录入人具有新增、删除、修改、查询数据的权限，审批人具有审批、反审批和查询数据的权限。

5．针对低代码平台权限设计的分类

针对低代码平台权限设计的分类主要有两个：一个是开发时权限，另一个是运行时权限。

1）开发时权限

开发时权限是指开发人员的权限，即规定谁可以去开发这个应用、谁可以去开发这个页面等。

2）运行时权限

运行时权限是指用户在系统运行时根据实际的情况给按钮、页面进行权限设置的权限。产品交付给客户后，客户可以自己派发权限。

6．低代码平台的权限分配

首先在左侧的导航栏中选择"页面建模"→"自定义页面"命令，打开"自定义页面"页面，如图 5-60 所示，单击"一键发布"按钮。

然后在左侧的导航栏中选择"权限管理"→"权限项"命令，会打开如图 5-61 所示的"权限项"页面，单击该页面右上角的"快速创建"按钮，会打开如图 5-62 所示的"快速创建权限项"对话框，在该对话框中会显示页面名称选项和按钮名称选项。勾选需要的页面和按钮的名称左侧的复选框，单击"→"按钮，然后单击"确定"按钮。这时，该对话框右侧的列表框中会显示刚才选择的页面和按钮的名称，如图 5-63 所示，单击"确定"按钮。在左侧的导航栏中选择"权限管理"→"权限树"命令，打开"权限树"页面，此时，"权限树"页面中会显示刚才选择的页面和按钮的名称及其他信息，如图 5-64 所示。

图 5-60 "自定义页面"页面

图 5-61 "权限项"页面

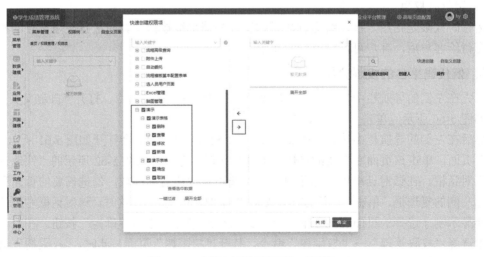

图 5-62 "快速创建权限项"对话框

图 5-63 选择权限项

图 5-64 "权限树"页面

访问预览端，在"用户管理"页面中新增用户，如图 5-65 所示。

图 5-65 在"用户管理"页面中新增用户

在"角色管理"页面中新增角色，如图 5-66 所示。接下来，通过"操作"列中的"功能授权"按钮与"关联用户"按钮分别对角色设置功能授权与关联用户。功能授权是指给用户看到什么页面，关联用户是指什么用户可以关联这个角色，一个用户可以有多个角色。

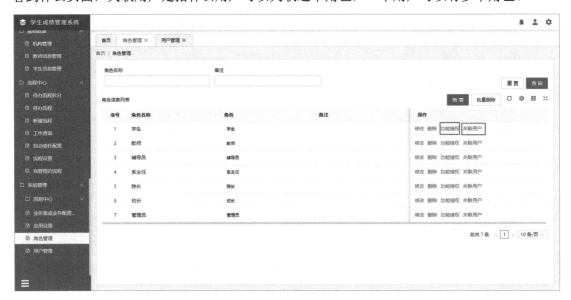

图 5-66　在"角色管理"页面中新增角色

单击"功能授权"按钮，在弹出的"角色功能授权"对话框中可以看到页面及按钮的名称，如图 5-67 所示。如果想要用户浏览某个页面或操作某个按钮，就勾选页面名称或按钮名称左侧的复选框。

图 5-67　"角色功能授权"对话框

单击"关联用户"按钮，在弹出的"关联用户表格"对话框中可以为用户分配角色，如图 5-68 所示。

图 5-68　"关联用户表格"对话框

用户有了角色，角色关联了权限，那么用户也就具有相关的权限了。

5.2.7　典型开发案例：学生成绩管理系统

现在尝试完成一个简单的学生成绩管理系统，这里只提供思路，如果有不清楚的地方，则可以在前面的内容中查阅相关步骤。

（1）在左侧的导航栏中选择"数据建模"→"表结构"命令，在打开的"表结构"页面中新建需要的数据表，并生成系统自动编写的简单 API，如新增 API、修改 API、查询 API、删除 API 等。

（2）在左侧的导航栏中选择"页面建模"→"自定义页面"命令，根据需求新建若干个表格页面和表单页面，并且把页面放到对应的模块下。

（3）在"自定义页面"页面的"页面名称"列中单击新建的表格页面的名称，进入页面设计界面，将左侧工具栏的"组件"面板的"数据展示"组中的"表格"控件拖入画布，然后通过右侧属性配置面板中的"数据"面板为"表格"控件绑定数据源，并配置搜索字段和展示字段。

（4）在右侧属性配置面板的"属性"面板中关联（即绑定）对应的表单页面。

（5）为表单页面绑定数据源后，将左侧工具栏的"组件"面板的"布局控件"组中的"列布局"控件拖入画布，并进行相应设置，使页面变得整洁。

（6）在页面绑定数据源。

（7）选中最外层的页面，在右侧属性配置面板的"属性"面板中配置显示底部栏，并且在"确定"按钮上添加新增和修改事件。

（8）在"菜单管理"页面中单击"父节点"按钮，在弹出的"新建菜单"对话框中新建模块类型和页面类型的菜单，并且把对应的页面绑定子项（即页面）。

（9）分配权限。

5.3 数据可视化开发

5.3.1 数据建模基础

数据建模是将现实世界中的业务数据进行分类、归纳、抽象、表示并在数据库中进行存储的过程。

简单来说，数据建模就是抽象概括现实世界中各种复杂的业务数据，并对数据进行整合，确定数据库字段及存储数据的格式、结构、约束的条件，以及表和表之间关联关系的过程。数据建模不仅能够有效地满足业务数据流的需求，增强这些数据的可用性、可读性，还能够让使用者快速检索到自己想要的数据，从而进行对应的处理。

在开始进行数据建模之前，还需要完成数据架构设计。就像建房子一样，先设计房子的建造方案，再将水泥、钢筋、砖等建筑材料按照设计的结构搭建起来，最后形成满足人们生活、工作所需的建筑物。数据架构设计同样如此，它说明了数据流入和流出的方式，以及在数据库中各种数据元数之间的关系，可以为数据建模提供数据指导的作用。同时方便其他使用人员了解数据库结构的设计，能够对系统数据进行更有效的管理。

低搭低代码平台提供了一个数据建模的入口，在这里可以设置数据的存储结构和类型。在低搭低代码平台数据建模中，分别有表结构、字典、超级表、导入导出模板的管理，如图 5-69 所示。

图 5-69　数据建模入口

表结构用于管理应用中的数据表结构，包括字段名称、字段属性等。字典用于管理应用中的数据集合。超级表用于查询另一个应用中的表结构，结合 API 可以对另一个应用中的表数据进行新增、修改、删除、查询等操作。导入导出模板用于设置导入数据或导出数据中的文件的字段。

5.3.2 数据架构设计

什么是数据架构？DAMA-DMBOK 认为，数据架构是企业架构的一部分，是数据资产管理的蓝图，是以结构化的方式描述在业务运转和管理决策中所需要的各类信息及关系的一套整体组件的规范。数据架构描述了如何管理企业的数据资产，以及如何管理数据与业务之间的应用关系。数据是企业的资产，高质量的数据可以帮助企业做出更有效的决策。

在中国人民银行发布的《金融业数据能力建设指引》中，金标委认为数据架构应该包括元数据管理，建立创建、存储、整合和控制元数据的一系列流程；也应该包括构建数据模型，将业务经营、管理和决策中遇到的数据需求结构化；还应该包括数据分布和数据集成，明确数据责任人，管控数据流，制定数据标准，实现组织内各系统、各部门的数据互联互通。

通常数据架构设计有 4 个基本内容，分别为数据资产目录、数据标准、数据模型、数据分布。

1．数据资产目录

数据资产目录分为 5 个层级，即主题域分组、主题域、业务对象、实体、属性。主题域分组和主题域分别用于描述数据的分类依据和业务的边界。每个分类之间互不重叠。业务对象是指业务领域中重要的人、事、物。实体是描述业务对象在某方面特征的一类属性集合，属性是指业务对象在某方面的特征和性质。

以超市的商品分类为例，数据就是商品。商品里有各种分类，如水果类、蔬菜类等，这些分类对应主题域和主题域分组，商品对应业务对象，商品属性对应属性。

2．数据标准

数据标准要求业务部门和技术部门使用统一的语言来描述数据，避免各个部门对同一个业务对象都有自己的称呼，导致业务运转效率降低。数据标准的统一，既要适应业务部门的工作习惯，也要符合技术部门的开发原则。所以，数据标准可以分为 3 个方面：一是业务术语，二是数据标准，三是数据字典。

业务术语是由业务部门根据自身业务活动提炼出来的，并得到各个部门认可的业务词汇。数据标准是通过标准编码、业务规则定义的业务术语。数据字典是在数据标准的基础上，技术部门为了对数据模型进行管控而制定的表结构和字段定义规范。比如，在商品的标签上标注了商品的属性，如商品名称、商品产地、商品生产日期等。商品的每个属性都有自己的一个标准化的名称。

数据标准的统一有利于消除歧义，提高沟通效率，提升数据质量。

3．数据模型

数据模型是 4 个内容中至关重要的一环，它以结构化的方式抽象描述了现实世界中的各类数据，包括数据之间的逻辑关系、条件约束、操作方式、数据的特征等，为应用系统数据库的设计提供了抽象的框架。

常见的数据模型有 3 种，分别为概念模型、逻辑模型、物理模型。

概念模型的主要目标是建立实体及其属性和实体之间的关系，不依赖数据库技术，非技术人员也能看懂。概念模型是在进行需求分析之后，再对数据进行抽象处理。实体-关系图（又叫 E-R 图）是描述概念模型最常用的方法，其中涉及实体、属性、关系这 3 个元素。实体是客观存在并可以互相区别的事物，可以是具体的人、事、物或抽象的概念，如学生、员工、课程等都可以作为一个实体，实体用矩形来表示。属性是实体所具有的某个特性，一个实体可以由若干个属性来刻画，如学生具有"姓名"、"学号"和"年龄"等属性，属性用椭圆形来表示。关系是用来表现实体与实体之间的联系的。例如，"学生"实体和"课程表"实体之间有一定的联系，每个学生都要上课，这就是一种关系，关系用菱形来表示。

实体之间有 3 种关系，即一对一关系（1:1）、一对多关系（1:n）、多对多关系（n:m）。例如，"学生"和"课程"是两个实体，"学生学号"和"学生名称"是"学生"实体的属性，"课程名称"和"课程编码"是"课程"实体的属性，"选课"是"学生"实体和"课程"实体之间的关系，一名学生可以学习多门课程，一门课程可以有多名学生学习。图 5-70 所示为学生选课 E-R 图。

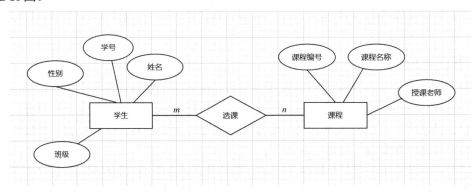

图 5-70　学生选课 E-R 图

逻辑模型是将概念模型转化为具体的数据模型的过程，它在概念模型阶段设计的 E-R 图的基础上添加更详细的信息。它既面向用户，也面向应用系统，是具体的数据库管理系统所支持的数据模型。比较常见的逻辑模型有网状数据模型、层次数据模型、关系数据模型等。逻辑模型的内容包含概念模型中所有的实体和关系，可以独立于数据库的设计和开发。

简单来说，逻辑模型就是设计表和表字段，但是不用考虑数据类型、长度、索引等细节。实体转关系需要遵循两个原则：一是将实体转为表，将属性转为表字段；二是将关系转为表，将相连实体的主键转为字段，将关系自身的属性转为字段。1:1 关系的两端实体的代码均为关系的候选代码。1:n 关系的 n 侧实体的代码成为关系代码。n:m 关系的两端实体的代码的组合成为关系代码。

物理模型是在逻辑模型的基础上，考虑各种具体的技术实现原因，进行数据库体系结构设计，真正实现数据在数据库中的存放。它是对真实数据库的描述，如关系型数据库中的一些数据表、视图、字段、数据类型、长度、索引、主键、外键等。通常，每种主流的计算机系统都提供了相应的数据库生成手段，使逻辑模型向物理模型转换的实现工作大部分由系统完成。而设计者只需要按照基本相似的方式，关注数据库的索引、视图、关系等各种内部结构设计即可。这样可以使各种数据库在不同的操作系统与硬件上都保证其独立性与可移植性。

4．数据分布

数据架构前三部分的内容都是从静态的角度来定义数据与数据之间的关系的，而数据分布则是从动态的角度来定义数据源、数据流及信息链之间的关系的。顾名思义，数据源就是数据产生的源头，即数据来源于哪个应用系统和应用系统对应的数据库。数据流是指数据在应用系统中的新增、修改、删除、查询，表达数据在应用系统中的流转。信息链是指业务活动的新增、修改、删除、查询，表达数据在业务流程中的流转。数据分布使被规整的数据能够用起来，并且能够识别数据的来龙去脉，是定位数据问题的"导航"。

5.3.3　数据表要素组成

应用页面展示的业务数据都来自数据表，每行数据都有主键来标记数据的唯一。在低搭低代码平台中，新建数据表需要设置数据表名称、数据表编码、表类型。低搭低代码平台一共提供了 3 种类型的数据表，即普通表、树形表和附属表，如图 5-71 所示。

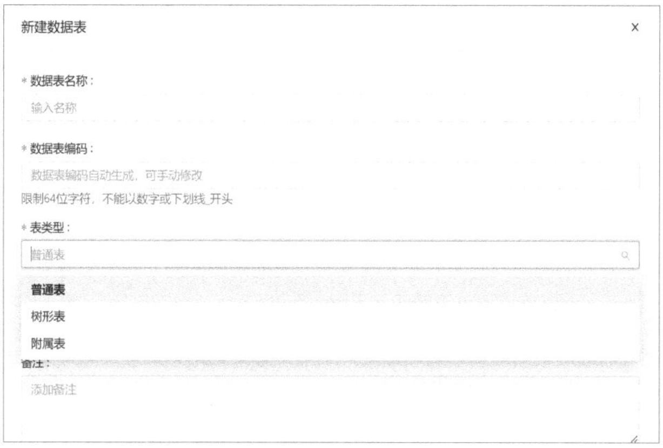

图 5-71　3 种类型的数据表

普通表是指数据表中的每行数据都是独立存在的，不存在强关联关系。例如，当需要存储学生的基础信息（如姓名、学号、性别等）时，就需要新建普通表。

附属表是指两个数据表之间存在一对一或一对多的关联关系，"一"端作为主表，主表的类型为普通表或树形表，而"多"端则作为附属表，系统会自动生成外键 fid 字段与主表的主键建立关系（fid 字段存储主表的主键），附属表中的一行数据对应主表中的一行数据，或者附属表中的多行数据对应主表中的一行数据。例如，一个学生对应多条教育经历（幼儿园、小学、初中），这时学生信息表作为主表，而学生教育经历表则作为附属表，它们之间是一对多的关系。

树形表是指数据表中的每行数据之间存在上下级关系，会有父级字段 pid 存储当前行数据的上级数据的主键，确定数据之间的层级关系。例如，当需要存储建筑物的信息时，顶级的是建筑物，建筑物的下级是楼层，楼层的下级是区域，区域的下级是点位，这时就需要新建树形表。

在数据表新建完成后，要设置数据表中的字段信息，如字段名称、字段类型、长度等，如图 5-72 所示。

字段名称用于定义字段的名称。字段编码是字段在数据表中的实际名称。字段类型有字符串、数字、时间、日期、日期时间、超大文本，用于设置字段在数据库中的数据类型，

图 5-72　数据表中的字段信息

当一般字段存储的内容比较多时，选择超大文本类型。

在低搭低代码平台中，设置字段对应的数据类型，可以在页面可视化时方便使用与数据类型对应的组件功能，数据类型有常规、主键、引用、字典、外键、图片，视频、音频、文件。

是否必填与是否唯一是指当新增或修改业务数据时，该字段的值是不是要必填的，该字段的值在数据表中是不是唯一的。

长度是指字段存储的最大字符数，无论是一个空格还是一个标点符号，其长度都是 1。

小数位数是指当字段类型为数字时可以设置字段存储的小数位数，如图 5-73 所示。

图 5-73　小数位数

关联字典是指当数据类型为字典时绑定字段所对应的字段。例如，学生信息表中的"性别"字段在数据表中存为 0 或 1，但是在页面上要显示为"男"或"女"，这时就可以用字典类型。例如，图 5-74 所示为字典设置，图 5-75 所示为字段与字典绑定。

* 字典名称：		* 字典编码：			
性别		dict_	xingbie		

字典描述：

输入字典描述

排序①	编码	名称	字体颜色	背景颜色	操作
⊹	0	男	#000	#fff	删除
⊹	1	女	#000	#fff	删除

图 5-74　字典设置

当数据类型为引用时，需要设置引用表配置。当 A 数据表的某个字段中存储的值是另一个 B 数据表中 c 字段的值时，如果想要在页面上显示 B 数据表中的另一个 d 字段的值，则可以通过设置引用表配置来实现。系统会自动根据关联字段查询引用表中显示的字段值，为后续的页面建模减少工作量。例如，学生信息表中有一个"所在班级"字段，该字段存储了班级信息表中的班级编号，现在需要展示班级名称，就要设置引用表配置。例如，图 5-76 所示为引用表配置。

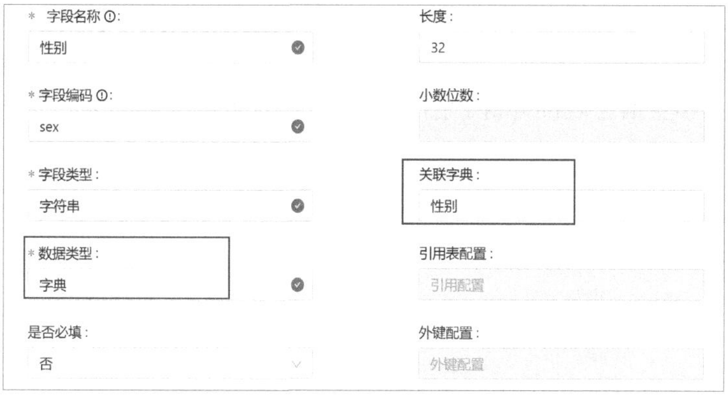
* 字段名称 ⓘ:
性别
长度：
32
* 字段编码 ⓘ:
sex
小数位数：
* 字段类型：
字符串
关联字典：
性别
* 数据类型：
字典
引用表配置：
引用配置
是否必填：
否
外键配置：
外键配置

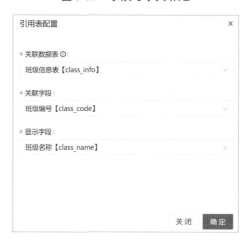

图 5-75　字段与字典绑定

引用表配置
* 关联数据表 ⓘ:
班级信息表【class_info】
* 关联字段：
班级编号【class_code】
* 显示字段：
班级名称【class_name】
关 闭
确 定

图 5-76　引用表配置

主键又可以称为主关键字，是数据表中行数据的唯一标识的关键字，一个数据表只有一个主键。主键可以是一个字段，也可以由多个字段组成，分别为单字段主键和多字段主键。在新建数据表时，系统会默认创建一个主键字段。图 5-77 所示为设置数据类型为“主键”。

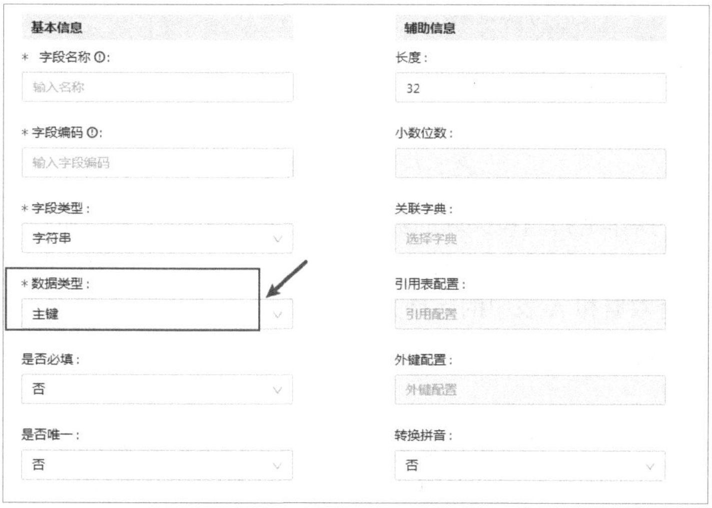
基本信息
辅助信息
* 字段名称 ⓘ:
输入名称
长度：
32
* 字段编码 ⓘ:
输入字段编码
小数位数：
* 字段类型：
字符串
关联字典：
选择字典
* 数据类型：
主键
引用表配置：
引用配置
是否必填：
否
外键配置：
外键配置
是否唯一：
否
转换拼音：
否

图 5-77　设置数据类型为“主键”

外键是用于与另一个数据表关联的字段，通过建立和加强两个数据表数据之间的连接，可以保持数据的参照完整性。例如，学生信息表中的"班级"字段是班级信息表的主键，那么该字段就可以作为学生信息表的外键。图 5-78 所示为设置数据类型为"外键"。

图 5-78　设置数据类型为"外键"

在低搭低代码平台中，当设置数据类型为"外键"时，可以进行外键配置，外键配置可以让两个关系表（这里是学生信息表和班级信息表）建立外键约束，如图 5-79 所示，当对一个数据表中的数据进行操作时，和它关联的一个或多个数据表中的数据同时发生改变。在低搭低代码平台中，外键约束涉及 4 种类型：存在关联不允许操作、级联、置空、不处理。

图 5-79　建立外键约束

存在关联不允许操作是指当被关联的数据表中的数据发生改变且和另一个数据表存在关联时，不允许修改数据表中的数据。例如，A 表的主键是 B 表的外键，当 A 表中的数据发生改变时，并且 B 表有数据和 A 表中的数据关联时，就不允许修改 A 表中被 B 表关联的数据。

级联是指当关联数据表中的数据被删除或修改时，与关联数据表有关联的数据会同时被删除或修改。

置空是指当关联数据表中的数据被删除或修改时，与关联数据表有关联的数据会同时变为空值。例如，A 表的主键是 B 表的外键，当 A 表中的数据发生改变时，并且 B 表有数据和 A 表中的数据关联，那么 B 表中关联 A 表的外键会变为空值。

不处理是指当关联数据表中的数据被删除或修改时，与关联数据表有关联的数据不改变。

索引是为了加速对数据表中数据行的检索而创建的一种分散的存储结构，它提供指向存储在数据表的指定列中的数据值的指针，然后根据指定的排序顺序对这些指针排序。就像是一本汉语字典的目录，可以根据拼音、笔画、偏旁部首等排序的目录（索引）快速找到要查找的字。虽然索引能够提高数据库的查询速度，但是数据库索引并不是越多越好。第一，创建索引和维护索引要耗费时间，这种时间随着索引数量的增加而增加。第二，索引需要占用物理空间，除了数据表占用数据空间，每个索引还要占用一定的物理空间。第三，当对数据表中的数据进行增加、删除和修改操作时，索引也要动态维护，这就降低了数据的更新速度，因为在更新表数据时，数据库不仅要保存数据，还要保存索引文件。

那么什么时候增加索引呢？本书的建议是：第一，可以在经常需要查询的搜索列上增加索引；第二，可以在 WHERE 条件查询的列上增加索引；第三，可以在数据表之间经常连接的列上增加索引，主要是一些外键；第四，当修改操作多于检索操作时，不应该创建索引。例如，图 5-80 所示为低搭低代码平台中的索引设置。

图 5-80　低搭低代码平台中的索引设置

组合唯一是指两个及两个以上的字段组合拼接在一起形成的一个具有唯一标识的值，其作用与主键的作用相同，用于确定数据的唯一性，区别在于主键不能有空值，而组合唯一中某列的值可以重复，也可以有空值。比如，在课程表中，"课程编码"字段和"学生学号"字段组合唯一，如图 5-81 所示。当课程编码相同，学生学号不同，或者课程编码不同，学生学号相同时，数据是允许被插入的；但是当课程编码和学生学号都相同时，数据是不允许被插入的。

图 5-81　组合唯一

在低搭低代码平台中，不仅可以在页面上手动新增表结构，该平台还提供了复制表结构、导入表结构、导出表结构等功能，这些功能可以帮助用户在低搭低代码平台中快速创建数据表，如图 5-82 所示。

图 5-82　导入表结构与导出表结构

也可以单击"操作"列中的"更多"下拉按钮，在弹出的下拉菜单中选择"表关系图"命令来查看数据表之间的关系，如图 5-83 所示。数据表之间的关系是通过外键字段来查询的。

所属模块	类型	创建人	创建时间	操作
基础数据	普通表		2022-05-07 13:47:14	编辑　更多 ∨
				复制
基础数据	普通表		2022-05-07 13:47:14	编辑　生成API
				生成模板
基础数据	普通表		2022-05-07 13:47:14	编辑　生成多模板
基础数据	普通表		2022-05-07 13:47:14	编辑　表关系图
				操作日志

图 5-83　选择"表关系图"命令

设置好数据表字段的信息后，回到"数据建模"页面，在"数据表名"列中找到需要生成 API 接口的数据表的名称，在其所在行右侧的"操作"列中单击"更多"下拉按钮，在弹出的下拉菜单中选择"生成 API"命令，会弹出"生成 API"对话框，如图 5-84 所示。在该对话框中勾选需要生成的 API 接口左侧的复选框，设置完成后单击"确定"按钮，系统会自动生成对应的 API 接口。在进行页面配置时，可以利用生成的 API 接口实现对数据的新增、删除、修改、查询等操作。其中，API 模式有两种，分别为单表模式和主附表模式。单表模式是指每个数据表的每个功能都有一个单独的 API 接口。例如，分别勾选课程表和开课时间表对应的复选框，在"AIP 模式"选区中选中"单表模式"单选按钮，在"API 类型"选区中勾选"新增"复选框，就会得到两个新增 API 接口，课程表有一个新增 API 接口，开课时间表也有一个新增 API 接口。主附表模式是指生成的每个 API 接口可以对多个数据表一起操作，前提是选中的数据表有关联的附属表。

图 5-84　"生成 API"对话框

5.3.4　数据字典设计

1. 数据字典定义

数据字典是系统中各类数据定义和描述的集合。通常一些固定的选项值就可以用到字典。比如，人员的性别的固定选项是"男"或"女"，在数据库中分别保存为 0 或 1，但是在页面上要显示为"男"或"女"，此时字典会找到 0 和 1 分别对应的中文名称。

2. 数据字典组成

在低搭低代码平台中，数据字典由字典名称、字典编码、字典值编码、字典值名称、字体颜色、背景颜色组成，如图 5-85 所示。

图 5-85　数据字典组成

5.3.5　数据表设计

1. 数据表名称规范

（1）字母+数字+下画线：数据表名称使用 26 个英文字母（不区分大小写）、阿拉伯数字和下画线，不能以数字或下画线开头，不能使用其他字符。

（2）英文单词或英文缩写：数据表名称使用英文单词或英文缩写，禁止使用汉语，尽量不使用拼音，名称应该清晰、明了，遵循"见名知意"的原则。

2. 数据表的字段名称规范

（1）字母+数字+下画线：数据表的字段名称使用 26 个英文字母（不区分大小写）、阿拉伯数字和下画线，不能以数字或下画线开头，不能使用其他字符。

（2）英文单词或英文缩写：数据表的字段名称使用英文单词或英文缩写，禁止使用汉语，尽量不使用拼音，名称应该清晰、明了，遵循"见名知意"的原则。

（3）系统字段：系统自动创建 id、fid、pid、create_userid 等字段，无须重复创建（也不要删除）。

3. 数据表索引规范

（1）单个数据表中索引的数量不超过 5 个。

（2）单个索引中字段的数量不超过 5 个。

（3）索引名中的英文字母必须全部使用小写形式。

（4）数据表必须有主键。

（5）禁止冗余索引。

（6）禁止重复索引。

（7）在进行联表查询时，JOIN 列的数据类型必须相同，并且要建立索引。

5.4 业务可视化开发

5.4.1 概述

1. 概念

在低代码开发过程中，业务模型构建是必不可少的环节，那什么是业务模型呢？通常来说，页面前端大部分工作只是收集用户填写的数据，按照前端和后端约定的数据格式打包好各类数据，提交给后端来处理，而业务模型就是在数据入库前，通过提前构建好的业务处理逻辑，对前端提交的数据进行数据清洗或加工，数据满足条件后正式入库。用一句话来概括：业务模型通过业务处理逻辑对数据库中的数据进行新增、删除、修改、查询等操作。

传统的开发方式的业务模型构建过程相对比较固化，灵活性非常差，特别是复杂场景的逻辑处理，实现起来难度高、复用性低；而业务可视化开发方式的业务模型构建过程灵活多变，可以根据业务场景的不同自由搭配组合，业务模型的实现过程与流程图的绘制形式相似，可以大大降低用户的学习成本，业务模型充分考虑开发者场景复用问题，模型与模型之间支持相互调用，提升了模型复用率。图 5-86 所示为低搭低代码平台中的业务可视化开发模型。

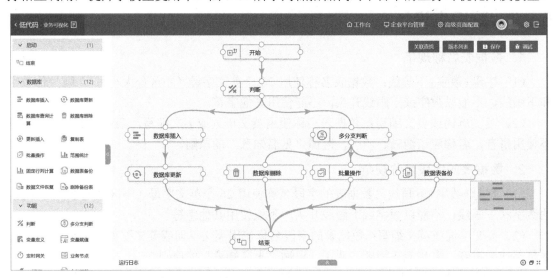

图 5-86 低搭低代码平台中的业务可视化开发模型

2. 能力范畴

为了降低用户的学习门槛，提升业务模型构建过程的易操作性，目前低搭低代码平台已将业务处理及数据处理高度抽象成了以下八大能力。

1）对数据的新增、删除、修改、查询

新增、删除、修改、查询分别对应 SQL 语言的 INSERT、DELETE、UPDATE、SELECT 语句，这 4 个动作已经囊括了数据操作的所有行为：新增数据、删除数据、修改数据、查询数据。从底层出发分析，用户端所有的操作演变至最后都是对数据的新增、删除、修改、查询，无非是一条一条数据操作还是多条数据批量操作，无论是单条数据操作还是批量数据操作，目前低搭低代码平台都是支持的。

2）数据结构转换

数据结构转换是指将页面前端传入或从数据库的数据表中获取的结构化数据，转换成业务处理节点能够识别的数据格式，如将字符串数据转换成对象。

3）数据加工

数据加工包含变量定义、变量赋值、函数计算、获取系统变量等功能，按照工作步骤可以分为数据定义、数据抽取、数据转换、数据计算、数据输出。

4）业务逻辑处理

业务逻辑是指一个实体单元为了向另一个实体单元提供服务而具备的规则与流程。在软件架构中，软件一般分为 3 个层次：表现层、业务逻辑层和数据访问层。业务逻辑层主要负责定义业务处理规则、工作流程及数据的完整性，接收表现层数据请求，经过逻辑判断后，向数据访问层提交表现层的请求，并传递数据访问结果。业务逻辑层类似一个中间件，起着承上启下的重要作用。

5）数据查询与统计

查询是指后台根据用户端的业务需求，在限定条件范围内查询单表或多表数据，查询后的结果将以二维矩阵表的形式返回用户端。数据查询是手段，数据统计是目的，低搭低代码平台提供了静态与动态、全查询与范围查询统计功能，可以覆盖数据查询与统计全场景。

6）定时任务

定时任务可以理解为在预定的时间节点，自动触发单个或一系列动作去满足业务需求。类似于预定每天上午 10 点开会，当时间来到上午 10 点时，相关参会人员就会收到会议开始的提醒。

定时任务的触发时间点可以是周期性的，也可以是一次性的、间隔性的及递增性的，任务执行动作内容涵盖了业务可视化的所有能力。

7）消息推送

消息推送是指通过平台功能向用户主动推送即时消息或向第三方平台主动推送即时消息，用户可以在 PC 端或移动端查收消息通知。消息推送可以增强用户黏性，提升用户活跃度与留存率，也从侧面提高了用户的参与度。

8）Excel 文档加工

Excel 文档加工是指先按照一定规则对业务数据进行筛选、清洗并剔除，然后对清洗过后的数据进行信息提取、计算、分组、转换等处理，最后以 Excel 文档格式存储，供用户导入与导出。

3．应用场景

在使用低代码平台进行业务可视化开发的过程中，业务编排灵活度非常高，覆盖数据库操作、数据加工与处理、逻辑判断、生成二维码、文件加工与处理及消息通知等用户业务场景，本节将介绍日常出现频率较高的一些场景。

1）数据新增、更新、删除

管理员在学生信息登记页面中填写学生的姓名、性别、学院、班级等信息后，调用新增 API 即可将学生信息录入系统（见图 5-87）；当发现学生信息有错漏的情况时，在学生信息登记页面中更新学生信息后，调用更新 API 即可更新学生信息（见图 5-88）；当需要删除学生信息时，调用删除 API 即可删除学生信息（见图 5-89）。

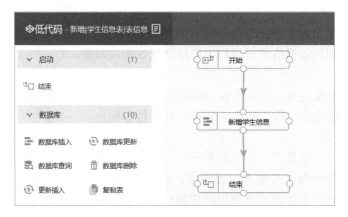

图 5-87　新增 API

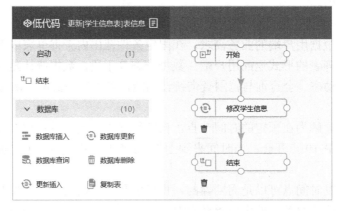

图 5-88　更新 API

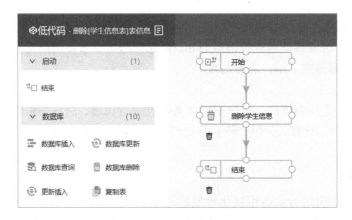

图 5-89　删除 API

2）业务逻辑判断

管理员在删除学生信息时，如果该学生已毕业，则管理员无法删除该学生的信息，并且需要返回提示信息"该学生已毕业，无法删除！"（见图 5-90）。

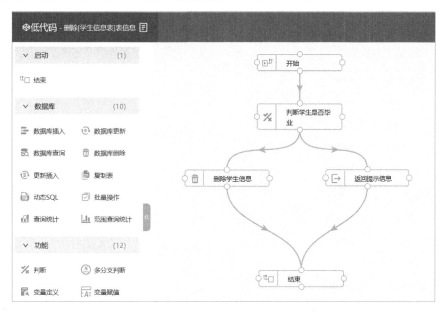

图 5-90　业务逻辑判断

3）变量定义与变量赋值

变量是一个存放数据的内存单元，当定义好一个变量后，将一个值赋给该变量（即将一个值存放到该变量的内存单元中），这个过程叫作"变量赋值"。当管理员需要批量操作数据时，可以将要处理的数据赋值给提前定义好的变量，类似地，当需要循环更新多条数据状态时，就可以使用"变量定义"+"变量赋值"的方式实现（见图 5-91）。

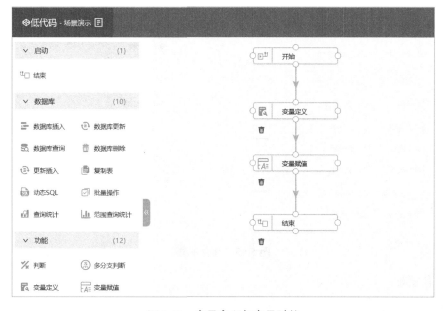

图 5-91　变量定义与变量赋值

4）跨 API 应用

当管理员需要批量将有误的学生信息状态统一修改为"在校"时，首先要将信息有误的学生查询出来，然后批量修改（见图 5-92）。

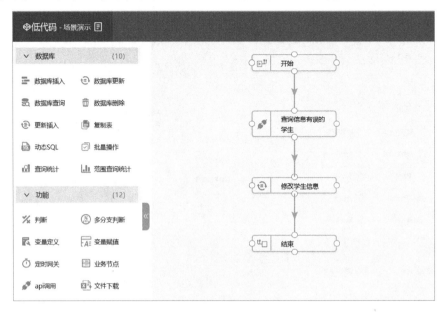

图 5-92　跨 API 应用

5）文件下载

管理员在查询学生信息后，可以在系统中下载学生信息表（见图 5-93）。

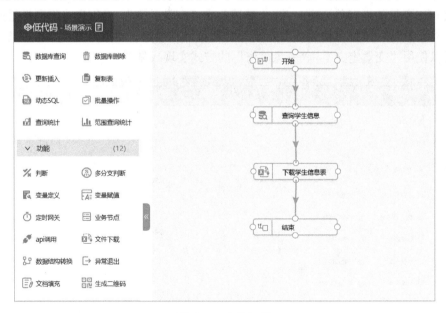

图 5-93　文件下载

6）信息发布

管理员可以向所有用户发布具体放假信息（见图 5-94）。

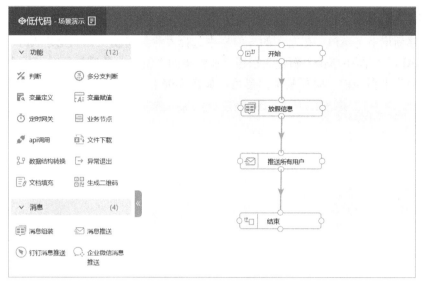

图 5-94 信息发布

5.4.2 业务 API 实践

在校期间，一定会有涉及数据录入、登记的场景，如学生信息登记、教学课程安排、各科成绩录入、各类报名登记、问卷调查等，这些都可以通过业务 API 来实现。本节将通过 "新增学生成绩" "修改学生成绩" "查询学生成绩" "删除学生成绩" 等实操来阐述如何通过低代码平台实现学生成绩的新增、修改、查询、删除等。学生成绩管理系统的功能包含学生成绩的新增、修改、查询、导入、导出、删除等，具体业务需求如图 5-95 所示。

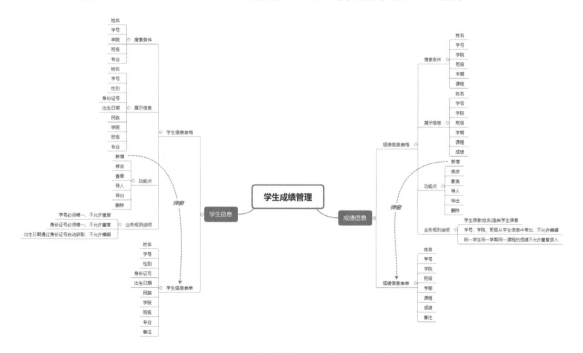

图 5-95 学生成绩管理系统的业务需求

1．新增学生成绩

（1）创建新增业务 API。在左侧的导航栏中选择"业务建模"→"业务 API"命令，在打开的"业务 API"页面中单击"新建"按钮，在弹出的"新建业务逻辑"对话框中创建"新增学生成绩信息"业务 API，填写基本信息后，如图 5-96 所示，单击"确定"按钮提交保存。

图 5-96　创建"新增学生成绩信息"业务 API

（2）在"业务 API"页面中单击"名称"列内的"新增学生成绩信息"，如图 5-97 所示，进入 API 编辑界面，在该界面中，将"数据库插入"与"结束"节点拖入画布，如图 5-98 所示。

图 5-97　单击"新增学生成绩信息"

（3）将节点拖入画布后，将"开始""数据库插入""结束"节点用连接线串联，如图 5-99 所示。

（4）双击"开始"节点，打开"编辑'开始'节点"对话框，如图 5-100 所示。

图 5-98　将节点拖入画布 1

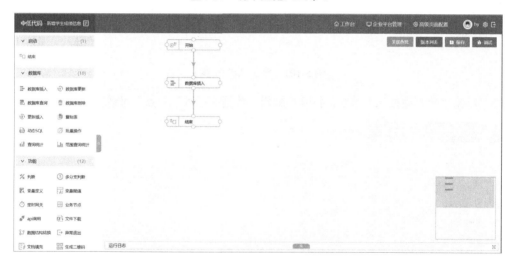

图 5-99　将节点用连接线串联 1

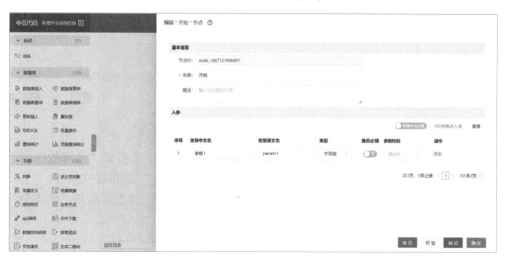

图 5-100　"编辑'开始'节点"对话框 1

（5）定义 API 入参"变量中文名""变量英文名""类型"等，如图 5-101 所示，定义好后单击"确定"按钮提交保存。

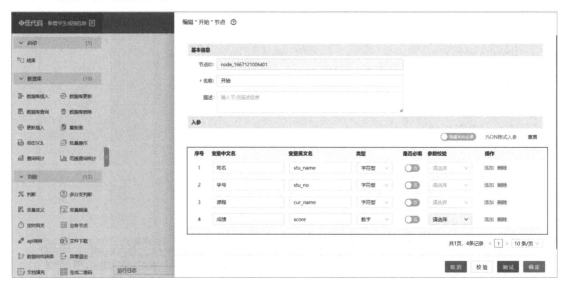

图 5-101　定义 API 入参 1

（6）双击"数据库插入"节点，打开"编辑'数据库插入'节点"对话框，如图 5-102 所示。

图 5-102　"编辑'数据库插入'节点"对话框

（7）在"表"区域的"表"文本框中单击，如图 5-103 所示，会打开"选择数据表"对话框，如图 5-104 所示，在该对话框中选择数据表后，单击"确定"按钮提交保存。

（8）拖动界面右侧的进度条至界面底部，在"字段"区域中，将表字段的"值类型"设置为"入参"，如图 5-105 所示。

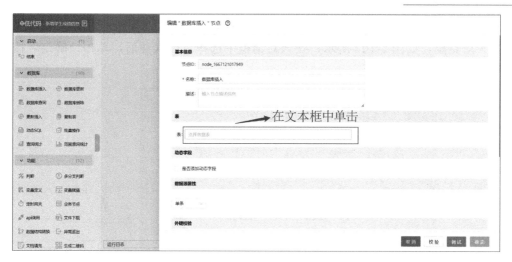

图 5-103 在"表"文本框中单击 1

图 5-104 "选择数据表"对话框

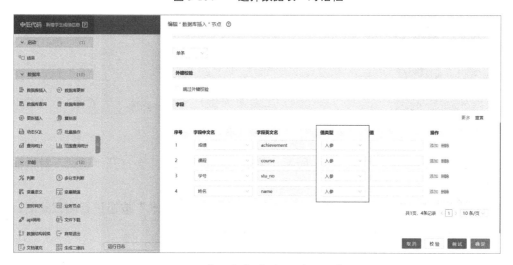

图 5-105 将"值类型"设置为"入参"1

（9）在"字段"区域的"值"列内的文本框中单击，如图 5-106 所示，会打开"请选择入参"对话框，如图 5-107 所示，在该对话框中选择对应入参后，单击"确定"按钮提交保存。

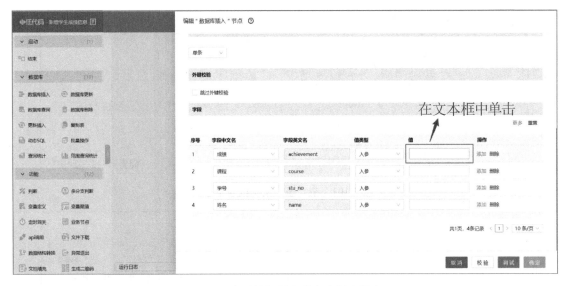

图 5-106　在"值"列内的文本框中单击 1

图 5-107　"请选择入参"对话框 1

（10）设置参数值后，如图 5-108 所示，单击"调试"按钮，会打开"调试"对话框，如图 5-109 所示。

（11）输入参数调试值后，如图 5-110 所示，单击"发起请求"按钮进行测试验证。

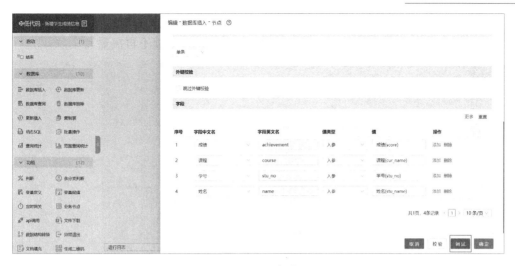

图 5-108　设置参数值后

图 5-109　"调试"对话框 1

图 5-110　输入参数调试值

（12）会弹出"登录 saas"对话框，如图 5-111 所示，输入 SaaS 端的用户名和密码后，单击"确定"按钮进行提交（只有第一次调试需要登录认证，后续不再需要）。

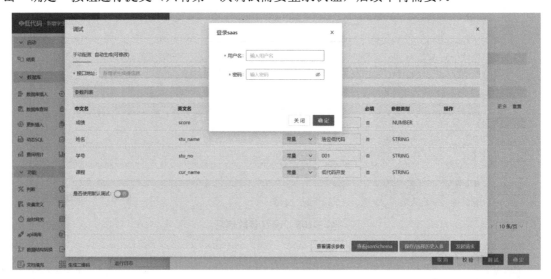

图 5-111　"登录 saas"对话框

（13）提交后，如果界面中出现提示信息"业务请求成功！"，如图 5-112 所示，则表示学生成绩信息新增成功。

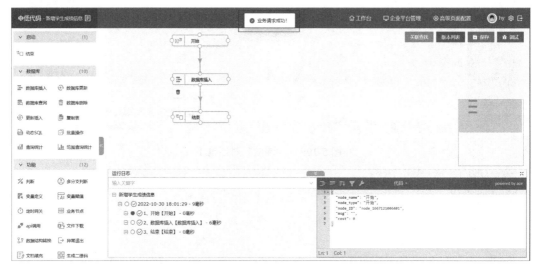

图 5-112　界面中出现提示信息"业务请求成功！"1

2. 修改学生成绩

（1）创建修改业务 API。在左侧的导航栏中选择"业务建模"→"业务 API"命令，在打开的"业务 API"页面中单击"新建"按钮，在弹出的"新建业务逻辑"对话框中创建"修改学生成绩信息"业务 API，填写基本信息后，如图 5-113 所示，单击"确定"按钮提交保存。

（2）在"业务 API"页面中单击"名称"列内的"修改学生成绩信息"，如图 5-114 所示，进入 API 编辑界面，在该界面中，将"数据库更新"与"结束"节点拖入画布。

（3）将节点拖入画布后，将"开始""数据库更新""结束"节点用连接线串联，如图 5-115 所示。

图 5-113　创建"修改学生成绩信息"业务 API

图 5-114　单击"修改学生成绩信息"

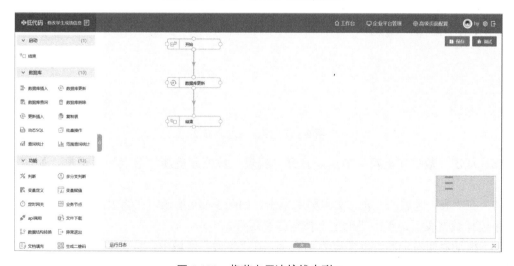

图 5-115　将节点用连接线串联 2

（4）双击"开始"节点，打开"编辑'开始'节点"对话框，如图5-116所示。

图 5-116 "编辑'开始'节点"对话框 2

（5）定义 API 入参"变量中文名""变量英文名""类型"等，如图5-117所示，定义好后单击"确定"按钮提交保存。

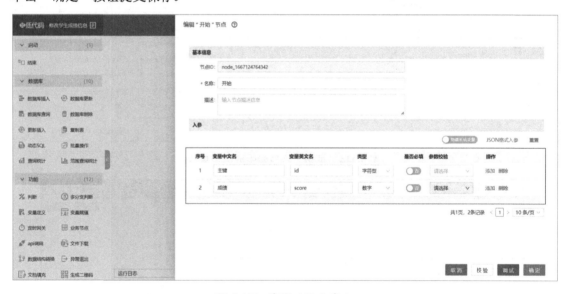

图 5-117 定义 API 入参 2

（6）双击"数据库更新"节点，打开"编辑'数据库更新'节点"对话框，如图5-118所示。

（7）在"表"区域的"表"文本框中单击，如图5-119所示，在弹出的"选择数据表"对话框中选择数据表后，单击"确定"按钮提交保存。

（8）拖动界面右侧的进度条至界面底部，在"字段"区域中，将表字段的"值类型"设置为"入参"，如图5-120所示。

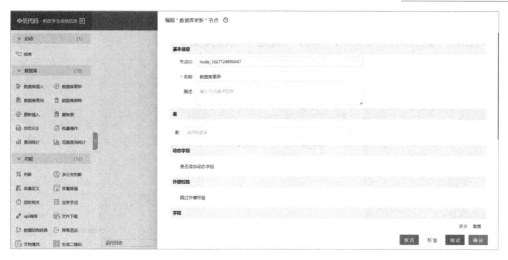

图 5-118　"编辑'数据库更新'节点"对话框

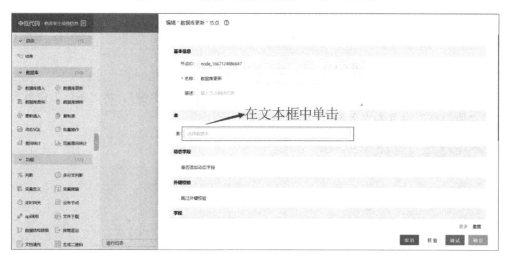

图 5-119　在"表"文本框中单击 2

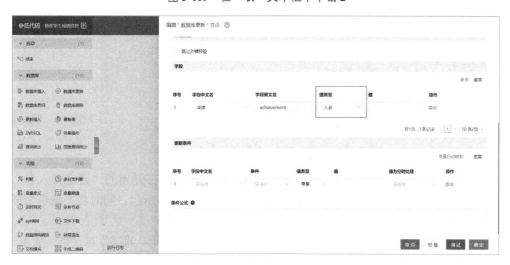

图 5-120　将"值类型"设置为"入参"2

（9）在"字段"区域的"值"列内的文本框中单击，如图 5-121 所示，在弹出的"请选择入参"对话框中选择对应入参后，单击"确定"按钮提交保存。

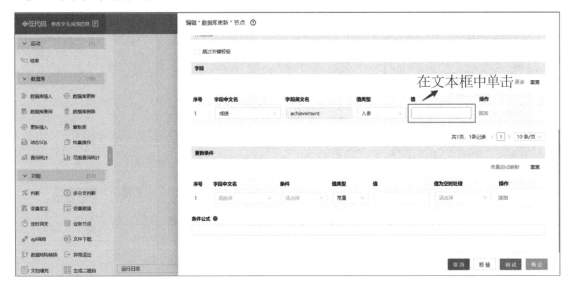

图 5-121　在"值"列内的文本框中单击 2

（10）在"更新条件"区域中，将"字段中文名"设置为"主键"，将"条件"设置为"等于"，将"值类型"设置为"入参"，如图 5-122 所示。

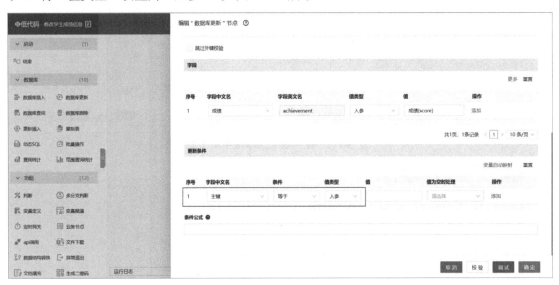

图 5-122　设置更新条件

（11）在"更新条件"区域的"值"列内的文本框中单击，在弹出的"请选择入参"对话框中选择对应入参后，单击"确定"按钮提交保存，如图 5-123 所示，同时将"条件公式"设置为"1"，如图 5-124 所示。

（12）设置参数值与更新条件后，单击"调试"按钮，会打开"调试"对话框，如图 5-125所示。

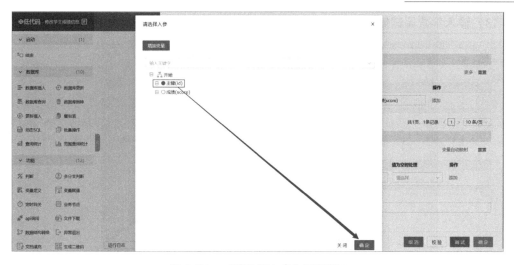

图 5-123　"请选择入参"对话框 2

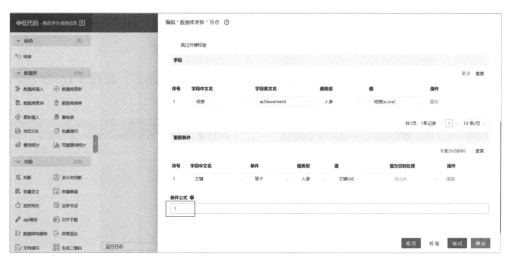

图 5-124　设置条件公式

图 5-125　"调试"对话框 2

（13）输入参数调试值后，单击"发起请求"按钮进行测试验证，如图 5-126 所示。

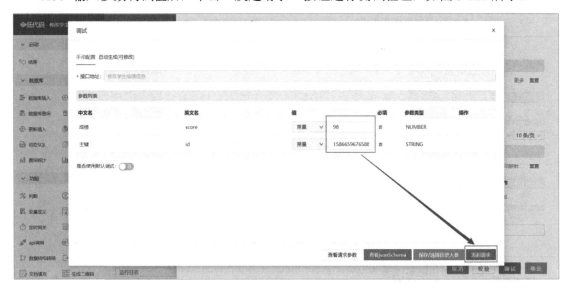

图 5-126　输入参数调试值后进行测试验证

（14）发起请求后，如果界面中出现提示信息"业务请求成功！"，如图 5-127 所示，则表示学生成绩信息修改成功。

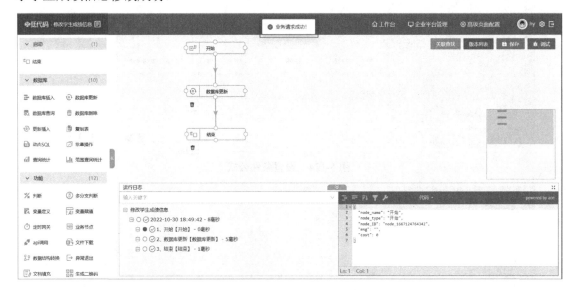

图 5-127　界面中出现提示信息"业务请求成功！"2

3. 查询学生成绩

（1）创建查询业务 API。在左侧的导航栏中选择"业务建模"→"业务 API"命令，在打开的"业务 API"页面中单击"新建"按钮，在弹出的"新建业务逻辑"对话框中创建"查询学生成绩信息"业务 API，填写基本信息后，如图 5-128 所示，单击"确定"按钮提交保存。

（2）在"业务 API"页面中单击"名称"列内的"查询学生成绩信息"，进入 API 编辑界面，在该界面中，将"数据库查询"与"结束"节点拖入画布，如图 5-129 所示。

图 5-128 创建"查询学生成绩信息"业务 API

图 5-129 将节点拖入画布 2

（3）将节点拖入画布后，将"开始""数据库查询""结束"节点用连接线串联。

（4）双击"数据库查询"节点，打开"编辑'数据库查询'节点"对话框。

（5）在"表"区域的"表"文本框中单击，在弹出的"选择数据表"对话框中选择数据表后，单击"确定"按钮提交保存。

（6）拖动界面右侧的进度条至界面中部，在"查询结果字段"区域的文本框中单击，如图 5-130 所示，在打开的"选择表字段"对话框中选择需要查询的字段信息后，单击"确定"按钮提交保存。

（7）单击"调试"按钮，会打开"调试"对话框，在该对话框中单击"发起请求"按钮进行测试验证。

（8）发起请求后，如果界面中出现提示信息"业务请求成功！"，则表示学生成绩信息查询成功。

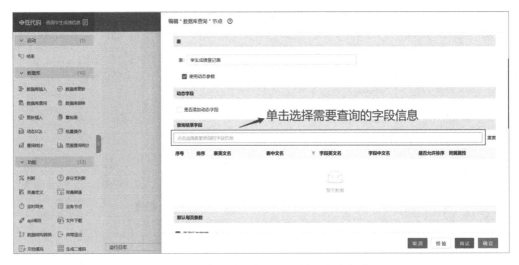

图 5-130　在"查询结果字段"区域的文本框中单击

4．删除学生成绩

（1）创建删除业务 API。在左侧的导航栏中选择"业务建模"→"业务 API"命令，在打开的"业务 API"页面中单击"新建"按钮，在弹出的"新建业务逻辑"对话框中创建"删除学生成绩信息"业务 API，填写基本信息后，如图 5-131 所示，单击"确定"按钮提交保存。

图 5-131　创建"删除学生成绩信息"业务 API

（2）在"业务 API"页面中单击"名称"列内的"删除学生成绩信息"，进入 API 编辑界面，在该界面中，将"数据库删除"与"结束"节点拖入画布。

（3）将节点拖入画布后，将"开始""数据库删除""结束"节点用连接线串联。

（4）双击"开始"节点，打开"编辑'开始'节点"对话框。

（5）定义 API 入参"变量中文名""变量英文名""类型"等，定义好后单击"确定"按钮提交保存。

（6）双击"数据库删除"节点，打开"编辑'数据库删除'节点"界面。

（7）在"表"区域的"表"文本框中单击，在弹出的"选择数据表"对话框中选择数据表后，单击"确定"按钮提交保存。

（8）在"删除条件"区域中，将"字段中文名"设置为"主键"，将"条件"设置为"等于"，将"值类型"设置为"入参"。

（9）拖动界面右侧的进度条至界面底部，在"删除条件"区域的"值"列内的文本框中单击，在弹出的"请选择入参"对话框中选择对应入参后，单击"确定"按钮提交保存，同时将"条件公式"设置为"1"。

（10）设置参数值与删除条件后，单击"调试"按钮，会打开"调试"对话框，输入参数调试值后，单击"发起请求"按钮进行测试验证。

（11）发起请求后，如果界面中出现提示信息"业务请求成功！"，则表示学生成绩信息删除成功。

5.5　流程可视化开发

流程是什么？流程是企业在工作中做事的方法，是各个部门之间协作的规则，流程可以使工作效率更高。通俗来说，流程是指工作事项中的各项活动按照一定的规则顺序进行流转。

流程无处不在，工作中存在很多流程，如一次请假、一次外出、一次货物采购等；生活中也存在很多流程，如一次购物（选择物品→核对购买物品→扫描核价→确认物品及价格→付款）。

5.5.1　流程的概念

无事不流程，流程就是把一项工作或一件事情中的关键活动按照相对合理的顺序转化为这项工作或事情要达到的目的的活动组合。流程活动顺序执行关系图如图 5-132 所示。

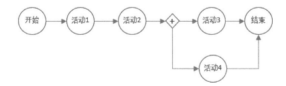

图 5-132　流程活动顺序执行关系图

某项工作/事务从开始到结束，一般情况下需要多个部门、多个岗位、多个人共同协作，将这些环节按照一定的逻辑顺序串联在一起，让事务在流转过程中没有阻碍或减少阻碍，使效率更高。

一个健康的流程设计应该包含 6 个方面：流程建模设计、流程表单设计、流程文件编制、流程消息设计、流程发布、流程运维。流程设计架构如图 5-133 所示。

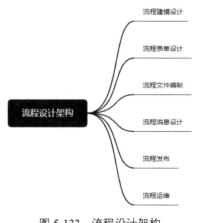

图 5-133　流程设计架构

5.5.2 流程建模设计

流程建模设计中的几个关键节点的概念说明如下。

- 流程的属性管理：一个流程由哪些属性组成。
- 流程节点：即流程中的活动，一个流程有多少个活动。
- 流程逻辑条件：流程的发起、流转、接收需要符合什么样的条件才能够触发。
- 流程数据结构：流程的数据存储结构是怎样的，包含哪些属性信息数据。
- 流程逻辑视图：能够直观地看到流程的运转过程。

1．流程设计入口

进入流程 PaaS 应用配置页面。在左侧的导航栏中选择"工作流程"→"流程列表"命令，打开"流程列表"页面，如图 5-134 所示。

图 5-134   "流程列表"页面

"流程列表"页面中的左侧区域是流程管理的目录树，右侧区域是流程列表。流程列表中各列的内容分别是流程名称、流程模块（指该流程属于左边哪个目录）、流程发布版本、流程当前版本、部署状态、最后修改时间、操作（编辑、删除）。

2．新建流程

任何事物都具有特有的结构化属性来表述这个事物的特征信息，如人具有姓名、年龄、身高、性别等属性。流程同样具有相应的属性来表述一个流程的特征信息。

例如，图 5-135 所示的"新建流程"对话框中的内容为在新建流程时需要设置的流程属性，这些流程属性说明如下。

- 流程名称：描述一个流程的名称。
- 流程编码：流程唯一标识。可以用英文作为编码，如请假流程的编码可以是"Leave_Process_flow"；也可以用其他规则，如请假流程是行政部流程，其编码可以是"XZ01"。

160

- 归属模块：指这个流程归属哪个分类或哪个机构/部门，如请假流程归属行政部。
- 数据源设置：指可以提前定义好流程的数据结构，在进行流程建模时直接调用过来进行试用。也可以在流程建模过程中定义流程的数据结构。

图 5-135　"新建流程"对话框

- 选择终端：指该流程在什么终端设备上使用，是在 PC 设备上使用，还是手机设备上使用，如图 5-136 所示。

图 5-136　选择终端

- 实例文号：指在流程发起实例时自动附加的一些前缀，如请假流程需要自动添加发起部门、年月，则"实例文号"文本框中就配置"{SD}{Y}{M}"，实际案例生成名称是"业务系统一科 202208 请假流程"。

3. 流程设计管理

新建流程后，进入"流程列表"页面，单击"流程名称"列中的流程名称，可以打开"流程编辑器"界面，如图 5-137 所示。

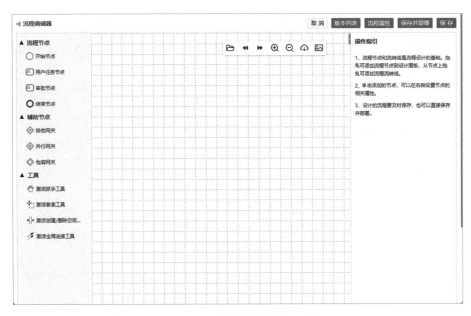

图 5-137 "流程编辑器"界面

"流程编辑器"界面主要由顶部菜单、流程节点组件、流程画布及流程节点属性管理面板四大部分组成。

1）顶部菜单

- 版本列表：指对历史版本进行恢复或删除。
- 流程属性：指对流程属性信息进行查看、修改，页面等同图 5-135 所示的"新建流程"对话框。
- 保存：指对当前的配置进行保存，但是不发布，不发布就是指用户无法使用当前版本。
- 保存并部署：指对当前新建或修改后的流程进行保存，并发布给用户使用。

2）流程节点组件

（1）流程节点。流程节点就是流程活动，正常流程都由一个开始节点和多个活动节点及一个或多个结束节点组成。例如，图 5-138 所示为流程活动图。

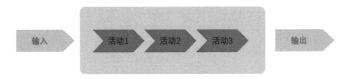

流程至少有一个输入 和 一个输出

图 5-138 流程活动图

输入就是开始节点，输出就是结束节点。

目前常规的流程管理系统含有两种类型的活动节点：一种是用户任务节点，另一种是审批节点。用户任务节点是指用户在该阶段需要做一系列任务来满足该节点的要求的流程节点；审批节点是指对前面已经完成的任务进行审批的流程节点，审批也是一种任务。

（2）辅助节点。辅助节点属于流程进阶部分，主要有三大功能：排他网关、并行网关、包容网关。

① 排他网关：指一个节点完成任务后向后转交时存在多个任务节点接收该节点，但是只能选择其中符合条件的一个（唯一一个）节点。例如，在如图 5-139 所示的请假流程中，部门经理审批完成以后，使用了一个排他网关，后面有 3 个活动节点："总监审批"节点、"区域总监审批"节点和"行政部备案"节点，用了排他网关，那么只能三选一。

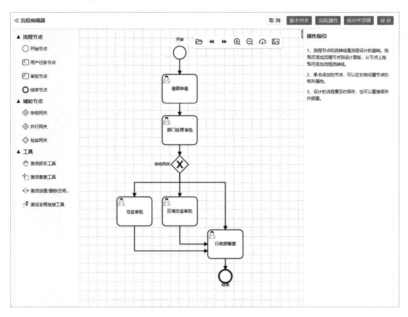

图 5-139　请假流程

② 并行网关：同样是一个活动节点完成任务后向后转交时存在多个任务节点接收该节点，但是必须同时转交给所有节点。例如，正常进行产品询价比价时需要多人同时参与询价，如图 5-140 所示的某公司产品询价比价流程要求必须三人询价才有效，"产品询价"活动节点后配置了并行网关，那么必须同时转交给后面的 3 个活动节点。

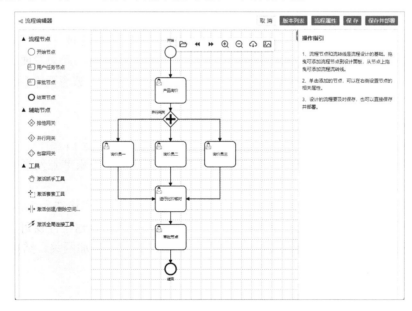

图 5-140　某公司产品询价比价流程

③ 包容网关：包容就是有可活动的空间，因此包容网关既不会像排他网关那样必须只能选择一个节点，也不会像并行网关那样必须选择所有节点才行。包容网关就是对后面的节点进行 $1 \sim N$ 的选择，可以是单选，也可以是多选，还可以是全选，如图 5-141 所示的某公司产品寻源流程。

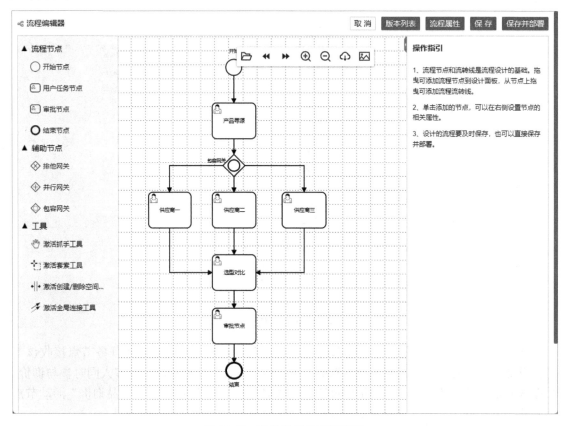

图 5-141　某公司产品寻源流程

在发起寻源流程后，一个产品型号既可能有多个供应商，也可能只有一个供应商。例如，某品牌手机在刚上市时只有一个网上营销入口，不存在多个供应商，后来发展到除了自身营销官网，京东、天猫等平台都在销售，这时就可以选择一个供应商，或者两个供应商，或者三个供应商，或者更多供应商。

3）流程画布

流程画布（见图 5-142 中的红色框区域）是绘制流程图的工作窗口。

前面讲了流程由一个开始节点、多个活动节点、一个或多个结束节点及活动节点之间带箭头的连线组成。

基本操作是从流程节点组件中拖曳出各类活动节点，然后将它们连在一起组合成流程图。

单击选中任意一个节点，会自动弹出如图 5-143 所示的浮窗，这个浮窗可以用来对当前节点的后面是否添加新活动节点进行操作，如增加下一个节点、增加网关、结束流程等。

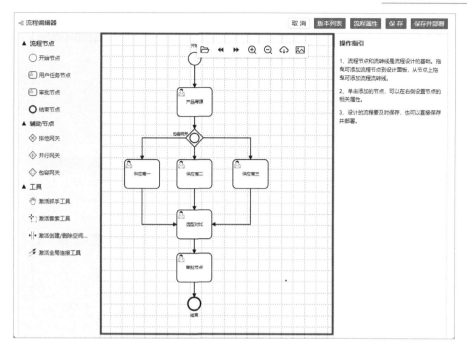

图 5-142　流程画布

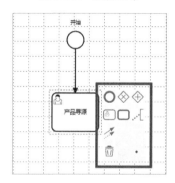

图 5-143　节点操作浮窗

- 圆圈〇：指结束节点，表示流程结束或流程分支结束。
- 菱形+叉号◇：指排他网关，当一个节点后存在多个选中节点活动时，需要进行唯一选中。
- 菱形+加号◇：指并行网关，当一个节点后存在多个选中节点活动时，需要全部选中。
- 圆角矩形+人形图标：指活动节点。
- 粗边圆角矩形□：指子流程活动节点，可以触发一个其他流程或附属流程（这个流程是独立存在或关联存在的）。
- 斜虚线+单边方括号：指备注说明。
- 斜箭头：指活动节点之间的连线。
- 删除：指删除这个活动节点或连线。

4）流程节点属性管理面板

图 5-144 所示的流程节点属性管理面板包括以下内容。

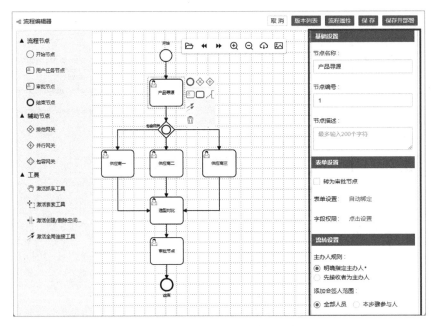

图 5-144　流程节点属性管理面板

- 节点名称：指节点的属性名称，同样指流程实例中的节点名称。
- 节点编号：每个节点都有一个唯一编号，这个编号是自动生成的，不能更改。
- 节点描述：指在对该节点的详细说明。
- 表单设置：指发起流程实例时需要填写的表单，流程表单的配置方法可以参考学习 5.2 节的内容。这里主要说明字段权限设置，如图 5-145 所示。

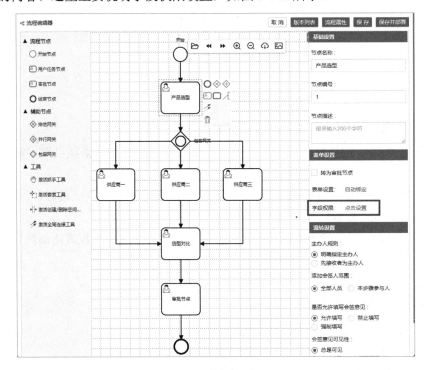

图 5-145　字段权限设置

在流程节点属性管理面板的"表单设置"区域中，单击"字段权限"右侧的"点击设置"按钮，会打开"字段权限设置"对话框，如图 5-146 所示，在该对话框中可以对流程所有节点的字段进行设置，设置的范围有编辑权限、显示权限、必填权限。

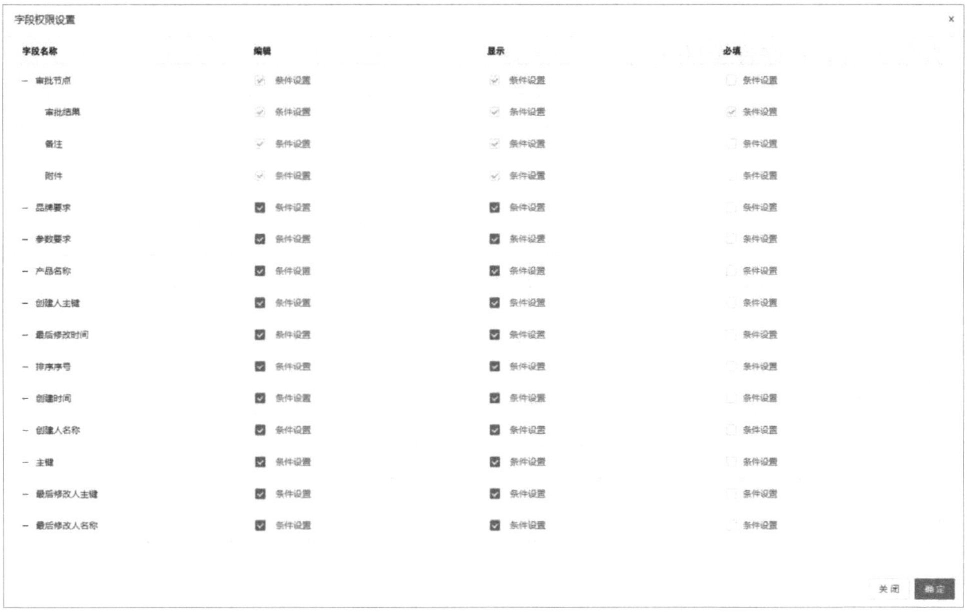

图 5-146　"字段权限设置"对话框 1

由图 5-146 可知，每个字段右侧的"编辑"列和"显示"列中均有一个"条件设置"复选框，举一个简单的例子，供应商报价在没有审批通过之前，供应商名称这个字段是看不见/不显示的，只有供应商报价审批通过后，才能看到这个报价是哪个供应商的，因此需要设置供应商名称字段的显示条件必须是报价审批通过。例如，勾选图 5-146 所示"字段权限设置"对话框的"审批结果"右侧"编辑"列或"显示"列中的"条件设置"复选框，并单击"条件设置"，在弹出的如图 5-147 所示的"条件设置"对话框中进行设置即可。

图 5-147　"条件设置"对话框

需要注意的是，每个节点都可以独立设置字段权限，如果某个字段不设置任何条件，则默认所有节点都可以看到该字段。

- 流转设置：流转设置是指当前节点办理完成后向后转出时需要设置一些属性，如转交给哪个节点、需要哪些人会签一些意见、转交后的节点能不能回退等。图 5-148 所示为流程节点转交设置的内容。

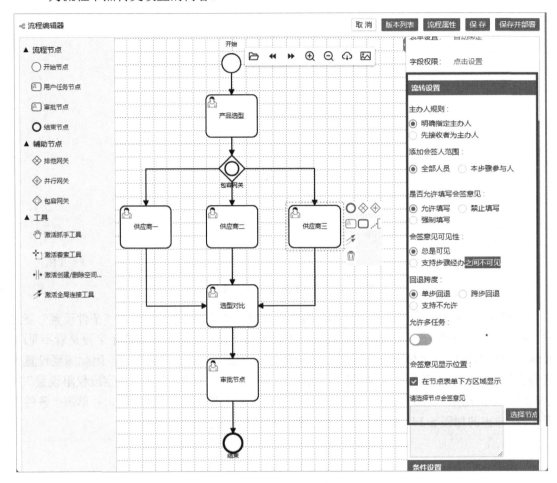

图 5-148　流程节点转交设置的内容

4. 流程逻辑条件设计

流程逻辑条件是指流程节点之间的流转必须满足的条件。例如，在请假流程中的"部门经理审批"节点，必须将条件设置为"同意"才可以转出这个节点；对于"高管层审批"节点，满足"请假天数超过 5 天"条件的请假申请才可以到达该节点，这个就是转入条件。流程中的逻辑条件可以组合使用。

先选中要设置转出条件的节点，比如选中"部门经理审批"节点，如图 5-149 所示，然后在右侧流程节点属性管理面板的"表单设置"区域中，单击"字段权限"右侧的"点击设置"按钮，在弹出的如图 5-150 所示的"字段权限设置"对话框中对转出条件进行设置。

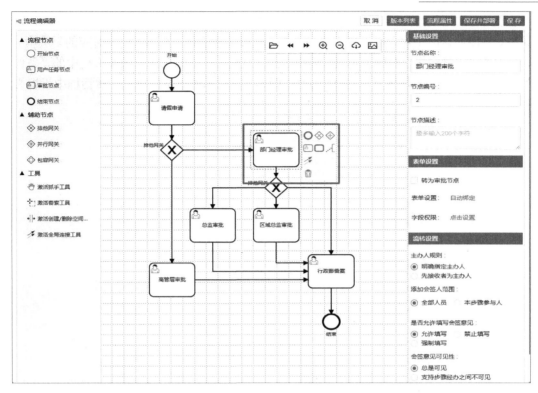

图 5-149 选中要设置转出条件的节点

图 5-150 "字段权限设置"对话框 2

在图 5-150 所示的"字段权限设置"对话框中可以对全流程的所有字段设置编辑和显示的条件。字段的转出条件一般设置为必填，即勾选该字段右侧"必填"列中对应的复选框。例如，先勾选"审批结果"右侧"必填"列中对应的复选框，然后勾选"编辑"列中的"条件设置"复选框并单击"条件设置"，在弹出的如图 5-151 所示的"条件设置"对话框中设置必填条件即可。

图 5-151　设置必填条件

条件公式指用 and、or 或括号将多个条件连接起来的公式。条件与逻辑运算符之间要有空格，如"[1] and ([2] or [3]) or [4]"，其中公式里的"1"、"2"、"3"和"4"是指下面条件列表中的序号。

图 5-151 所示的"条件设置"对话框中设置的条件是指当该节点内的"审批结果"字段的值等于"同意"时才可以转出到后面的节点。

由图 5-149 可知，"部门经理审批"节点后面有"总监审批"、"区域总监审批"和"行政部备案"这 3 个接收节点，那么请假申请该转交给哪个节点呢？这时就要设置转入条件，即设置当满足什么条件时请假申请就可以转入"总监审批"节点、当满足什么条件时请假申请就可以转入"区域总监审批"节点、当满足什么条件时请假申请就可以转入"行政部备案"节点。

转入条件设置在与转入节点连接的连接线上。先选中要设置转入条件的连接线，此时该连接线处会出现一个蓝色的虚线边框，然后在右侧流程节点属性管理面板的"条件设置"区域中可以设置流向线名称和流向条件，如图 5-152 所示。单击"流向条件"区域中的"点击配置"按钮，在弹出的如图 5-153 所示的"条件设置"对话框中设置转入条件即可。

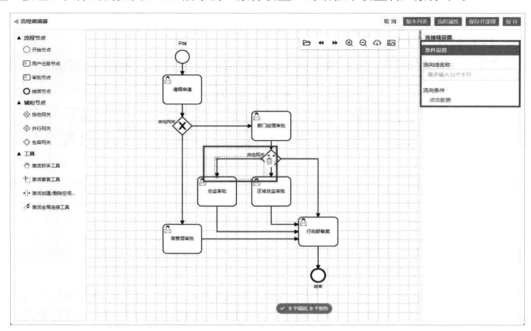

图 5-152　选中要设置转入条件的连接线

图 5-153　设置转入条件

在图 5-153 所示的"条件设置"对话框中设置的条件（申请天数大于 3 天且申请人所在部门不包含"区域"二字）是"部门经理审批"节点的转出条件与"总监审批"节点的转入条件。

5. 流程数据结构设计

流程数据结构设计是指流程的数据在数据库中的存储结构设计，如表 5-3 所示。

表 5-3　流程数据结构设计

字段名称	字段编码	字段类型	字段长度	是否唯一	是否必填	数据类型	小数位	关联字典	外键

流程数据结构设计有以下两种方式：

（1）在系统"数据建模"中设计。操作方法参照数据架构设计。在完成流程数据结构设计后，单击"流程编辑器"界面顶部菜单中的"流程属性"按钮（见图 5-137），在打开的页面中可以进行绑定使用。

（2）可以在流程中创建数据表。在新建流程时，在"新建流程"对话框的"数据源设置"文本框（见图 5-135）中单击，会打开"数据源设置"对话框，单击该对话框右上角的"更多"下拉按钮，在弹出的下拉菜单中选择"添加字段"命令，如图 5-154 所示，在弹出的如图 5-155 所示的"新增字段"对话框中设置要添加的字段的信息。

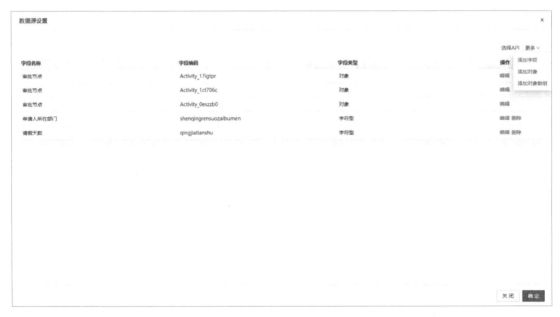

图 5-154　选择"添加字段"命令

图 5-155 "新增字段"对话框

在添加完字段后,就可以在流程的各个节点上选择对应的操作字段。

5.5.3 流程文件编制

流程文件是针对流程模板的定义、填写规范、流程图、工作标准的规范化说明文件,是对流程能否有效执行的指导性说明文件。

1. 流程文件的规范

编制流程文件通常需要遵循流程定义、流程内容、流程图、工作标准等规范。

1)流程定义

这里的流程定义不是指什么是流程,而是指该流程模板是做什么的,如《请假流程》《人事调动流程》等。例如,关于公司请假流程是怎么定义的。

2)流程内容

流程内容主要包括对工作事项/活动进行的策划的所有内容,即管理中通常讲的"5W1H"。

- When:指流程的起因、流程发起的条件,以及输入的数据是什么。
- Who:指流程中涉及的人员,如谁发起、谁批准、谁执行等。
- What:指流程要解决什么问题、完成什么工作、需要什么条件,以及项目顺序是什么。
- Where:指流程执行过程中需要哪些环境、资源支持流程的顺利执行。
- Why:指流程是否达到了结果、流程目标有没有达成。
- How:指流程中所需完成的各项内容的标准。

流程内容的呈现可以分为两大部分：流程图、工作标准。

3）流程图

流程图由工作步骤、职责职能、工作内容这 3 部分组成。图 5-156 所示为流程图的组成。

图 5-156　流程图的组成

流程图常见图标的含义说明如下。

- 椭圆形图标⬭：一般表示流程的开始或结束。例如，图 5-157 所示的请假流程图中的开始节点和结束节点放置该图标，流程至少有一个开始节点和一个结束节点，也可能存在多个开始节点或多个结束节点。

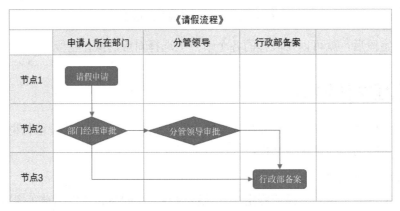

图 5-157　请假流程图

- 矩形图标▭：表示流程的过程节点。
- 菱形图标◇：表示流程中的判断/审批环节。例如，图 5-157 中的"部门经理审批"节点和"分管领导审批"节点都是用菱形图标表示的。
- 流程连接线⟶：也叫流程走线连接线、流程路径连接线，表示流程节点之间的走向。

流程图中还有很多图标，在此不做详细介绍。想要了解流程图中图标的含义，可以查看 BPMN 相关资料。

4）工作标准

工作标准格式及内容如表 5-4 所示。

表 5-4 工作标准格式及内容

《XXX 流程》工作标准				
流程节点	流程工作内容	时长	重要输入	重要输出
节点 1	流程执行的依据	0.5 天	必填内容	满足下一个节点的信息要求
	工作节点操作内容标准			
	关键控制数据点			
	流程输出的标准			
节点 2				
节点 3				
......				

2．流程文号设计

流程文号是指在发起流程实例时，流程实例的名称的前缀或后缀的内容由系统自动组成内容部分。例如，在发起流程实例时，发起人、发起时间、特殊的自动计数号、部门等信息会自动拼接到流程实例的名称中。

可以通过设置流程属性的方式来设置生成流程文号的表达式，如图 5-158 所示。

1）文号内容组成的表达式的常见参数

- {Y}：表示年。
- {M}：表示月。
- {D}：表示日。
- {H}：表示时 。
- {I}：表示分 。
- {S}：表示秒。
- {F}：表示流程名称。
- {U}：表示用户名称。
- {R}：表示角色名称。
- {FS}：表示流程分类名称。
- {SD}：表示短部门。
- {LD}：表示长部门 。
- {RUN}：表示流水号。
- {N}：表示编号，通过编号计数器取值并自动增加计数值。
- {NY}：表示编号，每过一年编号重置一次。
- {NM}：表示编号，每过一月编号重置一次。

例如，表达式为"成建委发[{Y}]{N}号"，同时设置自动编号的显示长度为 4，则自动生成的文号为"成建委发[2006]0001 号";表达式为"BH{N}",同时设置自动编号的显示长度为 3,则自动生成的文号为"BH001";表达式为"{F}流程({Y}年{M}月{D}日{H}:{I}){U}",则自动生成的文号为"请假流程(2006 年 01 月 01 日 10:30)张三"。

也可以不填写文号表达式,则系统默认按照"请假流程(2006-01-01 10:30:30)"格式自动生成文号。

2)编号计数器说明

编号计数器用于表达式编号标记。

3)编号位数说明

编号位数为 0 表示按照实际编号位数显示。

图 5-158　设置生成流程文号的表达式

5.5.4　流程表单设计

流程表单设计在此不做详细介绍,具体设计参考学习 5.2 节的内容。

5.5.5　流程消息设计

在一般情况下,流程中的参与人员(特别是管理者)不可能时时刻刻守候在计算机或系统旁边，等待流程任务的到来。很多时候，参与人员都是在收到系统的消息提醒后才会登录系统处理相关任务，跨部门任务更是如此；或者参与人员定时查看一下，如早上刚上班时、下午下班时，中间时间段很少去关注是否有流程任务到来。这样就会导致很多短时限的流程任务处理不及时、延期等，从而造成不必要的损失。

1．消息提醒设置

消息提醒一般分为即时消息和定时消息。即时消息就是发出人发出消息后，接收人马上就能收到（这个时间是除去通信延时情况的），定时消息就是在某个时间点或按照某种规则计算得出的时间点发出的消息（如在任务结束前 2 小时提醒一次、在某个任务开始后 1 小时提醒、超时提醒等都是按照某种规则计算出的时间点）。

流程消息提醒是对事务、活动的提醒，所以消息提醒是设置在流程节点上的，如图 5-159 所示。

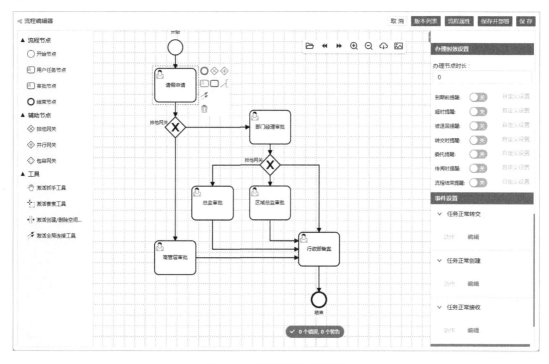

图 5-159　流程消息提醒设置

选中某个节点，在右侧流程节点属性管理面板的"办理时效设置"区域中共有以下 7 种类型的提醒。

- 到时前提醒：例如，某个节点办理时长 3 小时，设置提前 1 小时提醒一次。
- 超时提醒：例如，计算得出某个节点下午 4 点过期，时间过了下午 4 点提醒主办人流程超时。
- 被退回提醒：例如，请假流程提交给部门经理审批，不同意被退回来了，提醒流程被退回。
- 转交时提醒：例如，请假流程填写完成后提交给部门经理审批，提交后系统会马上提醒部门经理有请假流程要审批。

- 委托提醒：例如，审批请假流程的部门经理这几天外出学习，就可以把请假流程委托给部门副经理审批。
- 传阅时提醒：例如，请假流程虽然是部门经理审批，但是也要部门副经理知道谁请假，请假时可以传阅给部门副经理，部门副经理不用做任何事情，只要知道这个流程就可以。
- 流程结束提醒：流程结束时提醒流程结束。

2. 消息提醒内容格式设计

消息提醒的内容非常重要。接收到消息提醒的人看到消息提醒后应能马上清楚地知道是什么事情，因此消息提醒的内容不能过长，应该言简意赅。例如，小五 2022-9-8 15：00-18：00 因家里有事，请假 3 小时。

消息提醒内容的设置方法是：选中要设置消息提醒内容的节点，在右侧流程节点属性管理面板的"办理时效设置"区域中，将要设置的对应消息提醒打开后，单击右侧的"自定义设置"按钮，在弹出的"提醒设置"对话框中可以设置消息提醒的内容，如图 5-160 所示。

图 5-160　"提醒设置"对话框

（1）提醒方式包括站内通知（系统内通知）、企业微信、钉钉、邮件。
（2）提醒对象包括流程发起人、待办节点主办人。
（3）提醒内容由文字部分和变量部分组成。
（4）提醒时间设置如图 5-161 所示。

图 5-161　提醒时间设置

（5）提醒规则包括"本步骤接收后开始计时"和"上步骤转交后开始计时"。

- 本步骤接收后开始计时：例如，请假流程中的"部门经理审批"节点的办理时限为 4 小时，如果 9 月 5 日早上 9 点提交到该节点，只要主办审批任务人不单击该流程的"办理"操作，计时就不会开始。什么时候单击该流程的"办理"操作，就什么时候开始计时，限期 4 小时。

- 上步骤转交后开始计时：例如，请假流程中的"部门经理审批"节点的办理时限为 4 小时，如果 9 月 5 日早上 9 点提交到该节点，只要上一个节点提交了，则无论主办审批任务人是否单击该流程的"办理"操作，计时都会开始。

这两个规则主要应用于节点办理时限会不会超时的场景。

5.5.6 流程权限设计

流程权限主要关系到流程使用人是否能正常使用流程，流程是否能正确高效流转，流程的数据是否能安全保存、查阅，当流程异常时是否能及时纠正。流程权限设计是否合理，将直接影响业务过程的正常运转。

流程权限包括流程发起权限、流程节点办理权限、流程实例管理权限、流程查询权限等。

- 流程发起权限：只有具有流程发起权限的人才能够发起流程。

- 流程节点办理权限：流程节点办理权限主要针对节点活动特性来设置，比如部门经理审批，只有部门经理角色才有权限。

- 流程实例管理权限：指当流程出现异常执行时或当流程实例数据运维时的一些特殊角色（如流程管理员等）拥有的权限，具体内容将在 5.5.8 节进行详细介绍。

- 流程查询权限：流程查询涉及流程数据信息安全，涉及敏感数据的流程查询权限设计会更加严谨。

1．设置流程发起权限

流程权限在应用 SaaS 端设置。进入系统后，在左侧的"功能列表"列表框中选择"流程中心"下的"流程设置"，在打开的"流程设置"页面的左侧区域中选择"流程中心"，在右侧的流程列表中找到要设置权限的流程的名称，在该流程名称所在行右侧的"操作"列中单击"流程权限"按钮，流程权限设置路径如图 5-162 所示，在弹出的"流程权限设置"对话框中即可对流程发起权限进行设置，如图 5-163 所示。

2．设置流程节点办理权限

进入系统后，在左侧的"功能列表"列表框中选择"流程中心"下的"流程设置"，在打开的"流程设置"页面的左侧区域中选择"流程中心"，在右侧的流程列表中找到要设置权限的流程的名称，在该流程名称所在行右侧的"操作"列中单击"更多"下拉按钮，在弹出的下拉菜单中选择"主办/会签设置"命令，如图 5-164 所示，在弹出的"主办人会签人设置"对话框中即可对流程节点办理权限进行设置，如图 5-165 所示。

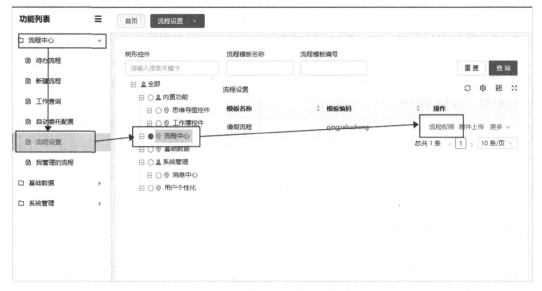

图 5-162　流程权限设置路径

图 5-163　设置流程发起权限

图 5-164　选择"主办/会签设置"命令

图 5-165   设置流程节点办理权限

3. 设置流程实例管理权限

在"流程设置"页面内右侧的流程列表中找到要设置权限的流程的名称，在该流程名称所在行右侧的"操作"列中单击"流程权限"按钮，在弹出的"流程权限设置"对话框中选择"流程实例管理权限"选项卡，如图 5-166 所示，即可对流程实例管理权限进行设置。其中，管理权限分为查看权限、管理权限、监控权限。针对这 3 个权限设置管理范围。设置管理范围就是设置对哪些用户、角色、机构（部门）的数据进行管理。

图 5-166   设置流程实例管理权限

4. 设置流程查询权限

在"流程权限设置"对话框中选择"流程高级查询权限"选项卡，如图 5-167 所示，即可对流程查询权限进行设置。设置流程查询权限就是设置哪些用户、角色、机构（部门）可以对该流程进行查询。系统默认流程发起人可以查询自己发起的流程的数据，其他用户、角色、机构（部门）如果想要查询某个流程，则需要具有流程查询权限，即在图 5-167 所示的选项卡中被赋予流程查询权限。

图 5-167　设置流程查询权限

5.5.7　流程发布

1. 流程发布简介

在流程设计完成后，流程发布环节必不可少，没有发布的流程是不能投入使用的。流程发布是指将流程正式部署到客户端，让用户可以通过该流程模型发起或办理对应的业务场景。

进入"流程编辑器"界面，如图 5-168 所示，单击该界面右上角的"保存并部署"按钮即可一键发布流程。

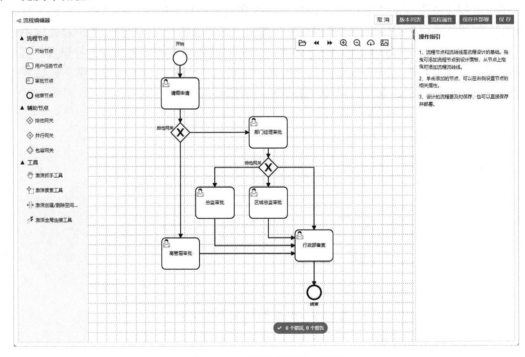

图 5-168　"流程编辑器"界面

2. 发布测试

在流程发布前，要完成流程实例的模拟测试，组织流程中各个环节的实际业务用户进行模拟测试，测试通过后，按照权限配置，配置流程的发起人，正式投入使用。

5.5.8 流程运维

1. 流程实例管理

流程实例管理是指对流程发布后流程产生的实际业务流程实例数据进行管理，主要包括对数据进行查询、删除、回退、强制转交、结束、提醒等操作。例如，图 5-169 所示为请假申请的流程实例。

图 5-169 请假申请的流程实例

2. 流程运维管理

流程运维管理包括委托、回退、终止、删除等操作，如图 5-170 所示。

流水号	流程名称	流程模板	发起用户	当前节点	开始时间	结束时间	办理用户	流程状态	操作
101824	调休HYZB、调休申请流程(2022-10-	调休申请流程		第3步-组长审批	2022-10-12 12:21:16			运行中	流程日志 委托 回退 终止 删除 详情
101762	调休HYZB、调休申请流程(2022-10-	调休申请流程		第6步-课长审批	2022-10-12 09:26:05	2022-10-12 13:56:31		已结束	流程日志 详情
101712	1012调休HYZB、调休申请流程	调休申请流程		第3步-组长审批	2022-10-11 20:46:49			运行中	流程日志 委托 回退 终止 删除 详情
101504	苏康麟HYZB、调休申请流程(2022-	调休申请流程		第3步-组长审批	2022-10-11 10:13:32			运行中	流程日志 委托 回退 终止 删除 详情
101496	卢志鹏HYZB、调休申请流程(2022-	调休申请流程		第6步-课长审批	2022-10-11 09:55:38	2022-10-11 20:43:06		已结束	流程日志 详情
101485	10月14至17号HYZB、调休申请流程	调休申请流程		第3步-组长审批	2022-10-11 09:36:28			运行中	流程日志 委托 回退 终止 删除 详情
101404	调休申请HYZB、调休申请流程	调休申请流程		第3步-课长审批	2022-10-10 19:25:17	2022-10-10 20:50:50		已结束	流程日志 详情
101384	10.11调休HYZB、调休申请流程	调休申请流程		第3步-组长审批	2022-10-10 16:25:19			运行中	流程日志 委托 回退 终止 删除 详情
101340	000HYZB、调休申请流程(2022-10-	调休申请流程		第1步-申请人填写	2022-10-10 13:50:47			运行中	流程日志 委托 回退 终止 删除 详情
101304	调休HYZB、调休申请流程(2022-10-	调休申请流程		第6步-课长审批	2022-10-10 10:25:47	2022-10-10 17:26:52		已结束	流程日志 详情

图 5-170 流程运维管理

- 委托：流程运维管理主要对流程实例在流转过程中出现的异常情况进行处理，假设流程已经转交到某个节点的主办人那里，但是该节点的主办人没有时间处理，这时流程运维人员可以进行授权强制干预，进行流程"委托"处理，即将流程委托给该节点的主办人指定的人去处理。

- 回退：有时流程转交出去后，转交人发现填写的流程数据有误，需要退回，退回可以找下一个节点的主办人处理，但是有时会出现主办人暂时忙而无法处理的情况，这时流程运维人员可以强制流程退回上一个节点。
- 终止：指对一些还未执行完毕但其所涉及的事务却不需要往后进行的流程进行终止处理。
- 删除：指对一些测试流程或不需要的流程数据进行删除处理。

由于流程运维权限通常对流程实例数据具有绝对高的操作权限，因此为了保证流程实例数据的安全，要求具有流程运维权限的用户必须懂得流程管理规范，只有懂得流程管理规范的用户才可以被授予流程运维权限。

5.6 物模型

5.6.1 物模型基本概念

1. 什么是物模型

物模型是指对现实世界物理空间中的实体进行数字化抽象表示的数据模型，而在物联网中，物模型通常指那些能接入物联网并拥有特定功能的智能设备（如智能空调、智能台灯、智能洗衣机、智能电视等）的数字化抽象表示数据模型。物模型从属性、服务、事件这 3 个角度分别描述了该实体是什么、能做什么、可以对外上报哪些信息。在物联网中，通常将具有相同特定功能的实体（设备）称为产品，例如，小米智能电视盒子 4s 是一款产品，可以对其进行数字化抽象，定义出物模型，来描述它是什么、能做什么、可以对外上报哪些信息等。在浩云物联网平台中，统一以产品的维度定义物模型，先定义出产品，再针对该产品定义其物模型。

2. 浩云物模型

浩云物模型是对具有相同特定功能的设备集合（产品）进行数据化抽象定义的数据模型，其由属性、服务、事件组成，以便各方用统一的语言描述、控制、理解产品功能。浩云物模型结合浩云物联网平台，将物联网应用开发、设备开发连接起来，并且统一通过物模型进行沟通，提高沟通效率。使用物模型接入浩云物联网平台，简化了应用接入和硬件设备开发及接入的流程，同时可以更好地支持设备的扩展。

1）浩云物模型规范（物模型 TSL 字段说明）

```
{
    "schema": "物模型结构定义的访问 URL",
    "profile": {
        "productKey": "当前产品的 ProductKey"
    },
    "properties": [
        {
            "identifier": "属性唯一标识符（产品下唯一）",
            "name": "属性名称",
```

```
            "accessMode": "属性读写类型：只读（r）或读写（rw）",
            "required": "是否是标准功能的必选属性，true or false",
            "dataType": {
                "type": "属性类型：int（原生）、float（原生）、double（原生）、text（原
生）、date（String 类型 UTC 毫秒）、bool（0 或 1 的 int 类型）、enum（int 类型，枚举项定义方法与
bool 类型定义 0 和 1 的值方法相同）、struct（结构体类型，可包含前面 7 种类型，下面使用 specs:[{}]
描述包含的对象）、array（数组类型，支持 int、double、float、text、struct 类型数据）",
                "specs": {
                    "min": "参数最小值（int、float、double 类型特有）",
                    "max": "参数最大值（int、float、double 类型特有）",
                    "unit": "属性单位（int、float、double 类型特有，非必填）",
                    "unitName": "单位名称（int、float、double 类型特有，非必填）",
                    "size": "数组元素的个数，最大个数为 512（array 类型特有）",
                    "step": "步长（text、enum 类型无此参数）",
                    "length": "数据长度，最大长度为 10240 字节（text 类型特有）",
                    "0": "0 的值（bool 类型特有）",
                    "1": "1 的值（bool 类型特有）",
                    "item": {
                        "type": "数组元素的类型（array 类型特有）"
                    }
                }
            }
        }
    ],
    "events": [
        {
            "identifier": "事件唯一标识符（产品下唯一）",
            "name": "事件名称",
            "desc": "事件描述",
            "type": "事件类型（info、alert、error、propertyInfo）",
            "required": "是否是标准功能的必选事件，true or false",
            "outputData": {
                "dataType": {
                    "type": "属性类型：int（原生）、float（原生）、double（原生）、text
（原生）、date（String 类型 UTC 毫秒）、bool（0 或 1 的 int 类型）、enum（int 类型，枚举项定义方法
与 bool 类型定义 0 和 1 的值方法相同）、struct（结构体类型，可包含前面 7 种类型，下面使用 specs:[{}]
描述包含的对象）、array（数组类型，支持 int、double、float、text、struct 类型数据）",
                    "specs": {
                        "min": "参数最小值（int、float、double 类型特有）",
                        "max": "参数最大值（int、float、double 类型特有）",
                        "unit": "属性单位（int、float、double 类型特有，非必填）",
                        "unitName": "单位名称（int、float、double 类型特有，非必填）",
                        "size": "数组元素的个数，最大个数为 512（array 类型特有）",
                        "step": "步长（text、enum 类型无此参数）",
                        "length": "数据长度，最大长度为 10240 字节（text 类型特有）",
                        "0": "0 的值（bool 类型特有）",
                        "1": "1 的值（bool 类型特有）",
                        "item": {
                            "type": "数组元素的类型（array 类型特有）"
                        }
```

```
                    }
                }
            },
            "method": "事件对应的方法名称（根据 identifier 生成）"
        }
    ],
    "services": [
        {
            "identifier": "服务唯一标识符（产品下唯一）",
            "name": "服务名称",
            "desc": "服务描述",
            "required": "是否是标准功能的必选服务, true or false",
            "callType": "async（异步调用）或 sync（同步调用）",
            "inputData":{
                "dataType": {
                    "type": "属性类型: int（原生）、float（原生）、double（原生）、text
（原生）、date（String 类型 UTC 毫秒）、bool（0 或 1 的 int 类型）、enum（int 类型, 枚举项定义方法与
bool 类型定义 0 和 1 的值方法相同）、struct（结构体类型, 可包含前面 7 种类型, 下面使用 specs:[{}]描
述包含的对象）、array（数组类型, 支持 int、double、float、text、struct 类型数据）",
                    "specs": {
                        "min": "参数最小值（int、float、double 类型特有）",
                        "max": "参数最大值（int、float、double 类型特有）",
                        "unit": "属性单位（int、float、double 类型特有, 非必填）",
                        "unitName": "单位名称（int、float、double 类型特有, 非必填）",
                        "size": "数组元素的个数, 最大个数为 512（array 类型特有）",
                        "step": "步长（text、enum 类型无此参数）",
                        "length": "数据长度, 最大长度为 10240 字节（text 类型特有）",
                        "0": "0 的值（bool 类型特有）",
                        "1": "1 的值（bool 类型特有）",
                        "item": {
                            "type": "数组元素的类型（array 类型特有）"
                        }
                    }
                }
            },
            "outputData":
                {
                    "dataType": {
                        "type": "属性类型: int（原生）、float（原生）、double（原生）、text
（原生）、date（String 类型 UTC 毫秒）、bool（0 或 1 的 int 类型）、enum（int 类型, 枚举项定义方法
与 bool 类型定义 0 和 1 的方法相同）、struct（结构体类型, 可包含前面 7 种类型, 下面使用 specs:[{}]
描述包含的对象）、array（数组类型, 支持 int、double、float、text、struct 类型数据）",
                        "specs": {
                            "min": "参数最小值（int、float、double 类型特有）",
                            "max": "参数最大值（int、float、double 类型特有）",
                            "unit": "属性单位（int、float、double 类型特有, 非必填）",
                            "unitName": "单位名称（int、float、double 类型特有, 非必填）",
                            "size": "数组元素的个数, 最大个数为 512（array 类型特有）",
                            "step": "步长（text、enum 类型无此参数）",
                            "length": "数据长度, 最大长度为 10240 字节（text 类型特有）",
```

```
                            "0": "0 的值（bool 类型特有）",
                            "1": "1 的值（bool 类型特有）",
                            "item": {
                                "type": "数组元素的类型（array 类型特有）"
                            }
                        }
                    }
                },
                "returnCode":{
                        "200":"成功",
                        "500":"失败"
                    },
            "method": "服务对应的方法名称（根据 identifier 生成）"
        }
    ]
}
```

2）浩云物模型示例

下面通过对一款智能台灯进行数据化抽象定义其物模型作为示例进行讲解。假定这款智能台灯是由浩云科技股份有限公司研发的，型号为 TSS-Light-01，它当前的功能有开灯与关灯、读取和设置亮度、上报台灯工作温度。现在要将这款智能台灯按照浩云物模型规范进行数据化抽象定义物模型，按照以下步骤进行：

① 梳理出三要素（属性、服务、事件），即确定这款智能台灯有哪些属性、服务和事件。
② 细化三要素，按照规范定义出物模型 JSON Schema。

第一步，梳理出这款智能台灯的三要素。根据上面列举的功能，将开灯与关灯功能定位为服务；亮度是台灯的运行状态，将它定位为属性；将上报台灯工作温度定位为事件。这样台灯的三要素如下：

- 属性：亮度，支持设置和读取。
- 服务：开灯与关灯。
- 事件：上报台灯工作温度。

第二步，细化这款智能台灯的三要素，定义出物模型 JSON Schema：

```
{
    "schema": "",
    "profile": {
        "productKey": "PND_LIGHT_DL_HY"
    },
    "properties": [
        {
            "identifier": "SX-LIGHT-DL-brightness",
            "name": "亮度",
            "accessMode": "rw",
            "required": "true",
            "dataType": {
                "type": "int",
                "specs": {
```

```
                    "min": "0",
                    "max": "100",
                    "unit": "cd/m²",
                    "unitName": "坎德拉/平方米",
                    "step": "1",
                }
            }
        }
    ],
    "services": [
        {
            "identifier": "FW-LIGHT-DL-OPEN",
            "name": "开灯",
            "desc": "开灯",
            "required": "true",
            "callType": "sync",
            "inputData":{
                "dataType":{
                    "type":"int",
                    "specs": {
                        "step": "1",
                        "desc": "延时时间",
                        "unit": "s",
                        "unitName": "秒",
                    }
                }
            },
            "outputData": {
            },
                "returnCode":{
                    "200":"成功",
                    "500":"失败"
                },
            "method": ""
        },
        {
            "identifier": "FW-LIGHT-DL-CLOSE",
            "name": "关灯",
            "desc": "关灯",
            "required": "true",
            "callType": "sync",
            "inputData":{
                "dataType":{
                    "type":"int",
                    "specs": {
                        "step": "1",
                        "desc": "延时时间",
                        "unit": "s",
                        "unitName": "秒",
                    }
```

```
            }
        },
        "outputData": {
        },
        "returnCode":{
                "200":"成功",
                "500":"失败"
            },
        "method": ""
    }
],
"events": [
    {
        "identifier": "SJ-LIGHT-DL-TEMP",
        "name": "工作温度",
        "desc": "上报台灯工作温度",
        "type": "info",
        "required": "false",
        "outputData": {
                "dataType": {
                    "type": "",
                    "specs": {
                        "step": "0.1"
                    }
                }
            }
            ,
        "method": ""
    }
]
}
```

3. 浩云物联网平台

浩云物联网平台是由浩云科技股份有限公司自研的物联网平台，是集成了设备管理、设备接入管理、产品管理、日志管理、多租户管理、数据安全及访问认证等功能的一体化平台。该平台向下支持各种类、各厂家的设备接入，整合终端设备接入与管理；向上承载应用，支持各类行业物联解决方案应用开发。同时，该平台还提供了应用端接入 API 接口，应用端可以通过调用应用接入 API 接口将指令下发至设备端，实现远程操控。

1）浩云物联网平台领域模型

图 5-171 所示为浩云物联网平台领域模型。该模型可以分为三层：底层为各种终端设备，如视频设备、门禁设备、防盗设备、消防设备等；中间层为浩云物联网平台，包括设备接入、设备管理、安全管理、能力网关、物模型、监控运维等功能；上层为应用层，包括智慧安防、智慧社区、智慧家居、平安城市等智慧应用。

2）浩云物联网平台系统分层架构

浩云物联网平台领域模型可以概括为分层架构的物联网平台系统，如图 5-172 所示。

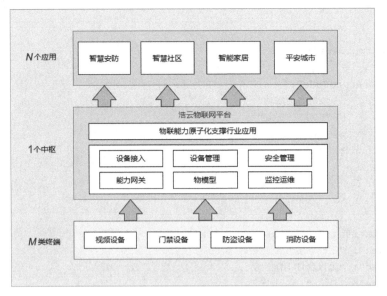

图 5-171　浩云物联网平台领域模型

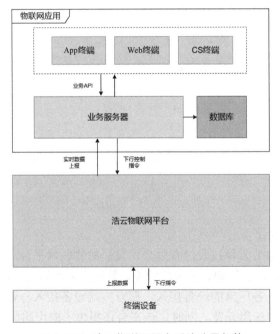

图 5-172　浩云物联网平台系统分层架构

5.6.2　使用物模型接入物联网平台

本节将讲述应用端和设备端如何接入物联网平台，从而实现物联网应用开发。

1. 应用通过物模型接入物联网平台

物联网应用通过对接其应用领域的物联网设备，通过集成设备的能力来实现自动化、实时监控、解放劳动力、提升生产力和服务质量。根据 5.6.1 节中介绍的浩云物联网平台领域模型可知，物联网应用不直接对接终端设备，而是统一通过物联网平台来对接终端设备，从而实现集成设备的能力。本节将讲述应用端如何通过物联网平台对接设备。

应用接入物联网平台的模型如图 5-173 所示。

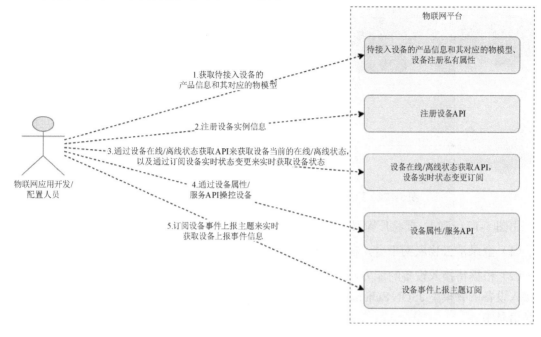

图 5-173　应用接入物联网平台的模型

由图 5-173 可知，应用接入物联网平台需要经过以下几个步骤：

（1）从物联网平台中获取待接入设备的产品信息和其对应的物模型、设备注册私有属性。

（2）通过调用物联网平台的注册设备 API 来注册设备实例信息。

（3）通过设备在线/离线状态获取 API 来获取设备当前的在线/离线状态，以及通过订阅设备实时状态变更来实时获取设备状态。

（4）通过调用物联网平台的设备属性/服务 API 来实现读取/设置设备属性、远程操控设备。

（5）通过从 Kafka 中订阅设备事件上报主题来实时获取设备上报事件信息。

2．设备通过物模型接入物联网平台

要想通过物联网平台对接设备并集成设备的能力来实现物联网应用开发，还需要将硬件设备通过网络接入物联网平台。浩云物联网平台支持两种不同类型设备的接入，分别是厂家私有协议设备和通过浩云物联网平台直连设备接入标准协议接入的设备。

（1）厂家私有协议设备：该类设备是指各厂家已经生产出来的，或者已经在市场上销售或已经正在使用的设备，这类设备不支持浩云物联网平台直连设备接入标准协议，无法直接接入浩云物联网平台，针对这类设备，浩云物联网平台提供了通过网桥接入的解决方案。

（2）直连设备：该类设备是指按照浩云物联网平台直连设备接入标准协议开发实现的设备，其出厂后，通过完成配网即可接入浩云物联网平台。

无论是哪种类型的设备，都需要按照物模型接入浩云物联网平台，下面将分别介绍两种类型设备接入浩云物联网平台的流程和细节。

1）厂家私有协议设备接入

厂家私有协议设备接入浩云物联网平台的流程如图 5-174 所示。

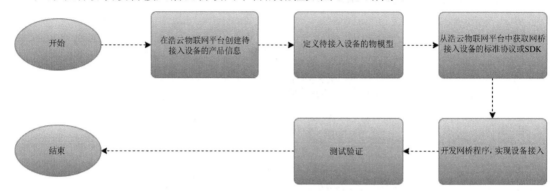

图 5-174　厂家私有协议设备接入浩云物联网平台的流程

由图 5-174 可知，要将厂家私有协议设备接入浩云物联网平台，需要经过以下几个步骤：

（1）登录浩云物联网平台，在产品管理中创建待接入设备的产品信息。

（2）根据待接入设备的能力，梳理出待接入设备的三要素（属性、服务、事件），定义出待接入设备的物模型 JSON Schema，并将物模型 JSON Schema 导入物联网平台待接入设备的产品信息中。

（3）从浩云物联网平台中获取网桥接入设备的标准协议或 SDK（目前仅支持 Java 和 C#）。

（4）开发网桥程序，实现设备接入。

（5）在测试验证通过后，可以对外发布该设备已实现接入。

厂家私有协议设备接入浩云物联网平台的系统分层架构如图 5-175 所示。

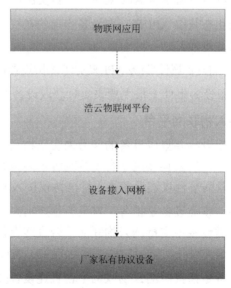

图 5-175　厂家私有协议设备接入浩云物联网平台的系统分层架构

2）直连设备接入

直连设备接入浩云物联网平台的流程如图 5-176 所示。

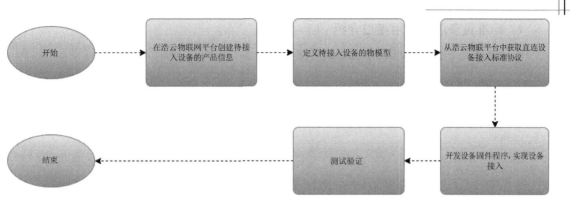

图 5-176 直连设备接入浩云物联网平台的流程

由图 5-176 可知，要将直连设备接入浩云物联网平台，需要经过以下几个步骤：

（1）登录浩云物联网平台，在产品管理中创建待接入设备的产品信息。

（2）根据待接入设备的能力，梳理出待接入设备的三要素（属性、服务、事件），并定义出待接入设备的物模型 JSON Schema，并将物模型 JSON Schema 导入物联网平台待接入设备的产品信息中。

（3）从浩云物联网平台中获取直连设备接入标准协议。

（4）开发设备固件程序，实现设备接入。

（5）在测试验证通过后，可以对外发布该设备已实现接入。

直连设备接入浩云物联网平台的系统分层架构如图 5-177 所示。

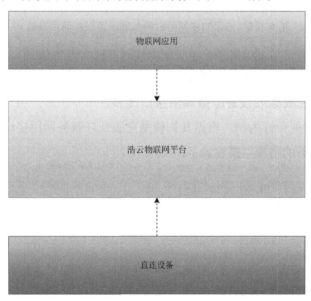

图 5-177 直连设备接入浩云物联网平台的系统分层架构

5.6.3 设备操控

本节将介绍如何使用浩云物联网平台的标准设备操控接口来实现设备服务的调用。

1. 标准设备服务调用接口介绍

浩云物联网平台的标准设备服务调用接口如图 5-178 所示。

3.8.1. 服务调用(单个) V1

- 请求方式：POST

- URL: /v1/device/service/invoke

- 请求参数说明

参数	类型	是否必填	示例值	描述
service_identifier	string	是	open	服务唯一标识，参考物模型定义
device_id	string	是	4961481756455666b337c1f195134d42	设备id
args	object	是		服务入参，参考物模型input

- 请求示例

POST /v1/device/service/invoke

```
{
    "service_identifier":"open",
    "device_id":"4961481756455666b337c1f195134d42",
    "args":{
        "LightStatus":"1"
    }
}
```

- 响应成功 status : 200

body:

```
{
    "code":200,
    "message":"OK",
    "service_identifier":"open",
    "device_id":"4961481756455666b337c1f195134d42",
    "data":{
        "LightStatus":"1"
    }
}
```

图 5-178　浩云物联网平台的标准设备服务调用接口

接口的主要信息有设备 id（来源于注册到物联网平台的设备信息）、服务唯一标识和服务入参（服务对应的参数，来源于要操控设备的物模型）。

2. 根据物模型完成标准设备服务调用接口传参

以 5.6.1 节中的智能台灯为例，根据其物模型完成开灯服务调用接口传参。

智能台灯开灯服务的物模型描述如下：

```
{
    "identifier": "FW-LIGHT-DL-OPEN",
    "name": "开灯",
    "desc": "开灯",
    "required": "true",
    "callType": "sync",
    "inputData":{
        "dataType":{
            "type":"int",
            "specs": {
                "step": "1",
                "desc": "延时时间",
                "unit": "s",
                "unitName": "秒",
```

```
                }
            }
        },
    "outputData": {
        },
        "returnCode":{
                "200":"成功",
                "500":"失败"
            },
    "method": ""
}
```

//假定已注册的设备 id 为"4961481756455666b337c1f195134d42",并期望延时 10 秒后执行,则对应的接口传参如下

```
{
    "service_identifier":"FW-LIGHT-DL-OPEN",
    "device_id":"4961481756455666b337c1f195134d42",
    "args":10
}
```

习 题 5

一、单项选择题

1. 建模有助于（   ）变化过程。当出现变化时,如果直接对实物进行调整,则成本会非常高,而如果对模型进行调整,则会容易得多。通过对模型进行调整,设计者可以推演出适合的变化轨迹,并应用到真实的世界中。

　　A. 设计、实验、观察、改进　　　B. 节约成本

　　C. 缩减开发周期　　　　　　　　D. 设计、实验

2. 建模由哪些部分组成?（   ）

　　A. 场景、用例、对象、流程　　　B. 模型、对象、流程

　　C. 对象、框架、流程　　　　　　D. 业务、需求、架构

3. 下面哪一项是用户登录用例的前置条件?（   ）

　　A. 图书馆管理系统正常运行　　　B. 用户登录成功

　　C. 密码错误　　　　　　　　　　D. 用户登录失败

4. 业务流程建模的最终目的是（   ）。

　　A. 解决企业/用户对应的问题,提升效率,节约成本

　　B. 通过流程建模了解业务的上下游

　　C. 提前了解流程内容

5. 下面哪一项不属于业务流程建模的关键要素?（   ）。

　　A. 起点　　　　　　　　　　　　B. 结果

C．执行的任务　　　　　　　　　D．业务流程名称

6．业务数据建模的目标不包含下面哪一项？（　　　）

　　A．数据模型有助于在概念、物理和逻辑层面设计数据库

　　B．数据模型有助于定义关系表、主键、外键及存储过程

　　C．提供基本数据的清晰图像，让数据库开发人员可以使用它来创建物理数据库

　　D．极大地提高开发效率

7．每个新建的页面都要放在正确的归属模块下，这是因为（　　　）。

　　A．与权限有关　　　　　　　　B．让页面归纳整齐

　　C．方便查找页面　　　　　　　D．与角色有关

8．样式可以设置以下哪些属性？（　　　）

　　①标题颜色　　②边框　　③背景颜色　　④外边距

　　A．①②③　　　　　　　　　　B．②③④

　　C．①②③④　　　　　　　　　D．①②④

9．数据源绑定的是（　　　）。

　　A．业务 API　　　　　　　　　B．表单

　　C．表格　　　　　　　　　　　D．流程

10．以下关于多选框的描述正确的是（　　　）。

　　A．多选框只能多选，不能只选一个

　　B．多选框能多选，但是不能选全部

　　C．多选框既可以选多个，也可以选一个

　　D．多选框只能选 3 个及以上

11．以下关于树形控件的描述正确的是（　　　）。

　　A．将所有平级数据在树上进行展示

　　B．可以很好地展示层级关系

　　C．只展示第一层数据

　　D．展示的数据都是有上级的

12．以下关于系统变量的描述正确的是（　　　）。

　　A．由系统统一定义的、不能被其他模型引用的数据；在不同的环境下有不同的变量

　　B．由系统统一定义的、不能被其他模型引用的数据；在相同的环境下有不同的变量

　　C．由系统统一定义的、能被其他模型引用的数据；在相同的环境下有不同的变量

　　D．由系统统一定义的、能被其他模型引用的数据；在不同的环境下有不同的变量

13．基础数据的定义包括（　　　）。

　　① 支撑系统进行业务处理的数据

　　② 其他页面可以用到的数据

　　③ 一个系统的底层数据

　　④ 每个系统中都一样的数据

　　A．①③④　　　　　　　　　　B．②③④

C．①②③　　　　　　　　　　　D．①②③④

14．以下关于权限的描述正确的是（　　　）。

A．让使用者在有效的限制范围内访问被授权的资源

B．让使用者在任意的限制范围内访问被授权的资源

C．让使用者在有效的限制范围内访问所有授权的资源

D．让使用者在任意的限制范围内访问所有授权的资源

15．关于权限的用途——规定谁能在什么时候做什么事情，以下描述正确的是（　　　）。

A．小学生能在上课期间出校门

B．员工能在公司规定时间打卡

C．客户能在服务暂停期间购买电影票

D．客户能在商场关门期间购物

16．下列行为属于数据权限的是（　　　）。

A．校长能查看所有学生的信息，院长只能查看本院学生的信息，系主任只能查看本系学生的信息

B．校长能操作名为"工资薪酬"的页面

C．校长能单击审批页面中的回退按钮

D．学生能在成绩页面录入自己的成绩

17．下列行为属于功能权限的是（　　　）。

A．校长能看到所有学生的信息

B．学生只能看到自己的成绩

C．学生无法登录系统

D．一个单据通常有录入人和审批人，录入人具有新增、删除、修改、查询数据的权限，审批人具有审批、反审批和查询数据的权限

18．目前来说，针对低代码平台权限设计包括（　　　）。

①开发时权限　　②运行时权限　　③数据权限　　④操作权限

A．①③　　　　　　　　　　　　B．②④

C．①②　　　　　　　　　　　　D．③④

19．以下关于运行时权限的描述正确的是（　　　）。

A．运行时权限是指用户在系统运行时根据实际的情况给按钮、页面进行权限设置的权限。产品交付给客户后，客户可以自己派发权限

B．用户自己挑选功能

C．用户没有查看页面的权限，但是能操作页面中的按钮

D．用户能登录系统

20．以下关于用户与角色的说法正确的是（　　　）。

A．一个用户只能有一个角色

B．一个用户可以有多个角色

C．一个角色只能绑定一个用户

D．角色和用户意思相同，只是名称不同

21．以下关于授权的描述正确的是（　　）。

A．授权是指用户可以登录系统看到全部页面

B．授权是指拥有超级管理员的权限

C．授权是指给用户分配权限

D．授权是指给用户看到全部数据

22．以下不属于基础数据的是（　　）。

A．人员   B．角色

C．资产   D．超级管理员

23．以下描述错误的是（　　）。

A．树形控件可以很好地展示层级关系

B．表单可以展示数据

C．"列布局"控件可以使页面布局整齐、美观

D．"文本框"控件可以输入数字

24．用低代码平台搭建页面，正确的操作顺序是（　　）。
①创建数据表　　②创建表格页面、表单页面　　③将表格页面与表单页面关联

A．②①③   B．②③①

C．①②③   D．①③②

25．以下属于系统变量的是（　　）。

A．小明的登录账号   B．系统时间

C．超级管理员的账号   D．成绩登录页面

26．以下关于页面可视化描述正确的是（　　）。

A．让用户可以根据业务流程操作页面

B．创建表格页面

C．将表格页面绑定到菜单栏

D．创建数据表、表格页面、表单页面

27．以下关于自定义页面的描述正确的是（　　）。

A．创建表格页面

B．创建表单页面

C．将表格页面和表单页面绑定

D．自定义页面是设计者可以根据具体的业务流程搭建出来的页面

28．以下关于页面的描述正确的是（　　）。

A．绑定在菜单栏的一定是表格页面

B．表单页面一定要和表格页面绑定

C．表单页面可以绑定在菜单栏

D．表格页面可以操作数据

29．以下关于基础数据的描述正确的是（　　）。

A．如果没有基础数据，则系统无法运行

B．基础数据只是方便系统操作

C．基础数据是在页面需要用到时才创建的数据

D．基础数据是不变的

30．以下关于预览端的描述不正确的是（　　）。

A．用户可以在预览端查看实现的效果

B．用户可以在预览端操作业务流程

C．用户可以在预览端更改配置

D．用户可以在预览端分配角色

31．以下关于配置端的描述不正确的是（　　）。

A．用户可以在配置端搭建页面

B．用户可以在配置端分配系统权限

C．用户可以在配置端创建数据表

D．用户可以在配置端创建系统

32．以下关于系统角色的描述正确的是（　　）。

A．每个系统都有属于自己的系统角色

B．一个系统角色只能有一个用户

C．一个用户只能绑定一个系统角色

D．每个系统的角色都是一样的

33．以下关于鉴权的描述正确的是（　　）。

A．鉴定系统有什么角色

B．鉴定用户有什么角色

C．鉴定数据是谁录入的

D．以上都是

34．以下不属于页面的元素资源的是（　　）。

A．按钮　　　　　　　　　　　　B．菜单

C．搜索框　　　　　　　　　　　D．数据

35．以下关于列权限的描述错误的是（　　）。

A．数据表中有这个字段

B．根据角色分配权限，看这个角色是否拥有查看这一列的权限

C．数据表中没有这个字段，用户可以自己添加

D．以上都错

36．以下关于低代码页面开发的描述正确的是（　　）。

A．可以用极少数代码或无代码的方式搭建页面

B．需要与传统页面开发一样，多代码实现页面功能

C．需要先编写代码，再进行开发

D．需要编写业务流程的代码

37．以下不属于系统变量的是（　　　）。

A．当前人员信息　　　　　　　　B．当前角色信息

C．当前机构信息　　　　　　　　D．超级管理员账号

38．现在需要创建一个数据表来存储学生的信息，以下哪个表名命名正确？（　　）

A．xueshengxinxibiao　　　　　　B．student_info

C．学生信息表　　　　　　　　　D．student-info

39．以下选项中不能在数据建模中做到的是（　　　）。

A．新建一个普通表　　　　　　　B．修改字典名称

C．删除一个自定义页面　　　　　D．修改字段类型

40．以下选项不属于数据架构基本内容的是（　　　）。

A．数据组成　　　　　　　　　　B．数据模型

C．数据分布　　　　　　　　　　D．数据资产目录

41．如果实体 A 和实体 B 之间是一对一的关系，实体 B 和实体 C 之间是多对一的关系，则实体 A 和实体 C 之间的关系是（　　　）。

A．多对一　　　　　　　　　　　B．一对多

C．一对一　　　　　　　　　　　D．多对多

42．数据模型包括概念模型、逻辑模型和（　　　）。

A．空间模型　　　　　　　　　　B．时间模型

C．数字模型　　　　　　　　　　D．物理模型

43．如果实体 A 和实体 B 之间是一对多的关系，则在数据建模中实体 B 应该选用哪种类型的数据表？（　　）

A．超级表　　　　　　　　　　　B．附属表

C．树形表　　　　　　　　　　　D．普通表

44．超级表的作用是（　　　）。

A．可以查询其他应用中对应数据表内存储的数据

B．可以查询本应用中对应数据表内存储的数据

C．可以向本应用中对应数据表内新增数据

D．可以在本应用中对应数据表内修改数据

45．如果数据表 A 和数据表 B 之间是一对多的关系，则以下哪个选项可以实现在数据表 A 中删除一条数据，数据表 B 中与数据表 A 关联的数据都将被删除？（　　）

A．在数据表 B 中建立一个外键字段，该字段与数据表 A 关联，设置外键约束删除时级联

B．在数据表 B 中建立一个外键字段，该字段与数据表 A 关联，设置外键约束删除时置空

C．在数据表 A 中建立一个外键字段，该字段与数据表 B 关联，设置外键约束删除时级联

D．在数据表 A 中建立一个外键字段，该字段与数据表 B 关联，设置外键约束删除时置空

46．以下哪个选项是字段类型不支持的类型？（　　　）

    A．日期　　　　　　　　　　　　B．图片

    C．日期时间　　　　　　　　　　D．超大文本

47．以下哪个选项是数据类型支持的类型？（　　　）

    ①引用　②数字　③音频　④常规　⑤字符串

    A．①②③　　　　B．①③④　　　　C．①③⑤　　　　D．②③⑤

48．有一个图书借阅记录表，其中"借阅状态"字段固定只有两种状态值，要求在页面中显示中文名称，在数据库中则存放对应的编码（"借阅"对应的编码为"0"，"归还"对应的编码为"-1"）。请问"借阅状态"字段应该选用哪种数据类型？（　　　）

    A．外键　　　　　　　　　　　　B．引用

    C．数字　　　　　　　　　　　　D．字典

49．某图书馆规定每本书每人只能借阅一次，现要在数据建模中创建一个图书借阅记录表，字段分别有"借书证号"、"借阅状态"、"图书编码"、"借阅时间"和"操作管理人员"，以下选项中正确的是（　　　）。

    A．把"借书证号"、"图书编码"和"借阅状态"字段设为组合唯一

    B．把"借书证号"和"图书编码"字段设为组合唯一

    C．把"借书证号"字段设为唯一

    D．把"图书编码"字段设为唯一

50．有一个学生成绩表，其中"学生姓名"字段在数据库中存放的值是学生的学号，现要求该字段在页面中显示的是学生的姓名，学生的基本信息（学号、姓名、性别、班级、联系电话）存放在学生信息表中，以下选项中正确的是（　　　）。

    A．把"学生姓名"字段的数据类型设置为引用，关联数据表为学生成绩表，关联字段为"姓名"，显示字段为"学号"

    B．把"学生姓名"字段的数据类型设置为引用，关联数据表为学生信息表，关联字段为"姓名"，显示字段为"学号"

    C．把"学生姓名"字段的数据类型设置为引用，关联数据表为学生成绩表，关联字段为"学号"，显示字段为"姓名"

    D．把"学生姓名"字段的数据类型设置为引用，关联数据表为学生信息表，关联字段为"学号"，显示字段为"姓名"

51．以下关于数据模型的描述不正确的是（　　　）。

    A．常见的数据模型有 3 种，分别为概念模型、逻辑模型、物理模型

    B．数据模型从动态的角度定义数据源、数据流及信息链之间的关系

    C．数据模型为应用系统数据库的设计提供了抽象的框架

D．数据模型以结构化的方式抽象描述了现实世界中的各类数据

52．某商品分类如下图所示，现要在数据库中存储商品的分类信息，应该选择哪种类型的数据表呢？（　　）

商品分类表			
一级	二级	三级	四级
生鲜	蔬果	新鲜水果	国产水果
			进口水果
			水果礼盒
		新鲜蔬菜	菇菌类
			叶菜类
			根茎类
	肉品	牛肉类	牛肉
			牛杂项
		羊肉类	羊肉
			羊杂项

A．树形表　　　　　　　　　　　B．超级表

C．附属表　　　　　　　　　　　D．字典

53．如果字段内容为声音文件，则可以将该字段定义为（　　）数据类型。

A．文件　　　　　　　　　　　　B．视频

C．音频　　　　　　　　　　　　D．图片

54．在一般情况下，以下哪个字段可以作为主键？（　　）

A．基本工资　　　　　　　　　　B．职称

C．姓名　　　　　　　　　　　　D．身份证号

55．在表设计中，如果要限定字段只能输入整数，则应该修改字段的（　　）属性。

A．字段大小　　　　　　　　　　B．小数位数

C．是否必填　　　　　　　　　　D．是否唯一

56．以下关于主键的描述正确的是（　　）。

A．不同的记录可以具有重复的主键值或空值

B．一个数据表中的主键可以是一个或多个字段

C．一个数据表中的主键只可以是一个字段

D．数据表中的主键和数据类型必须定义为自动编号或文本

57．以下关于索引的描述不正确的是（　　）。

A．索引是一个指向数据表中数据的指针

B．索引是在元组上建立的一种数据库对象

C．索引的建立和撤销对数据表中的数据毫无影响

D．数据表被撤销时将同时撤销在其上建立的索引

58．以下哪种情况应尽量创建索引？（　　）

A．在 WHERE 子句中出现频率较高的列

B．具有很多 NULL 值的列

C．记录较少的基本表

D．需要频繁更新的基本表

59．下面哪个选项是字段类型为日期时间存储的值？（　　　）

A．2022 年 11 月 1 日

B．2022-11-01

C．2022 年 11 月 1 日 15 点 0 分 0 秒

D．2022-11-01 15:00:00

60．以下关于组合唯一的描述不正确的是（　　　）。

A．组合唯一某列的值不能有空值

B．组合唯一是指两个及两个以上的字段组合拼接在一起形成的一个具有唯一标识的值

C．组合唯一可以确定数据的唯一性

D．组合唯一某列的值可以重复

61．E-R 图用来描述（　　　）。

A．关系数据模型　　　　　　　　B．概念数据模型

C．逻辑数据模型　　　　　　　　D．对象数据模型

62．以下哪一项是可以在数据建模中做到的？（　　　）

A．可以修改数据表编码　　　　　B．可以修改表类型

C．可以生成 API　　　　　　　　D．可以修改字段编码

63．在学校中，教师可以讲授不同的课程，同一门课程也可以由不同的教师讲授，则"教师"实体与"课程"实体之间的关系是（　　　）。

A．多对多　　　　B．一对一　　　　C．多对一　　　　D．一对多

64．以下关于数据库的描述正确的是（　　　）。

A．数据库的数据项之间及记录之间都存在联系

B．数据库中只存在数据项之间的联系

C．数据库的数据项之间不存在联系，记录之间存在联系

D．数据库的数据项之间及记录之间都不存在联系

65．用一句话来概括：业务模型通过业务处理逻辑对数据库中的数据进行（　　　）等操作。

A．新增、删除、修改　　　　　　B．新增、删除、修改、查询

C．新增、删除、查询　　　　　　D．删除、修改、查询

66．目前业务可视化开发提供了（　　　）大能力。

A．六　　　　　　B．八　　　　　　C．十

67．业务可视化开发的新增、删除、修改、查询分别对应 SQL 语言的（　　　）语句。

A．INSERT、DELETE、UPDATE、SELECT

B．INSERT、UPDATE、DELETE、SELECT

C．INSERT、SELECT、UPDATE、DELETE

68．业务可视化开发已经囊括了数据操作的所有行为：（　　　）数据、删除数据、修改数据、查询数据。

A．保存　　　　　B．新建　　　　　C．新增

69．业务可视化开发已经囊括了数据操作的所有行为：新增数据、（　　　）数据、修改数据、查询数据。

A．删除　　　　　B．去除　　　　　C．剔除

70．将页面前端传入或从数据库的数据表中获取的（　　　）数据，转换成业务处理节点能够识别的数据格式。

A．常规化　　　　B．多样化　　　　C．结构化

71．以下关于业务逻辑的描述正确的是（　　　）。

A．业务逻辑是指一个节点为了向另一个节点提供服务而具备的规则与流程

B．业务逻辑是指一个实体单元为了向另一个实体单元提供服务而具备的规则与流程

C．业务逻辑是指一个数据为了向另一个数据提供服务而具备的规则与流程

72．在软件架构中，软件一般分为3个层次：表现层、（　　　）和数据访问层。

A．业务逻辑层　　B．业务处理层　　C．业务应用层

73．查询是指（　　　）。

A．后台根据用户端的业务需求查询单表或多表数据，并将查询结果以任意数据格式返回用户端

B．后台根据用户端的业务需求，在条件范围内查询表数据，并将查询结果以二维矩阵表的形式返回用户端

C．后台根据用户端的业务需求，在范围内查询单表或多表数据，并将查询结果以二维矩阵表的形式返回用户端

74．定时任务可以理解为在预定的（　　　）节点，自动触发单个或一系列动作去满足业务需求。

A．地点　　　　　B．时间　　　　　C．空间

75．以下哪个场景适用定时任务？（　　　）

A．后台每天早上9点推送微信订阅号咨询

B．用户早上9点单击发送微信订阅号咨询

C．满足某个条件后自动推送微信订阅号咨询

76．什么是流程？（　　　）

A．流程是把一项工作或一件事情中的关键活动按照相对合理的顺序转化为这项工作或事情要达到的目的的活动组合

B．流程的目的是为流程的客户创造价值

C．通过适当的符号记录全部工作事项，用来描述工作活动的流向与顺序

D．由一个开始点、一个结束点及若干中间环节组成，中间环节的每个分支也都要求有明确的分支判断条件

77．流程设计包含以下哪些内容？（　　　）

①流程建模设计　　②流程文件编制　　③流程消息设计　　④流程发布
⑤流程表单设计　　⑥数据建模

A. ①②③　　　　　　　　　　　B. ②③④⑤

C. ①②③④⑤　　　　　　　　　D. ①②④⑥

78. 下面不是流程属性信息的是（　　　）。

A. 表单绑定　　　　　　　　　　B. 流程名称

C. 归属模块　　　　　　　　　　D. 数据源设置

79. 流程管理中[流程]的含义应为（　　　）。

A. Process　　　　　　　　　　B. Procedure

C. Flow　　　　　　　　　　　D. 以上都不是

80. 流程执行的效果可以反应在流程的（　　　）上。

A. 流程设计　　　　　　　　　　B. 流程效率

C. 流程检查　　　　　　　　　　D. 流程组织

81. 流程中的内部客户是（　　　）。

A. 前工序　　　　　　　　　　　B. 后工序

C. A 和 B 都是　　　　　　　　D. A 和 B 都不是

82. 以下关于工作流程的描述正确的是（　　　）。

A. 一个流程至少有一个输入和一个输出

B. 一个流程可以没有输出

C. 一个流程只能有一个输出

D. 一个流程只能有一个输入

83. 以下不是辅助节点的是（　　　）。

A. 排他网关　　　　　　　　　　B. 并行网关

C. 条件网关　　　　　　　　　　D. 包容网关

84. 菱形+叉号◇指什么操作？（　　　）

A. 审批节点　　　　　　　　　　B. 排他网关

C. 合并网关　　　　　　　　　　D. 并行网关

85. 以下不是节点属性的是（　　　）。

A. 节点名称　　　　　　　　　　B. 明确指定主办人

C. 表单设置　　　　　　　　　　D. 节点编号

二、判断题

1. 建模就是创建模型。　　　　　　　　　　　　　　　　　　　　　　（　　）

2. 凡是用模型描述系统或者事物的因果关系或相互关系的过程都属于建模。　（　　）

3. 模型可以帮助设计者按照实际情况或按照设计者所需要的样式对系统进行可视化。　　　　　　　　　　　　　　　　　　　　　　　　　　　　　　（　　）

4. 模型可以允许设计者详细说明系统的结构或行为。　　　　　　　　　（　　）

5. 模型可以给出一个指导设计者构造系统的模板。　　　　　　　　　　（　　）

6. 模型可以对设计者做出的决策进行文档化。　　　　　　　　　　　　（　　）

7. 业务过程用于描述这个业务的具体工作流。　　　　　　　　　　　　（　　）

8．业务对象是指对数据进行检索和处理的组件。 （　　）

9．业务流程是为了达到特定的一些目标、效果、结果而由不成的成员共同完成的一系列事件或活动。 （　　）

10．业务流程可以认为是静态资源与动态活动的组成。 （　　）

11．数据建模是为要存储在数据库中的数据创建数据模型的过程。 （　　）

12．低代码平台运行时的权限可以由用户自行分配。 （　　）

13．表格用来操作数据。 （　　）

14．表单用来展示数据。 （　　）

15．表格页面在页面绑定数据源。 （　　）

16．表单页面在页面绑定数据源。 （　　）

17．菜单类型分为模块和页面。 （　　）

18．菜单页面是归属于模块下的。 （　　）

19．绑定在菜单栏中的只能是表格页面，而不能是表单页面。 （　　）

20．系统变量在不同的环境下都是一样的。 （　　）

21．基础数据是每个系统中都一样的数据。 （　　）

22．鉴权的授权的操作是：先判断用户的角色，再给角色授权，然后关联用户。 （　　）

23．按钮、菜单属于页面资源。 （　　）

24．数据权限分为行权限和列权限。 （　　）

25．在对系统数据进行权限操作时，首先获取当前登录人的角色，然后按照角色分配查看数据的权限。 （　　）

26．功能权限是指（各角色的）用户能做什么。 （　　）

27．"文本框"控件可以输入数字。 （　　）

28．"数字框"控件只能输入正整数。 （　　）

29．树形控件可以很好地展示层级关系。 （　　）

30．"多选框"控件只能选择两个或以上的选项，不能只选一个。 （　　）

31．"列布局"控件可以使页面呈现得更加整齐。 （　　）

32．在配置表格的展示字段时，同一个字段只能选择一次，不能出现两个名称一样的字段。 （　　）

33．基础数据每个页面都不一样。 （　　）

34．基础数据的分类在每个系统中的定义都是一样的。 （　　）

35．开发时权限是指开发人员的权限，即规定谁可以去开发这个应用、谁可以去开发这个页面等。 （　　）

36．运行时权限是指用户在系统运行时根据实际的情况给按钮、页面进行权限设置的权限。 （　　）

37．在由概念模型设计进入逻辑模型设计时，原来的一对一或一对多关系通常都需要被转化为对应的基本表。 （　　）

38．索引不是一种改善数据库性能的技术。 （　　）

39．概念设计也要贯彻概念单一化原则，即一个实体中的所有属性都是直接用来描述码的。 （　　）

40．已知一个客户有多个订单，并且一个订单只能属于一个客户，则"客户"实体与"订

单"实体之间的关系是一对多。　　　　　　　　　　　　　　　　　　（　　）

41．有关系：S（学号，姓名，性别，班级编号）和 C（班级编号，班级名称，专业），页面展示 S 的数据，要求其中的班级编号需要在页面中显示班级名称，在数据库中存放的值依然是班级编号，则 S 中的"班级编号"字段的数据类型要选择字典。　　　　　　（　　）

42．附属表支持的关联关系有 3 种，分别是一对一、一对多、多对多。　　（　　）

43．某字段要存放的值为"15:10:00"，则字段类型应该选择日期时间。　　（　　）

44．逻辑模型只有两种：层次数据模型和关系数据模型。　　　　　　　（　　）

45．物理模型是在逻辑模型的基础上，考虑各种具体的技术实现原因，进行数据库体系结构设计，真正实现数据在数据库中的存放。　　　　　　　　　　　　　（　　）

46．通过外键配置可以实现当关联的表数据被删除时，被关联的表数据也会同步删除。
　　　　　　　　　　　　　　　　　　　　　　　　　　　　　　　　（　　）

47．业务模型通过业务处理逻辑对数据库中的数据进行新增、删除、修改、查询等操作。
　　　　　　　　　　　　　　　　　　　　　　　　　　　　　　　　（　　）

48．业务建模的优势包含自由搭配组合、降低用户的学习成本、复用性高等。（　　）

49．目前业务可视化开发提供了十大能力。　　　　　　　　　　　　　（　　）

50．业务可视化开发的新增对应 SQL 语言的 INSERT 语句。　　　　　（　　）

51．业务可视化开发的删除对应 SQL 语言的 UPDATE 语句。　　　　　（　　）

52．业务可视化开发的修改对应 SQL 语言的 UPDATE 语句。　　　　　（　　）

53．业务可视化开发的查询对应 SQL 语言的 INSERT 语句。　　　　　（　　）

54．业务可视化开发支持单条数据操作。　　　　　　　　　　　　　　（　　）

55．业务可视化开发支持批量数据操作。　　　　　　　　　　　　　　（　　）

56．数据加工包含变量定义、变量赋值、函数计算、获取页面变量等功能。（　　）

57．流程只能有一个结束节点。　　　　　　　　　　　　　　　　　　（　　）

58．流程最少有两个活动节点。　　　　　　　　　　　　　　　　　　（　　）

59．流程活动之间是无条件流转的。　　　　　　　　　　　　　　　　（　　）

60．流程表单页面只能引用"页面建模"中的自定义页面。　　　　　　（　　）

61．在流程设计完成后，把流程部署到客户端，叫作流程发布。　　　　（　　）

62．绘制流程图的原则通俗易懂，不强求太多的规范。　　　　　　　　（　　）

63．流程的页面是归属于模块下的。　　　　　　　　　　　　　　　　（　　）

64．在流程转交时，既可以转交给主管审批，也可以转交给经理审批，这时用并行网关。
　　　　　　　　　　　　　　　　　　　　　　　　　　　　　　　　（　　）

65．在流程表单页面中可以书写表达式。　　　　　　　　　　　　　　（　　）

66．流程权限管理设置对象是系统内的所有人员。　　　　　　　　　　（　　）

67．流程权限管理设置对象是系统内的所有用户。　　　　　　　　　　（　　）

三、简答题

1．描述一款软件的建模场景。

2．按照自己的理解，描述建模的作用，以及有建模和没有建模的区别。

3．如何识别一个业务？描述一个业务识别的过程。

4．画出图书馆还书场景的业务流程图。

5．简述业务数据建模的意义。

6．简要回答创建页面的主要步骤。

7．分别简述表格页面和表单页面的主要用途。

8．简述系统变量的定义，并举例说明系统变量（至少 3 个）。

9．什么是基础数据？

10．请说出系统的基础数据（至少 5 个），并简单描述其意思。

11．简述权限的意义及用途。

12．权限的要素包括哪些？

13．简述权限设计的分类。

14．简述数据权限的概念及其分类。

15．什么是功能权限？

16．简述针对低代码平台权限设计的分类。

17．实体之间的关系有哪几种？请为每种关系举出一个例子。

18．说明实体关系模型中的实体、属性和关系的概念。

19．在外键配置的过程中（删除时），分别提供了哪几种操作类型？作用分别是什么？

20．数据表的命名规范是什么？

21．什么是概念模型？

22．什么是逻辑模型？

23．什么是物理模型？

24．什么是组合唯一？

25．什么是附属表？

26．什么是树形表？

27．什么是外键？

28．什么是索引？

29．建议什么时候创建索引？

30．数据资产目录分为哪几个层级？

31．数据架构有哪 4 个基本内容？

32．什么是数据模型？

33．描述你对业务模型的理解。

34．描述传统开发方式的业务模型构建过程的缺点。

35．描述业务可视化开发的优势。

36．列举业务可视化开发囊括的数据操作行为。

37．列举业务可视化开发支持的数据操作。

38．列举数据加工包含的功能。

39．描述数据加工的工作步骤。

40．简述业务逻辑说明。

41．在软件架构中，软件一般分为哪 3 个层次？

42．简述流程设计包含的 6 个方面。

43．流程属性有哪些（至少写出 5 个）？

44．辅助节点有哪些？

45．节点属性有哪些？

46．流程逻辑条件一般设置在哪里？

47．流程数据结构设计有哪两种方式？

48．简述流程文件的内容规范要点。

49．管理中通常讲的"5W1H"是什么？

50．简述流程图常见图标的含义（至少写出 4 种）。

51．简述消息提醒的 7 种类型。

第 6 章

一键部署

6.1 自动化测试

6.1.1 什么是自动化测试

1．定义

自动化测试或测试自动化是一种软件测试技术，它使用自动化测试工具来执行测试用例脚本。相反，手动测试是由坐在计算机前的人员通过仔细执行测试步骤来执行的。自动化测试软件还可以将测试数据输入被测系统，比较预期结果和实际结果，并生成详细的测试报告。软件测试自动化需要大量的金钱和资源投资。连续的开发周期将需要重复执行相同的测试套件，使用自动化测试工具可以记录该测试套件并根据需要重复执行。一旦测试套件自动化，就不需要人工干预，这提高了测试自动化的投资回报率。自动化的目标是减少手动运行测试用例的次数，而不是完全消除手动测试。

2．使用自动化测试的原因

自动化测试是提高软件测试的有效性和执行速度、增加测试范围的最佳方法。使用自动化测试的原因如下：

（1）手动测试所有工作流、所有阶段都需要花费时间和金钱。

（2）手动测试多语言站点很困难。

（3）软件测试中的自动化测试不需要人工干预。

（4）自动化测试可以提高测试的执行速度。

（5）自动化测试可以增加测试范围。

（6）长时间进行手动测试，测试人员可能变得很无聊，因此容易出错。

3．优势

自动化测试的优势包括：方便进行回归测试，当软件的版本发布比较频繁时，自动化的效果很明显；自动处理原本烦琐、重复的任务，提高测试的准确性和测试人员的积极性；具有复用性和一致性，可以在不同的版本上重复运行，确保测试内容的一致性。总结起来有以下几点：

（1）比手动测试快 70%。

（2）应用功能的测试范围更广。

（3）结果可靠。

（4）确保测试内容的一致性。

（5）节省时间和成本。

（6）提高准确性。

（7）执行时不需要人工干预。

（8）提高效率。

（9）测试的执行速度更快。

（10）测试脚本可以重复使用。

（11）通过自动化可以实现更多的执行周期。

6.1.2　UI 自动化测试

1．什么是 UI 自动化测试

UI 自动化测试就是将人根据测试用例来执行测试的行为转化为机器替代执行的一种过程。在需求评审结束后，由测试人员编写测试用例，测试用例编写完成并通过评审之后，测试人员会根据测试用例的内容步骤执行测试用例，然后判断实际结果与预期结果是否匹配。为了减少每次迭代的重复执行测试用例的操作并提高测试的效率，所以接入 UI 自动化测试工具。

2．在低代码平台上进行 UI 自动化测试

1）开始准备

筛选出适合转化成 UI 自动化测试用例的测试用例，对编写好并已通过评审的测试用例进行分析，确定其是否能够转化成 UI 自动化测试用例，确定好后，准备执行测试用例需要用到的测试数据（如页面、数据、环境等）。筛选的原则如下：

- 选择比较稳定的测试用例进行转化。
- 主流程的自动化测试用例优先执行，提高测试的执行效率。
- 选择一些经常重复执行的测试用例进行转化。

2）编写自动化测试用例的基本原则

在编写自动化测试用例前，必须知道对应的功能测试用例是如何手动模拟执行的，对应的功能测试用例手动模拟执行的前提条件、执行步骤、预期结果都要完整。

自动化测试用例之间的数据、关系在关联性上面应该保持相对的独立性，减少依赖，避免在执行过程中相互影响。自动化测试用例编写完后，需要本地调试通过且次数不少于 5 次才能算真正意义上完成自动化测试用例编写。

自动化测试用例的编写格式（如命名方式、备注等）需要按照规范进行，方便团队成员之间的维护及问题排查。

3）知识准备

在开始编写自动化测试用例之前，需要学习并了解 UI 自动化测试所需要的知识，主要为 HTML 基础知识、Selenium 常用的基础方法、Xpath 语法等。

3．UI 自动化测试在低代码平台上的应用场景

因为 UI 自动化测试是在图形化用户界面上基于元素定位工作的，所以 UI 自动化测试在低代码平台上的应用场景如下：

（1）迭代上线版本较多，经常需要进行回归功能测试。

（2）针对单个功能提测，进行冒烟测试。

4．UI 自动化测试在低代码平台上的应用场景实践

在自动化测试平台的用例编写界面中编写第一个测试用例，如图 6-1 所示。

图 6-1　在用例编写界面中编写第一个测试用例

用例编写界面主要由页面元素定位、方法操作、参数、预期结果组成，可以对这 4 部分内容进行编辑。页面元素定位是指浏览器控制台对 Web 页面操作元素进行查找，获取对应的 Xpath 路径。例如，图 6-2 所示为 Web 页面操作元素。

图 6-2　Web 页面操作元素

方法操作下拉列表内包含很多动作的方法来模拟操作，比较常用的有 open、click、sendkey、iselementexist 等。

预期结果主要用于判断测试用例的执行结果是否正确，因为真正的测试用例需要有断言验证，与实际结果进行比较。

完成上述的测试用例编写操作后，执行测试用例，会得出如图 6-3 所示的测试报告，这样，简单的例子就基本上完成了，实际上，后续随着越来越复杂的操作用例或场景，就需要测试人员针对问题进行克服。

【DEV环境自动化测试计划V1.1】_20220926020000_UI自动化测试报告

开始时间：2022-09-26 02:00:00
结束时间：2022-09-26 09:04:20
运行时间：7小时4分20秒
用例总数：1222
用例成功：158
用例失败：1063
成功率(%)：12.93%
失败率(%)：86.99%

序号	用例编号	用例名称	用例编写人	开始时间	结束时间	执行结果
> 1	yxh_addtable	新增普通表表字段	yangxiaohua	2022-09-26 09:03:19	2022-09-26 09:04:20	通过
> 2	yxh_login_paas	paas登录	yangxiaohua	2022-09-26 09:03:10	2022-09-26 09:03:19	通过
> 3	yxh_jinrutable	进入数据建模_表结构管理	yangxiaohua	2022-09-26 09:02:40	2022-09-26 09:03:09	通过
> 4	ch_login_160	160配置测环境登录	caohuan	2022-09-26 09:02:31	2022-09-26 09:02:40	通过
> 5	super_port	【超级长】功能入口	yangxiaohua	2022-09-26 09:02:31	2022-09-26 09:02:31	通过
> 6	super_uitsuper	进入uitsuper应用	yangxiaohua	2022-09-26 09:01:39	2022-09-26 09:02:01	通过
> 7	super_search_name	【超级长】搜索_数据表名	yangxiaohua	2022-09-26 09:01:03	2022-09-26 09:01:39	通过
> 8	YL202105310289	【业务建模-数据库查询】多表查询（左连接）	luweiqing	2022-09-26 09:00:46	2022-09-26 09:01:03	失败
> 9	reset_data	重置搜索结果	yuzhangcheng	2022-09-26 09:00:26	2022-09-26 09:00:46	失败
> 10	super_search_code	【超级长】搜索_数据表编码	yangxiaohua	2022-09-26 08:59:53	2022-09-26 09:00:26	通过
> 11	super_search_reset	【超级长】搜索_数据表编码_重置	yangxiaohua	2022-09-26 08:59:10	2022-09-26 08:59:53	通过
> 12	super_addtable	【超级长】新建表	yangxiaohua	2022-09-26 08:58:07	2022-09-26 08:59:10	失败
> 13	ip-yicheng	【业务建模-开始节点】IP地址异常校验	wangdongrun	2022-09-26 08:57:51	2022-09-26 08:58:07	失败
> 14	YL202106020027	【子表单】数据-数据字段	yuzhangcheng	2022-09-26 08:57:34	2022-09-26 08:57:51	失败
> 15	select-fid	【业务建模-数据库查询】引用字典外键字段正常显示	luweiqing	2022-09-26 08:57:13	2022-09-26 08:57:34	失败

图 6-3 测试报告

5．UI 自动化测试后续的规划及其相比于传统手动测试的优势

除了上述的编写测试用例功能，UI 自动化测试后续的规划是加入失败重跑、多线程运行等功能，这些功能可以提高 UI 自动化测试的执行效率和准确率。

相比于传统的手动测试，UI 自动化测试不仅可以把大量重复的人力操作转化为机器执行，还可以把释放出来的人力用来设计测试用例，对软件的新功能进行测试，也可以提高回归测试的效率，保证每条测试用例都能完整不缺地执行，并且可以进行一些冒烟测试和巡检。

6.1.3 接口自动化测试

1．什么是接口自动化测试

随着系统的复杂度不断提升，只靠功能测试去保证软件每个版本的质量和进度是很难的。为了更早地发现问题及发现测试项目中一些更加深入的问题，降低修复的成本，满足后续发版的需求，测试人员会对软件进行接口自动化测试。

相比于 UI 自动化测试，接口自动化测试具有自动化成本低和测试效率高的特点。接口自动化测试的工作原理是：接口自动化测试工具模拟客户端向服务器发送报文请求，服务器接收到请求后会做出响应，即向客户端返回应答信息，接收到应答信息后，接口自动化测试工具会对应答信息进行解析。

因为接口自动化测试可以更早地介入项目开发，所以接口自动化测试可以更早地发现问题，从而缩短项目开发周期，并且接口自动化测试可以更容易地发现底层问题。

2．接口自动化测试在低代码平台上的应用场景

在低代码平台版本快速迭代的过程中，为了让测试工作更快、更好地融合到开发提测后的版本工作，利用接口自动化测试可以快速地检测程序后端功能的有效性。

接口自动化测试在低代码平台上的应用场景如下：

（1）需求版本部分功能提测的接口测试。

（2）迭代版本之间数据差异性的校验。

（3）在发布版本时快速进行接口冒烟测试。

3．在低代码平台上进行接口自动化测试的工作准备

在测试接口之前，除了需要了解接口是什么，还需要学习和认识接口组成内容、格式、分类等，如 method、headers、body、响应的报文、JSON 知识等。

根据开发人员提供的接口文档和需求文档来编写接口自动化测试用例。接口自动化测试属于功能测试，因此，编写接口自动化测试用例的方法与编写功能测试用例的方法类似，常用的方法有等价类划分法、场景法、边界值法等。

4．接口自动化测试在低代码平台上的应用场景实践

在学习和了解接口的基础知识后，就可以开始尝试添加一个接口自动化测试用例测试。图 6-4 所示为一个接口自动化测试平台的用例编写界面。

图 6-4　一个接口自动化测试平台的用例编写界面

在图 6-4 所示的用例编写界面中填写对应必填的选项后，就可以对测试用例进行保存，在测试用例列表上面执行测试用例后，会有相应的测试报告信息。

1）接口场景测试

场景实践中的单接口测试常用于边界值测试，实际上还需要接口基于业务场景进行测试。当单接口完成测试后，分析接口测试的场景所涉及的接口关系进行串联测试。

2）报告内容分析

接口自动化测试执行完成后会生成一份测试报告，测试报告信息如图 6-5 所示，测试人员可以对每一轮测试报告中给出的每个接口执行的结果进行分析，报告内容的详情会包含请求 url、请求 body、返回值、断言值等能够清晰地反馈错误的内容。

开始时间：2022-09-29 15:39:51
结束时间：2022-09-29 15:44:52
合计耗时：301.33s
用例总数：13
成功数：4
失败数：9
通过率：30.77%

所有(13)　成功(4)　失败(9)

用例　场景

执行任务[Paas低代码接口自动化V1.1]所有用例与场景

14-应用管理　　　　　　　　　　　　　　　　　　　　　　　　　X
　4594-业务建模-登录paas (ID:38-创建人:wangdongrun)　　　　　✓
　　5662-paas登录参数　　　　　　　　　　　　　　　　　　　✓
　174-新建应用 (ID:36-创建人:yuzhangcheng)　　　　　　　　　X
　　132-新增应用　　　　　　　　　　　　　　　　　　　　　X
　176-删除应用 (ID:36-创建人:yuzhangcheng)　　　　　　　　　✓

图 6-5　测试报告信息

5．接口自动化测试后续的规划及其相比于传统手动测试的优势

接口自动化测试后续的规划是接口自动化测试融入平台工具并加入定时调度功能来实现接口自动化测试持续集成，从而让测试人员能够更快、更轻松地介入每一个功能测试，并且让接口自动化测试的学习成本更低，适合新人上手使用。

相比于传统的手动测试和 UI 自动化测试，接口自动化测试因为介入项目开发的时间比较早，从而令 Bug 的修复成本降低，而且因为接口自动化测试是基于接口进行测试的，所以相比于传统的手动测试，其能够更加容易发现程序底层问题。UI 界面中元素的变动会给 UI 自动化测试的结果增加不确定性，而接口自动化测试刚好能够弥补 UI 自动化测试的不足。

6.1.4　低代码安全测试

1．定义

在理想情况下，安全的软件是指不存在任何安全漏洞，能够抵御各种攻击威胁的软件。现实中这样的软件是不可能存在的，因为安全威胁无处不在。

在软件开发的生命周期中，从需求、设计到实现，如果在安全方面稍有不慎，就有可能将安全漏洞引入软件。软件安全保障的思路是在软件开发生命周期中的各个阶段采取相应的安全措施，这样即使不能完全杜绝所有的安全漏洞，也可以做到避免和减少大部分安全漏洞。

由于信息系统所承载业务的风险在很大程度上与软件安全息息相关，因此软件安全保障已经成为当前信息安全需要解决的关键问题。

所以一套合格的系统上线，安全工作的内容包含安全需求评审、安全开发、安全测试、安全运营、应急响应等。

1）安全需求评审

通过安全需求评审会议，确定客户数据安全等级、服务器和环境的安全状况、是否需要风控支持，以及使用的技术栈、第三方组件版本、第三方 SDK 等是否安全等，减小攻击面。

2）安全开发

从前端角度看，安全开发主要包括数据规范内容；从后端角度看，安全开发主要包括数据库操作、管理控制台、内部接口调用、文件传输模块等内容。安全开发需满足的具体规范如图 6-6 所示。

图 6-6　安全开发需满足的具体规范

3）安全测试

下面的安全检查列表是根据之前安全需求评审会议的评审结果确定的，可以根据该安全检查列表进行安全测试：

- SQL 注入攻击漏洞。
- XSS（跨站脚本）攻击漏洞。
- CSRF（跨站请求伪造）攻击漏洞。
- SSRF（服务器端请求伪造）攻击漏洞。
- XXE（XML 外部实体注入）攻击漏洞。
- 命令注入攻击漏洞。
- 文件上传漏洞。
- 文件读取漏洞。
- 反序列化漏洞。
- 越权漏洞。
- 未授权访问漏洞。
- 后门检查。
- 敏感端口开放检查。
- 第三方组件安全检查。
- 业务逻辑安全问题。
- 业务逻辑漏洞。
- 供应链安全检查。
- 敏感数据加密。
- 配置不当导致的安全问题。
- Log4j 漏洞和 Fastjson 漏洞专项漏洞检查。
- 弱口令检查。
- 主机安全检查。

4）安全运营

快速响应客户反馈的安全问题，及时反馈已知的安全漏洞并推动更新，分析整体的安全舆情态势与业务安全风险，并培训其他非安全人员的个人安全意识，尽量避免人为原因导致的安全事件。

5）应急响应

如果发生计算机感染勒索病毒、"挖矿"程序植入、WebShell 攻击、网页篡改、DDoS（分布式阻断服务）攻击、数据泄露、流量劫持等安全事件，则应及时确定事件类型、时间范围，并进行进程排查、服务排查、文件排查、日志分析，得出结论后进行妥善处理。

2. API 安全检查

可以借助北京长亭科技有限公司的自研产品 xray 与自动化扫描平台结合进行自动化安全扫描。

可以借助的黑盒工具有 SQLMap、AWVS、xray、Goby、Burp Suite、Nessus、AppScan、Nuclei。

可以借助的白盒工具有火线 IAST、SonarQube。

可以借助自动化扫描平台扫描 API。例如，图 6-7 所示为自动化扫描平台。

图 6-7　自动化扫描平台

扫描报告地址与扫描结果分别如图 6-8 和图 6-9 所示。

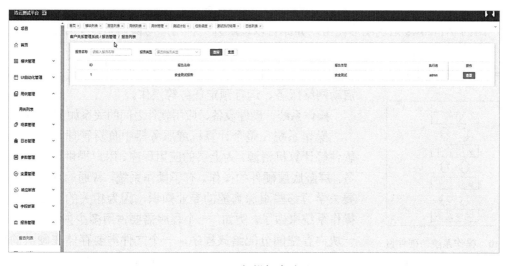

图 6-8　扫描报告地址

图 6-9　扫描结果

6.2　安装与部署

6.2.1　软件环境

1．操作系统

操作系统是一种管理计算机硬件和其他软件的一种程序，是软件系统的一部分，它是硬件基础上的第一层软件，是硬件和其他软件沟通的"桥梁"（或者说是接口、中间人、中介等）。操作系统可以控制其他程序运行、管理系统资源，不仅提供最基本的计算功能（如管理及配置内存、决定系统资源供需的优先次序等），还提供一些基本的服务程序（如文件系统、设备驱动程序、用户接口、系统服务程序等）。

- 文件系统：提供计算机存储信息的结构，信息存储在文件中，文件主要存储在计算机的内部硬盘里，在目录的分层结构中组织文件。文件系统为操作系统提供了组织、管理数据的方式。
- 设备驱动程序：提供连接计算机的每个硬件设备的接口，设备驱动器使程序能够写入硬件设备，而不需要了解执行每个硬件设备的细节。
- 用户接口：操作系统需要为用户提供一种运行程序和访问文件系统的方法。例如，常用的 Windows 系统图形化用户界面可以理解为一种用户与操作系统交互的方式，智能手机的 Android 或 iOS 系统也是一种用户与操作系统交互的方式。
- 系统服务程序：当计算机启动时，会自动启动许多系统服务程序，执行安装文件系统、启动网络服务、运行预定任务等操作。

操作系统、硬件设备、应用软件之间的关系如图 6-10 所示。

操作系统在整个计算机或服务器中负责管理与协调硬件、软件等计算机资源，为上层的应用程序、用户提供简单易用的服务，屏蔽底层硬件的操作。有了操作系统，普通的使用者就不需要去学习那些艰深晦涩的专业知识，因为相关的工作已经交由操作系统来做了。例如，一个程序需要占用多少内存空间，把哪一块内存空间分配给该程序，一个文件需要存储在硬盘的哪个磁道的哪个扇区，只有一个 CPU 的计算机为什么可以同时运行

```
用户
⇕ ⇕
应用软件
⇕ ⇕
操作系统
⇕ ⇕
硬件设备
```

图 6-10　操作系统、硬件设备、应用软件之间的关系

多个程序等，对于这些问题，使用者均无须关心，因为操作系统会帮助使用者处理。

操作系统的类型非常多样，不同机器安装的操作系统可以从简单到复杂，可以从移动电话的嵌入式系统到超级计算机的大型操作系统。许多操作系统的制造者对它涵盖范畴的定义也不尽一致。例如，有些操作系统集成了图形化用户界面，而有些操作系统则仅使用命令行界面，将图形化用户界面视为一种非必要的应用程序。目前流行的服务器和 PC 端操作系统有 Linux、Windows、UNIX 等，手机操作系统有 Android、iOS、Windows Phone（简称 WP），嵌入式操作系统有 Windows CE、Palm OS、ECOS、uCLinux 等。

而在应用软件服务行业中较为常用的操作系统是 Linux，Linux 通常被认为是一套操作系统，实际上它是一系列在 Linux 内核的基础上开发的操作系统的总称。例如，常见的 Ubuntu 及企业常用的 CentOS 其实都是 Linux 系统，我国的中标麒麟系统也是基于 Linux 内核进行封装生成的，上述操作系统都可以视为 Linux 系统大家族的成员。那么为什么 Linux 系统受众广呢？我们通过以下 7 点来看看它的优势。

1）完全免费

Linux 系统是一款免费的操作系统，用户可以通过网络或其他途径免费获得，并可以任意修改其源代码，这是其他操作系统做不到的。正是由于这一点，全世界无数的程序员参与了 Linux 系统的修改、编写工作，程序员可以根据自己的兴趣和灵感对其进行改变，这让 Linux 系统吸收了无数程序员的精华，不断壮大。

2）完全兼容 POSIX 1.0 标准

这使得可以在 Linux 系统中通过相应的模拟器运行常见的 DOS、Windows 系统的程序。这为用户从 Windows 系统转到 Linux 系统奠定了基础。许多用户在考虑使用 Linux 系统时，就想到以前在 Windows 系统中常见的程序是否能够正常运行，这一点就消除了他们的疑虑。

3）多用户、多任务

Linux 系统支持多用户，各个用户对自己的文件设备有自己特殊的权利，保证了各用户之间互不影响。多任务是现在计算机主要的一个特点，Linux 系统可以使多个程序同时并独立地运行。

4）良好的界面

Linux 系统同时具有字符界面和图形化用户界面。在字符界面，用户可以通过键盘输入相应的指令进行操作。它还提供类似 Windows 系统图形化用户界面的 X-Window 系统，用户可以使用鼠标对其进行操作。在 X-Window 系统环境中就和在 Windows 系统环境中相似，其可以说是一个 Linux 版的 Windows 系统。

5）丰富的网络功能

UNIX 系统是在互联网的基础上繁荣起来的，Linux 系统的网络功能当然不会逊色。它的网络功能和其内核紧密相连，在这方面，Linux 系统要优于其他操作系统。在 Linux 系统中，用户可以轻松实现网页浏览、文件传输、远程登录等操作。安装 Linux 系统的服务器可以提供 WWW、FTP、E-mail 等服务。

6）可靠的安全、稳定性能

Linux 系统采取了许多安全技术措施，如对读与写进行权限控制、审计跟踪、核心授权等技术，为安全提供了保障。Linux 系统由于需要应用到网络服务器，因此对稳定性有比较高的要求，实际上，Linux 系统在这方面十分出色。

7）支持多种平台

Linux 系统可以运行在多种硬件平台上，如具有 x86、680x0、SPARC、Alpha 等处理器的平台。此外，Linux 系统还是一种嵌入式操作系统，可以运行在掌上电脑、机顶盒或游戏机上。2001 年 1 月发布的 Linux 2.4 版内核已经能够完全支持 Intel 64 位芯片架构。同时，Linux 系统也支持多处理器技术。多个处理器同时工作，使系统性能大大提高。

因此，Linux 系统是一套免费使用和自由传播的类 UNIX 系统，是一种多用户、多任务、支持多线程和多 CPU 的操作系统，是一种性能稳定的多用户网络操作系统。Linux 系统在它的支持者眼中是一种近乎完美的操作系统，它具有运行稳定、功能强大、获取方便等优点，因而有着广阔的前景，值得每一个计算机爱好者学习和应用。

2．依赖包

在安装 Python、MySQL 等软件时，需要专门下载一些依赖包，而在使用 Linux 系统时，如果需要在 Linux 系统上运行一些应用软件，则经常也需要下载一些依赖包。Linux 系统和其他操作系统一样，都是模块化的设计，也就是说，功能互相依靠，即有些功能需要一些其他功能来支撑，这样可以提高代码的可重用性。

大部分依赖包都是库文件（这些库文件分为动态库文件和静态库文件），如果一个程序的依赖包没有安装，只安装了这个程序，则该程序不能使用。比如，要安装某个软件，这个软件又依赖于某个开发包，这个开发包包含这个软件所要运行的环境文件，这就是依赖关系。例如，要在优酷网观看视频，就需要安装 Flash，这是因为优酷网的播放器是基于 Flash 开发的。那么在 Linux 系统中应该如何查询所需要安装的依赖包呢？这时可以使用 rpm 命令来查询软件的依赖包，如图 6-11 所示，查询结果如图 6-12 所示。

```
[root@testvm02 ~]# rpm -q ghostscript #查看对应的rpm包
ghostscript-8.70-19.el6.x86_64
[root@testvm02 ~]# rpm -qR ghostscript #R的意思就是requires就是依赖哪些软件包
```

图 6-11 使用 rpm 命令查询软件的依赖包

```
/bin/sh
/sbin/ldconfig
/sbin/dconfig
config(ghostscript)=8.70-19.el6
ghostscript-fonts
libICE.5o.6()(64bit)
1ibsM.so.6()(64bit)
1ibx11.5o.6()(64bit)
1ibxext.so.6()(64bit)
1ibxt.so.6()(64bit
1ibc.so.6()(64bit
1ibc.so.6(GLIBC_2.1164bit)
1ibc.So.6(GLIBC2.2.5)(64bit)
1ibc.so.6(GLIBC_2.3)(64bit)
1ibc.S0.6(GLIBC2.3.4)(64bit)
1ibc.so.6(GLIBC_2.4)(64bit)
1ibc.So.6(GLIBC2.7)(64bit)
libcairo.so.2()(64bit)
1ibcom_err.so.2()(64bit)
libcrypt.so.1()(64bit)
libcups.so.2()(64bit)
1ibcupsimage.so.2()(64bit)
1ibdl.so.2()(64bit)
1ibd1.So.2(GLIBC_2.2.5)(64bit)
libfontconfig.so.1()(64bit)
libgs.so.8()(64bit)
libgssapi_krb5.so.2()(64bit)
```

图 6-12 依赖包查询结果

也可以查看某个软件包被哪些软件包依赖了，防止在删除某个软件包后，依赖这个软件包的软件无法正常运行，如图 6-13 所示。

```
[root@testvmo2~]#rpm -q nfs-utils
nfs-utils-1.2.3-54.e16.x86_64
[root@testvmo2~]#rpm -e --test nfs-utils
error: Failed dependencies:
    nfs-utils >-1.2.1-11 is needed by (installed) nfs-utils-1ib-1.1.5-9.el6.x86_64
[root@testvma2 ] rpm -e --test nfs-utils
error: Failed dependencies:
    nfs-utils >-1.2.1-11 is needed by (installed) nfs-utils-1ib-1.1.5-9.el6.x86_64
[root@testvme2 ~]rpm -e --test gcc
[root@testvme2 ~]rpm -q gcc
gcc-4.4.7-11.e16.x86_64
[root@testvme2~]# rpm -9 gcc
[root@testvme2~]# rpm -9 gcc
package gcc is not installed
```

图 6-13　检测软件包并删除

3. 防火墙

在计算机领域，防火墙（Firewall）就是基于预先定义的安全规则来监视和控制来往的网络流量的网络安全系统。防火墙的核心是隔离，其将受信任的内部网络和不受信任的外部网络隔开。内部网络一般是公司的内部局域网，外部网络一般是 Internet。一般防火墙工作在网络或主机边缘，基于一定的规则对进出网络或主机的数据包进行检查，并在匹配某条规则时由该规则定义的行为进行处理，基本上的实现都是默认在情况下关闭所有的通过型访问，只开放允许访问的策略。

Linux 系统中防火墙的核心是 Netfilter。Netfilter 是 Linux 系统集成在内核的一个框架，它允许以自定义处理程序的形式实现与网络相关的各种操作（如允许丢弃或修改数据包等）。Netfilter 提供了包过滤（Packet Filtering）、网络地址转换（Network Address Translation，NAT）和端口转换（Port Translation）等功能，这些功能提供了在网络中重定向数据包和禁止数据包到达网络中的敏感位置所需的能力。Netfilter 代表了 Linux 内核中的一组钩子（hooks），其允许特定的内核模块向内核的网络堆栈注册回调函数。这些回调函数通常以过滤和修改规则的形式应用于流量，每个遍历网络堆栈中相应钩子的数据包都要调用这些回调函数。

图 6-14 所示为 Netfilter 的组成。Netfilter 在内核中选取 5 个位置放了 5 个钩子函数（INPUT、OUTPUT、FORWARD、PREROUTING、POSTROUTING），而这 5 个钩子函数向用户开放，用户可以通过一个命令工具（如 iptables）向其写入规则，规则由信息过滤表（table）组成，信息过滤表包含内核用来控制信息包过滤处理的规则集（ruleset），规则被分组放在链（chain）上。而系统管理员可以使用工具（如 iptables）来新增自定义的链，iptables 是一个工作在用户空间的工具软件，其允许系统管理员配置由 Linux 内核防火墙（由多个 Netfilter 内核模块实现）提供的表，表中存有多个链和规则。也可以使用 iptables 编写规则，写好的规则被送往 Netfilter 内核模块，"告诉"内核如何处理信息包。

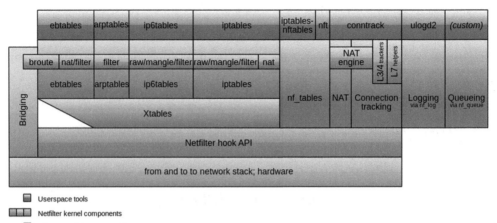

图 6-14　Netfilter 的组成

6.2.2　Linux

1．文件管理

Linux 系统的目录结构如图 6-15 所示。

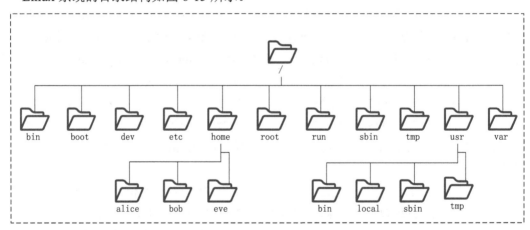

图 6-15　Linux 系统的目录结构

按照 Windows 系统常用的一些文件操作命令来介绍一下 Linux 系统常用的文件管理命令，首先从路径分类开始。

（1）绝对路径：从根目录开始的路径是绝对路径。例如，图 6-16 所示为绝对路径。

```
root@haostudioV3_192-168-9-214 /]# touch /home/iotmp/file
root@haostudioV3_192-168-9-214 /]#
```

图 6-16　绝对路径

（2）相对路径：相对于当前位置开始的路径为相对路径。例如，图 6-17 所示为相对路径。

```
[root@haostudioV3_192-168-9-214 ~]# pwd
/root
[root@haostudioV3_192-168-9-214 ~]# mkdir abc
[root@haostudioV3_192-168-9-214 ~]# touch abc/file
[root@haostudioV3_192-168-9-214 ~]#
```

图 6-17　相对路径

（3）改变目录：可以通过 cd 命令来改变当前进入的目录，如图 6-18 所示。

```
cd /home/alice                    #绝对路径
cd ..                             #相对路径
```

图 6-18　改变目录

（4）创建目录：可以通过 mkdir 命令来创建自己想要的目录，如图 6-19 所示。

```
mkdir tools        //在当前目录下创建一个名为tools的目录
mkdir /bin/tools   //在指定目录下创建一个名为tools的目录
```

图 6-19　创建目录

（5）创建文件：可以通过 touch 命令来创建自己想要的文件，如图 6-20 所示。

```
touch  a.txt       //在当前目录下创建名为a的txt文件（文件不存在），如果文件存在，将文件时间属性修改为当前系统时间
```

图 6-20　创建文件

（6）复制文件：可以通过 cp 命令来复制对应的文件和目录，命令格式为"cp [OPTION]...
[-T] SOURCE DEST"，如图 6-21 所示。

```
#下面的命令将指定文件/usr/tmp/file1.txt复制到当前目录下
cp /usr/tmp/file1.txt .

#下面的命令将源文件/usr/tmp/file1.txt复制到目录/usr/tmp下，并改名为 file1.html
cp /usr/tmp/file1.txt  /usr/tmp/file1.html

#下面的命令将目录/usr/men下的所有文件及其子目录复制到目录/usr/zh中
cp -r /usr/men /usr/zh
```

图 6-21　复制文件

（7）移动文件：可以通过 mv 命令来移动对应的文件和目录，如图 6-22 所示。

```
#下面的命令将car.ini文件移到指定的/opt/games/gta6/model目录中
mv car.ini /opt/games/gta6/model

#下面的命令将car.ini 的名称将被更改为 boat.ini
mv car.ini boat.ini

#下面的命令将目录 config 整个目录移动到了 /opt/games/gta6/model 目录中
mv config model
# 当然还可以是绝对路径
mv config /opt/games/gta6/model

#下面的命令将将目录 config 的名称更改为 config4gta6
mv config config4gta6
```

图 6-22　移动文件

（8）删除文件：可以通过 rm 命令来删除文件或目录，其中删除命令有两个附加参数，r
表示递归删除文件或目录，f 表示强制删除文件或目录，在删除文件的过程中，我们可以使用
通配符"*"来删除关联的文件，如图 6-23 所示。

```
rm -rf dir1/              #删除/dir1
rm -rf /home/dir10/*      #删除/home/dir10/目录下所有文件，不包括隐藏文件
rm -rf file1*             #删除目录下文件名以file1开头的文件
```

图 6-23　删除文件

223

2. 权限管理

设置权限的原因如下：

（1）服务器中的数据价值。

（2）员工的工作职责和分工不同。

（3）应对来自外部的攻击。

（4）内部管理的需要。

在多用户计算机系统的管理中，权限是指某个特定的用户具有特定的系统资源使用权利。在 Linux 系统中有读、写、执行权限，它们的区别如表 6-1 所示。

表 6-1　Linux 系统中读、写、执行权限的区别

	针 对 文 件	针 对 目 录
读（r）	表示是否可以查看文件内容	表示是否可以查看目录中存在的文件名称
写（w）	表示是否可以更改文件内容	表示是否可以删除目录中的子文件或新建子目录
执行（x）	表示是否可以开启文件中记录的程序，一般指二进制文件	表示是否可以进入目录

Linux 系统中有两种用户：超级用户（root）和普通用户。超级用户可以在 Linux 系统中做任何事情，不受限制，超级用户的命令提示符是"#"，如图 6-24 所示。普通用户的权限没有超级用户的权限那么高，普通用户只可以在 Linux 系统中做有限的事情，受到限制，普通用户的命令提示符是"$"，如图 6-25 所示。

图 6-24　超级用户

图 6-25　普通用户

每个目录或文件都有一个所有者。在 Linux 系统中，所有者分为以下 3 类。

（1）属主（owner）：文件的创建者或拥有者，换句话说，属主表示某个用户对这个文件具有权限，在 Linux 系统中，用 u 表示文件的属主（默认是文件的创建者）。

（2）属组（group）：文件所属的用户组，换句话说，属组表示某个用户组对这个文件具有权限，在 Linux 系统中，用 g 表示文件的属组（默认是创建文件的用户的主组）。

（3）其他用户（others）：除上面提到的属主和属组中的用户以外的所有用户对这个文件具有权限，在 Linux 系统中，用 o 表示既不是文件的创建者，也不在文件所属组中的用户。

上述 3 种类型的所有者各自具有不同的权限，对于一个文件来说，其权限具体分配如图 6-26 所示。

图 6-26 权限具体分配

图 6-26 所示内容第一行中的前 10 位字符表示的含义如下：

第 1 位表示文件类型。

第 2～4 位表示文件的属主权限，即文件所有者的权限情况，第 2 位 "r" 表示读权限，第 3 位 "w" 表示写权限，第 4 位 "x" 表示执行权限。

第 5～7 位表示文件的属组权限，即与文件所有者同组的用户的权限情况，第 5 位 "r" 表示读权限，第 6 位 "-" 表示不可写，第 7 位 "x" 表示执行权限。

第 8～10 位表示其他权限，即除文件的属主和文件的属组中的用户以外的其他用户的权限情况，第 8 位 "r" 表示读权限，第 9 位 "-" 表示不可写，第 10 位 "x" 表示执行权限。

如果没有权限，则要怎样设置文件或目录的权限呢？

在 Linux 系统中，可以用 chmod 命令来设置权限，语法格式如下：

```
chmod [选项] 权限模式 文件名
```

上述语句的作用是增加或减少当前文件所有者的权限（注意，不能改变所有者，只能改变现有所有者的权限）。

常用选项为-R，表示递归设置权限（当文件类型为目录时）。

权限模式就是该文件需要设置的权限信息。

需要注意的是，如果想要给文件设置权限，则操作者需要是 root 用户或文件的所有者。使用以下案例来讲解 Linux 系统中的权限分配操作。

（1）用法一：

```
chmod -R 要增加的权限 文件名
```

例如，为 quanxian.txt 文件的属主增加执行权限，如图 6-27 所示。

```
File Edit View Search Terminal Help
[root@localhost ~]# cd /usr/local/
[root@localhost local]# touch quanxian.txt
[root@localhost local]# ll quanxian.txt
-rw-r--r--. 1 root root 0 Feb 14 16:44 quanxian.txt
[root@localhost local]#
[root@localhost local]#
[root@localhost local]# chmod -R u+x quanxian.txt
[root@localhost local]# ll quanxian.txt
-rwxr--r--. 1 root root 0 Feb 14 16:44 quanxian.txt
[root@localhost local]#
```

图 6-27 增加权限案例 1

（2）用法二：

`chmod -R 多个要增加的权限 文件名`

例如，为 quanxian.txt 文件的属组和该文件的其他用户增加执行权限，如图 6-28 所示。注意，当同时改变多个对象的权限时，多个对象的权限之间使用英文逗号（,）隔开。

如图 6-28　增加权限案例 2

（3）用法三：

`chmod -R 要减少的权限 文件名`

例如，为 quanxian.txt 文件的其他用户减少执行权限，如图 6-29 所示。

图 6-29　减少权限案例

（4）用法四：

`chmod -R 要赋予的权限 文件名`

例如，为 quanxian.txt 文件的属主、属组、其他用户都赋予读、写、执行权限，如图 6-30 所示。

图 6-30　增加权限案例 3

（5）用法五：

```
chmod -R 要赋予的权限 目录名
```

例如，为 quanxianfolder/ 目录的所有用户（属主、属组、其他用户）都赋予读、写、执行权限，如图 6-31 所示。

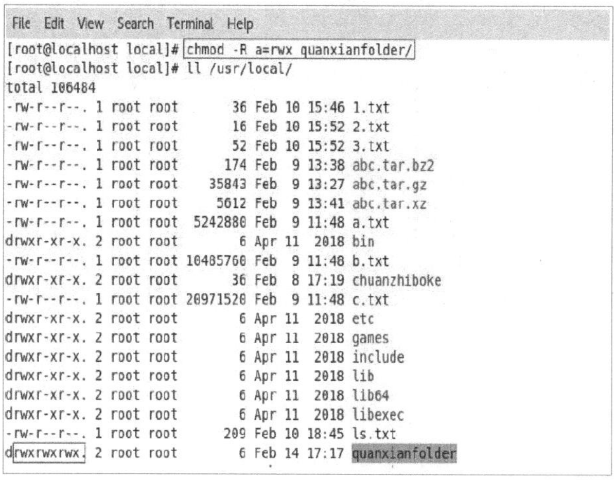

图 6-31 增加权限案例 4

通过以上案例，可以总结出 Linux 系统中的权限分配操作大致分为 3 个阶段。

第一个阶段，给谁设置：

- u 可以给属主设置权限。
- g 可以给属组设置权限。
- o 可以给其他用户设置权限。
- ugo 可以给所有用户（属主、属组、其他用户）设置权限。
- a 可以给所有用户（属主、属组、其他用户）设置权限。

第二个阶段，怎么设置：

- +用于添加权限。
- -用于减少权限。
- =用于赋予权限。

第三个阶段，增加、减少或赋予什么权限：

- r 表示读权限。
- w 表示写权限。
- x 表示执行权限。

在一些技术书籍或论坛中，经常可以看到使用数字进行 Linux 系统中的权限分配操作，如 "# chmod 777 a.txt" 命令，数字形式的权限称为数字权限。权限与数字的对应关系如表 6-2 所示。

表 6-2 权限与数字的对应关系

权　限	数　字	备　注
读（r）	4	可读
写（w）	2	可写
执行（x）	1	可执行

可以通过图 6-32 所示的数字权限对比来识别权限与数字的关系。

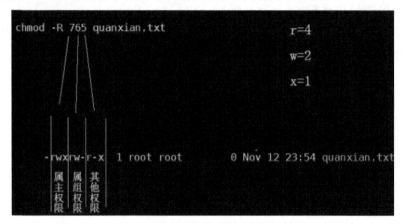

图 6-32　数字权限对比

也可以通过一些数字权限案例来了解数字权限的操作过程。

用法：

chmod -R 要赋予的权限（数字形式）　文件名

例如，为 quanxian.txt 文件的属主增加所有权限，为该文件的属组增加读和写权限，为该文件的其他用户增加读和执行权限，如图 6-33 所示。

```
File  Edit  View  Search  Terminal  Help
[root@localhost local]# chmod -R 765 quanxian.txt
[root@localhost local]# ll quanxian.txt
-rwxrw-r-x. 1 root root 0 Feb 14 16:44 quanxian.txt
[root@localhost local]#
```

图 6-33　增加权限案例 5

通过上述对比可以发现：

- 所有权限为 7 = r+w+x = 4+2+1。
- 读和写权限为 6 = r+w = 4+2。
- 读和执行权限为 5 = r+x = 4+1。

综上所述，u=7，g=6，o=5。

上面讲述的都是对文件或目录增加、减少权限，那么是否可以修改文件的属组呢？答案是可以。在 Linux 系统中，可以使用 chgrp 命令来修改文件的属组，语法格式如下：

chgrp [-R] 新文件组名称 文件路径

例如，将 readme.txt 文件的属组修改为 "itcast"，如图 6-34 所示。

图 6-34　修改文件的属组

那么是否可以通过一个命令实现同时修改文件的属主和属组呢？答案是可以。在 Linux

系统中，通常使用 chown 命令来同时修改文件的属主和属组，语法格式如下：

```
chown [-R] username:groupname 文件路径
```

例如，将 readme.txt 文件的属主与属组都修改为 "root"，如图 6-35 所示。

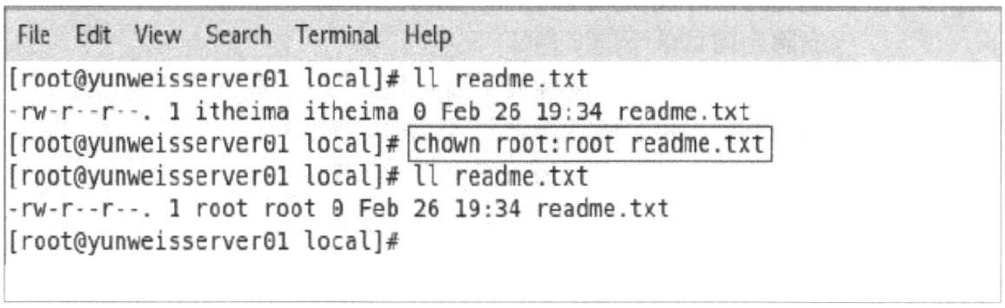

```
File  Edit  View  Search  Terminal  Help
[root@yunweisserver01 local]# ll readme.txt
-rw-r--r--. 1 itheima itheima 0 Feb 26 19:34 readme.txt
[root@yunweisserver01 local]# chown root:root readme.txt
[root@yunweisserver01 local]# ll readme.txt
-rw-r--r--. 1 root root 0 Feb 26 19:34 readme.txt
[root@yunweisserver01 local]#
```

图 6-35　修改文件的属主与属组

3．常用命令

这里主要介绍较为常用的 Linux 系统命令，Linux 系统的命令一般由 3 部分组成：命令、参数名、参数值。下面列举一些常用操作的命令。

1）基础操作的命令

（1）关闭系统的命令示例如下：

```
shutdown -h now 或者 poweroff        //立刻关机
shutdown -h 2                        //两分钟后关机
```

（2）重启系统的命令示例如下：

```
shutdown -r now 或者 reboot          //立刻重启系统
shutdown -r 2                        //两分钟后重启系统
```

（3）help：该命令用于显示 Shell 内部命令的帮助信息。示例如下：

```
ifconfig --help                      //查看 ifconfig 命令的用法
```

（4）man（命令说明书）：该命令用于查看 Linux 系统中的命令、函数的帮助文档，让使用者掌握命令或函数的用法及不同参数的含义。示例如下：

```
man shutdown        //查看 shutdown 命令的用法。打开命令说明书后，可以按 q 键退出
```

（5）su：该命令用于切换当前用户身份到指定用户身份，或者以指定用户的身份执行命令或程序。示例如下：

```
su yao              //切换为用户 "yao"，输入该命令后按 Enter 键，需要输入该用户的密码
exit                //退出当前用户
```

2）目录操作的命令

（1）cd：该命令用于切换当前工作目录。示例如下：

```
cd /            //切换到根目录
cd /bin         //切换到根目录下的 bin 目录
cd ../          //切换到上一级目录，或者使用 "cd .." 命令
cd ~            //切换到 home 目录
cd -            //切换到上次访问的目录
cd xx(目录名)   //切换到本目录下的名为 xx 的文件目录，如果该目录不存在，则报错
cd /xxx/xx/x    //可以输入完整的路径，直接切换到目标目录，输入过程中可以使用 Tab 键快速补全命令
```

（2）ls：该命令用于查看当前目录下的所有内容，包括子目录和文件。示例如下：

```
ls          //查看当前目录下的所有目录和文件
ls -a       //查看当前目录下的所有目录和文件（包括隐藏的文件）
ls -l       //列表查看当前目录下的所有目录和文件（列表查看，显示更多信息），与 "ll" 命令的效果一样
ls /bin     //查看指定目录下的所有目录和文件
```

（3）mkdir：该命令用于在当前工作目录中创建新的目录。示例如下：

```
mkdir tools              //在当前目录下创建一个名为tools的目录
mkdir /bin/tools         //在指定目录下创建一个名为tools的目录
```

（4）rm：该命令用于删除目录或文件。示例如下：

```
rm 文件名                //删除当前目录下的文件
rm -f 文件名             //删除当前目录下的文件（不询问）
rm -r 目录名             //递归删除当前目录下指定的目录
rm -rf 目录名            //递归删除当前目录下指定的目录（不询问）
rm -rf *                 //将当前目录下的所有目录和文件全部删除
rm -rf /*                //将根目录下的所有文件全部删除（慎用！相当于格式化系统）
```

（5）find：该命令用于在指定目录下按照指定条件来查找文件或目录。示例如下：

```
find /bin -name 'a*' //查找/bin目录下的所有名称以a开头的文件或目录
find . -name "*.c"     //查找当前目录及其子目录下扩展名为".c"的所有文件
find . -type f         //查找当前目录及其子目录下所有的一般文件
find . -ctime -20      //查找当前目录及其子目录下所有最近20天内更新过的文件
//查找/var/log目录中更改时间在7天以前的普通文件，并在删除之前询问它们
find /var/log -type f -mtime +7 -ok rm {} \;
//查找当前目录中文件属主具有读、写权限，并且文件所属组的用户和其他用户具有读权限的文件
find . -type f -perm 644 -exec ls -l {} \;
//查找系统中所有文件长度为0的普通文件，并且列出它们的完整路径
find / -type f -size 0 -exec ls -l {} \;
```

（6）pwd：该命令用于显示用户当前所处工作目录的完整路径。示例如下：

```
pwd                      //显示当前位置路径
```

3）文件操作的命令

（1）touch：该命令用于修改文件或目录的访问时间和修改时间，如果文件或目录不存在，则可以用于创建新的文件或目录。示例如下：

```
touch a.txt              //在当前目录下创建名为a的txt文件
```

（2）vi：vi不仅是类UNIX系统的文本编辑命令，也是文本编辑器，其功能非常强大，可以用来编辑文本文件。语法格式如下：

```
vi 文件名                //打开需要编辑的文件
```

vi编辑器有3种模式：命令模式（Command Mode）、插入模式（Insert Mode）和底行模式（Last Line Mode）。

① 命令模式：

- 刚进入文件就是命令模式，通过方向键控制光标的位置。
- 使用"dd"命令删除当前整行。
- 使用"/字符"命令查找内容。
- 按i键在光标所在字符前开始插入内容。
- 按a键在光标所在字符后开始插入内容。
- 按o键在光标所在行的下面另起一行插入内容。
- 按:（冒号）键进入底行模式。

② 插入模式：

- 此时可以对文件的内容进行编辑，窗口左下角会显示"-- 插入 --"。
- 按Esc键进入底行模式。

③ 底行模式：

- 使用 ":q" 命令退出编辑器。
- 使用 ":q!" 命令强制退出编辑器。
- 使用 ":wq" 命令保存文件并退出编辑器。

操作步骤示例如下：

① 保存文件并退出编辑器：按 Esc 键→输入 ":"→输入 "wq"，按 Enter 键。

② 撤销本次修改并退出编辑器：按 Esc 键→输入 ":"→输入 "q!"，按 Enter 键。

补充：另一种常用的文本编辑命令是 vim，vim 和 vi 一样，既是文本编辑命令，也是文本编辑器，对于使用者来说，vim 是 vi 的增强版，其可以提供一些更方便的功能，如语法高亮、拼写检查等。示例如下：

```
vim +10 filename.txt //打开文件并跳到第 10 行
vim -R /etc/passwd    //以只读模式打开文件
```

（3）用于查看文件的命令包括 cat、less、more、tail 等。示例如下：

```
cat a.txt              //查看文件最后一屏内容
less a.txt             //PgUp 向上翻页，PgDn 向下翻页，按 q 键退出查看
more a.txt             //显示百分比，按 Enter 键查看下一行，按空格键查看下一页，按 q 键退出查看
tail -100 a.txt        //查看文件的后 100 行，按 Ctrl+C 组合键退出查看
```

（4）grep：该命令用于在文件中按照指定条件查找文本，并将查找结果输出。示例如下：

```
grep -i "the" demo_file        //在文件中查找字符串（不区分大小写）
grep -A 3 -i "example" demo_text   //输出成功匹配的行，以及该行之后的三行
grep -r "ramesh" *             //在一个目录中递归查找包含指定字符串的文件
```

（5）which：该命令用于在环境变量 $PATH 设置的目录中查找符合条件的文件。示例如下：

```
which bash                     //查看 "bash" 命令的绝对路径
```

（6）service：该命令用于运行 System V init 脚本，这些脚本一般位于 /etc/init.d 目录下，这个命令可以直接运行这个目录中的脚本，而不用加上路径。示例如下：

```
service ssh status             //查看服务状态
service --status-all           //查看所有服务状态
service ssh restart            //重启服务
```

（7）free：该命令用于显示系统当前内存的使用情况，包括已用内存、可用内存和交换内存的情况。示例如下：

```
free -g     //以 GB 为单位输出内存的使用量，-g 为 GB，-m 为 MB，-k 为 KB，-b 为字节
free -t     //查看所有内存的汇总
```

（8）df：该命令用于显示文件系统的磁盘空间使用情况。示例如下：

```
df -h       //以方便阅读的方式显示数据，按 1024 进制换算单位
```

（9）date：该命令用于显示和设置系统时间和系统日期。示例如下：

```
date -s "01/31/2010 23:59:53"     ///设置系统时间
```

（10）scp：该命令用于通过 SSH 协议安全地将本地的文件复制到远程服务器中和从远程服务器中复制文件到本地。示例如下：

```
//将本地 opt 目录下的 data 文件发送到 192.168.1.101 服务器的 opt 目录下
scp /opt/data.txt 192.168.1.101:/opt/
```

（11）yum：该命令用于安装、更新、卸载软件包。示例如下：

```
yum install httpd              //安装 httpd 软件包
yum update httpd               //更新 httpd 软件包
yum remove httpd               //卸载/删除 httpd 软件包
```

6.2.3 Docker

1. Docker 安装

Docker 是一个开源的应用容器引擎，基于 Go 语言开发，并遵从 Apache 2.0 协议开源。Docker 可以让开发者打包他们的应用及依赖包到一个轻量级、可移植的容器中，然后发布到任何流行的 Linux 机器上，也可以实现虚拟化。完全使用沙箱机制，容器相互之间不会有任何接口（类似 iPhone 中的 App），更重要的是，在性能表现上，容器资源消耗少，开销极低。Docker 本身是一个容器运行载体（或称为管理引擎），Docker 的架构如图 6-36 所示。我们把应用程序和配置依赖打包成一个可交付的运行环境，这个打包好的运行环境就是 image 镜像文件。只有通过这个 image 镜像文件才能生成 Docker 容器。image 镜像文件可以看作容器的模板。Docker 根据 image 镜像文件生成容器的实例。同一个 image 镜像文件可以生成多个同时运行的容器实例。image 镜像文件生成的容器实例本身也是一个文件，称为镜像文件。一个容器运行一种服务，当我们需要时，就可以通过 Docker 客户端创建一个对应的运行实例，也就是我们的容器，至于仓库，就是放了一堆镜像的地方，我们可以把镜像发布到仓库中，当需要时将其从仓库中拉下来就可以了。

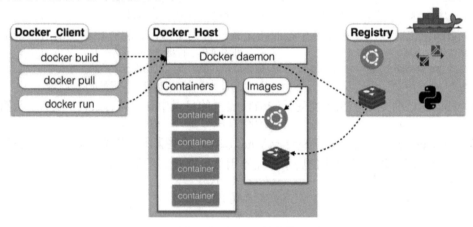

图 6-36　Docker 的架构

Docker 运行在 CentOS 7 系统上，要求系统为 64 位、系统内核版本为 3.10 以上。在安装 Docker 之前，先通过 uname -r 命令打印当前系统相关内核版本号、硬件架构、主机名称和操作系统类型等信息，如图 6-37 所示。

```
[root@sitecode]#cat/etc/os-release
NAME="Centos Linux"
VERSION="7(COre)"
ID="centos"
ID_LIKE="rhel fedora"
VERSION_ID="7"
PRETTY_NAME="CentoS Linux 7 (Core)"
ANSI_COLOR="e;31"
CPE_NAME="cpe:/o:centos:centos:7"
HOME_URL="https://wwW.centos.org/"
BUG_REPORT_URL="https://bugs.centos.org/"


CENTOS_MANTISBT_PROJECT="CentOS-7"
CENTOS_MANTISBT_PROJECT_VERSION="7"
REDHAT_SUPPORT_PRODUCT="CentOS"
```

图 6-37　系统版本信息

使用 yum 命令安装 gcc 相关环境，如图 6-38 所示。

```
yum -y install gcc
yum -y install gcc-c++
```

图 6-38　使用 yum 命令安装 gcc 相关环境

如果虚拟机中已经安装旧版本的 Docker，则需要先卸载已有的 Docker，如图 6-39 所示。

```
sudo yum remove docker \
                docker-client \
                docker-client-latest \
                docker-common \
                docker-latest \
                docker-latest-logrotate \
                docker-logrotate \
                docker-engine
```

图 6-39　卸载旧版本的 Docker

使用 yum install yum-utils 命令安装好依赖包。设置镜像仓库，如图 6-40 所示。

```
#错误（官网上的地址会报错，因为访问外网的原因）
yum-config-manager --add-repo
https://download.docker.com/linux/centos/docker-ce.repo
##报错
[Errno 14] curl#35 - Tcp connection reset bypeer
[Errno 12] curl#35 - Timeout


#正确推荐使用国内的
yum-config-manager--add-repohttp://mirrors.aliyun.com/docker-ce/linux/centos/docker-ce.repo
```

图 6-40　设置镜像仓库

更新 yum 软件包索引，如图 6-41 所示。

```
yum makecache fast
```

图 6-41　更新 yum 软件包索引

安装 Docker CE，如图 6-42 所示。

```
yum install -y docker-ce docker-ce-cli containerd.io
```

图 6-42　安装 Docker CE

根据以上步骤将 Docker 安装完成后，可以通过命令来启动 Docker，如图 6-43 所示。

```
#启动Docker，但是重启之后需要重新启动
systemctl start docker

#设置开机自启动
systemcti enable docker.service
systemcti enable containerd.service

#关闭开机自启动
systemctl disable docker.service
systemctl disable containerd.servie
```

图 6-43　启动 Docker

2. 镜像

Docker 镜像（Image）就是一个只读的模板。镜像可以用来创建 Docker 容器，一个镜像

可以创建很多容器。就好似.NET 中的类和对象，镜像就是类，容器就是对象。镜像是一种文件存储形式，是冗余的一种类型，一个磁盘上的数据在另一个磁盘上存在一个完全相同的副本，这个副本就是镜像。可以把许多文件做成一个镜像文件，与 GHOST 等程序放在一个盘里用 GHOST 等程序打开后，又恢复成许多文件，RAID 1 和 RAID 10 使用的就是镜像。常见的镜像文件格式有 ISO、BIN、IMG、TAO、DAO、CIF、FCD。

Docker 提供了一套语法命令来维护和操作镜像。

（1）查看自己服务器中的镜像列表的语法格式如下：

```
docker images
```

（2）搜索镜像的语法格式如下：

```
docker search 镜像名
```

例如，图 6-44 中的"docker search --filter=STARS=9000 mysql"命令表示搜索 STARS >9000 的 mysql 镜像。

```
[root@alibyleilei ~]# docker search --filter=STARS=9000 mysql
NAME        DESCRIPTION                              STARS   OFFICIAL   AUTOMATED
mysql       MySQL is a widely used, open-source relation…  9520    [OK]
[root@alibyleilei ~]#
```

图 6-44　搜索镜像

（3）拉取镜像的语法格式如下：

```
docker pull 镜像名
docker pull 镜像名:tag
```

例如，拉取 mysql 镜像，如图 6-45 所示。

```
[root@alibyleilei ~]# docker pull mysql        如果拉取mysql 镜像的命令中 未加tag，则拉取最新镜像
Using default tag: latest
latest: Pulling from library/mysql
afb6ec6fdc1c: Pull complete
0bdc5971ba40: Pull complete
97ae94a2c729: Pull complete
f777521d340e: Pull complete
1393ff7fc871: Pull complete
a499b89994d9: Pull complete
7ebe8eefbafe: Pull complete
597069368ef1: Pull complete
ce39a5501878: Pull complete
7d545bca14bf: Pull complete
0f5f78cccacb: Pull complete
623a5dae2b42: Pull complete
Digest: sha256:beba993cc5720da07129078d13441745c02560a2a0181071143e599ad9c497fa
Status: Downloaded newer image for mysql:latest
docker.io/library/mysql:latest
[root@alibyleilei ~]# docker images
REPOSITORY      TAG         IMAGE ID        CREATED        SIZE
mysql           latest      94dff5fab37f    5 days ago     541MB
[root@alibyleilei ~]#
```

图 6-45　拉取 mysql 镜像

（4）运行镜像的语法格式如下：

```
docker run 镜像名
docker run 镜像名:tag
```

例如，运行 tomcat 镜像，如图 6-46 所示。

图 6-46　运行 tomcat 镜像

（5）删除镜像的语法格式如下：

```
#删除一个镜像
docker rmi -f 镜像名/镜像 ID
#删除多个镜像，镜像名或镜像 ID 之间使用空格隔开即可
docker rmi -f 镜像名/镜像 ID 镜像名/镜像 ID 镜像名/镜像 ID
#删除全部镜像，-a 表示显示全部镜像，-q 表示只显示镜像 ID
docker rmi -f $(docker images -aq)
```

（6）保存镜像的语法格式如下：

```
docker save 镜像名/镜像 ID -o 镜像保存的位置
```

例如，将 tomcat 镜像保存在/myimg.tar 文件中，如图 6-47 所示，并查看根目录中是否存在 myimg.tar 文件，如图 6-48 所示。

图 6-47　将 tomcat 镜像保存在/myimg.tar 文件中

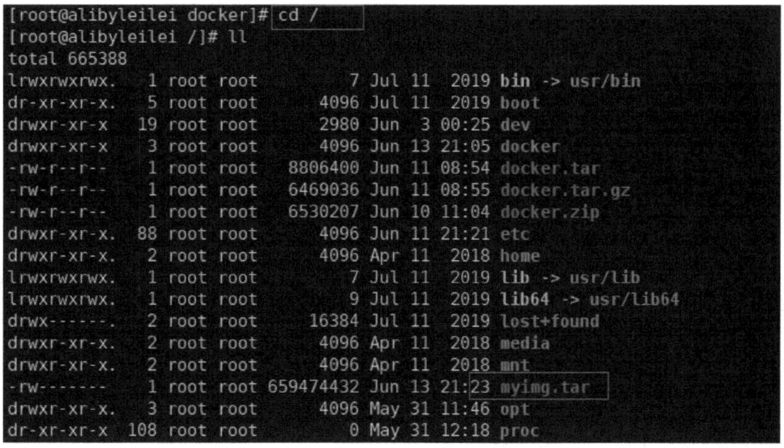

图 6-48　查看根目录中是否存在 myimg.tar 文件

（7）加载镜像的语法格式如下：

```
docker load -i 镜像保存的位置
```

例如，加载 tomcat 镜像，如图 6-49 所示。

```
[root@alibyleilei /]# docker load -i myimg.tar
Loaded image: tomcat:latest
[root@alibyleilei /]# docker images
REPOSITORY                                         TAG       IMAGE ID       CREATED        SIZE
tomcat                                             latest    2eb5a120304e   3 days ago     647MB
registry.cn-chengdu.aliyuncs.com/leileideve/cattle-web latest e91e68904e98   12 days ago    753MB
app-fontend                                        latest    61b1f8b2be24   12 days ago    135MB
mysql                                              5.7.30    a4fdfd462add   3 weeks ago    448MB
nginx                                              latest    9beeba249f3e   4 weeks ago    127MB
mongo                                              4.2.5     fddee5bccba3   8 weeks ago    388MB
redis                                              5.0.5     63130206b0fa   9 months ago   98.2MB
java                                               8         d23bdf5b1b1b   3 years ago    643MB
[root@alibyleilei /]# docker run tomcat
NOTE: Picked up JDK_JAVA_OPTIONS:  --add-opens=java.base/java.lang=ALL-UNNAMED --add-opens=java.base/java.io=ALL-UNNAMED --add-opens=java.rmi/sun.rmi.transport=ALL-UNNAM
13-Jun-2020 13:32:41.033 INFO [main] org.apache.catalina.startup.VersionLoggerListener.log Server version name:   Apache Tomcat/9.0.36
13-Jun-2020 13:32:41.039 INFO [main] org.apache.catalina.startup.VersionLoggerListener.log Server built:          Jun 3 2020 17:07:09 UTC
13-Jun-2020 13:32:41.039 INFO [main] org.apache.catalina.startup.VersionLoggerListener.log Server version number: 9.0.36.0
13-Jun-2020 13:32:41.039 INFO [main] org.apache.catalina.startup.VersionLoggerListener.log OS Name:               Linux
13-Jun-2020 13:32:41.039 INFO [main] org.apache.catalina.startup.VersionLoggerListener.log OS Version:            3.10.0-957.21.3.el7.x86_64
13-Jun-2020 13:32:41.040 INFO [main] org.apache.catalina.startup.VersionLoggerListener.log Architecture:          amd64
13-Jun-2020 13:32:41.040 INFO [main] org.apache.catalina.startup.VersionLoggerListener.log Java Home:             /usr/local/openjdk-11
13-Jun-2020 13:32:41.040 INFO [main] org.apache.catalina.startup.VersionLoggerListener.log JVM Version:           11.0.7+10
13-Jun-2020 13:32:41.040 INFO [main] org.apache.catalina.startup.VersionLoggerListener.log JVM Vendor:            Oracle Corporation
13-Jun-2020 13:32:41.040 INFO [main] org.apache.catalina.startup.VersionLoggerListener.log CATALINA_BASE:         /usr/local/tomcat
13-Jun-2020 13:32:41.040 INFO [main] org.apache.catalina.startup.VersionLoggerListener.log CATALINA_HOME:         /usr/local/tomcat
13-Jun-2020 13:32:41.084 INFO [main] org.apache.catalina.startup.VersionLoggerListener.log Command line argument: --add-opens=java.base/java.lang=ALL-UNNAMED
13-Jun-2020 13:32:41.084 INFO [main] org.apache.catalina.startup.VersionLoggerListener.log Command line argument: --add-opens=java.base/java.io=ALL-UNNAMED
13-Jun-2020 13:32:41.085 INFO [main] org.apache.catalina.startup.VersionLoggerListener.log Command line argument: --add-opens=java.rmi/sun.rmi.transport=ALL-UNNAMED
13-Jun-2020 13:32:41.085 INFO [main] org.apache.catalina.startup.VersionLoggerListener.log Command line argument: -Djava.util.logging.config.file=/usr/local/tomcat/conf/
13-Jun-2020 13:32:41.085 INFO [main] org.apache.catalina.startup.VersionLoggerListener.log Command line argument: -Djava.util.logging.manager=org.apache.juli.ClassLoader
13-Jun-2020 13:32:41.085 INFO [main] org.apache.catalina.startup.VersionLoggerListener.log Command line argument: -Djdk.tls.ephemeralDHKeySize=2048
13-Jun-2020 13:32:41.085 INFO [main] org.apache.catalina.startup.VersionLoggerListener.log Command line argument: -Djava.protocol.handler.pkgs=org.apache.catalina.webres
13-Jun-2020 13:32:41.085 INFO [main] org.apache.catalina.startup.VersionLoggerListener.log Command line argument: -Dorg.apache.catalina.security.SecurityListener.UMASK=0
13-Jun-2020 13:32:41.085 INFO [main] org.apache.catalina.startup.VersionLoggerListener.log Command line argument: -Dignore.endorsed.dirs=
13-Jun-2020 13:32:41.085 INFO [main] org.apache.catalina.startup.VersionLoggerListener.log Command line argument: -Dcatalina.base=/usr/local/tomcat
13-Jun-2020 13:32:41.085 INFO [main] org.apache.catalina.startup.VersionLoggerListener.log Command line argument: -Dcatalina.home=/usr/local/tomcat
```

图 6-49　加载 tomcat 镜像

3. 容器

容器是用镜像创建的运行实例，它可以被启动、开始、停止、删除。每个容器都是相互隔离的、保证安全的平台。可以把容器看作一个简易版的 Linux 系统环境（包括 root 用户权限、进程空间、用户空间和网络空间等）和运行在其中的应用程序。容器的定义和镜像几乎一模一样，也是一堆层的统一视角，唯一的区别在于容器的最上面那一层是可读、可写的（称为“容器层”），对运行中的容器所做的所有更改（如写入新文件、修改现有文件和删除文件等）都将写入该可写容器层。

Docker 提供了一套语法命令来维护和操作容器。

（1）查看正在运行的容器列表的语法格式如下：

```
docker ps
```

（2）查看所有容器（包含正在运行的容器和已停止的容器）的语法格式如下：

```
docker ps -a
```

（3）运行一个容器的语法格式如下：

```
docker run -it -d --name 要取的别名 镜像名:tag /bin/bash
```

例如，运行容器 redis，并查看正在运行的容器，如图 6-50 所示。

```
[root@alibyleilei /]# docker run -it -d --name redis001 redis:5.0.5 /bin/bash
9349d37fd64709d81036ac8c0b442acee4895e2f814480f37ed0a81d4cbba835
```

```
[root@alibyleilei /]# docker ps
CONTAINER ID   IMAGE         COMMAND                  CREATED         STATUS         PORTS      NAMES
9349d37fd647   redis:5.0.5   "docker-entrypoint.s…"   6 seconds ago   Up 5 seconds   6379/tcp   redis001
```

图 6-50　运行容器 redis 并查看正在运行的容器

（4）停止容器的语法格式如下：

```
docker stop 容器名/容器 ID
```

（5）删除容器的语法格式如下：

```
#删除一个容器
docker rm -f 容器名/容器 ID
#删除多个容器，容器名或容器 ID 之间要使用空格隔开
```

```
docker rm -f 容器名/容器 ID 容器名/容器 ID 容器名/容器 ID
#删除全部容器
docker rm -f $(docker ps -aq)
```

（6）进入容器的语法格式如下：

```
docker exec -it 容器名/容器 ID /bin/bash
docker attach 容器名/容器 ID
```

（7）复制容器文件的语法格式如下：

```
#从容器内复制文件到容器外
docker cp 容器名/容器 ID:容器内路径 容器外路径
#从容器外复制文件到容器内
docker cp 容器外路径 容器名/容器 ID:容器内路径
```

（8）查看容器日志的语法格式如下：

```
docker logs -f --tail=要查看末尾多少行 默认 all 容器名/容器 ID
```

4．仓库

仓库（Repository）是集中存放镜像的地方。仓库和仓库注册服务器（Registry）是有区别的。仓库注册服务器上往往存放着多个仓库，每个仓库中又存放着多个镜像，每个镜像有不同的标签（tag）。仓库分为公开仓库（Public）和私有仓库（Private）两种形式。最大的公开仓库是 Docker Hub，其中存放了数量庞大的镜像供用户下载。国内的公开仓库包括阿里云、网易云等。

5．常用命令

这里主要介绍较为常用的 Docker 运维命令。

（1）查看 Docker 工作目录的语法格式如下：

```
sudo docker info | grep "Docker Root Dir"
```

（2）查看 Docker 的磁盘占用总体情况的语法格式如下：

```
du -hs /var/lib/docker/
```

（3）查看 Docker 的磁盘使用具体情况的语法格式如下：

```
docker system df
```

（4）删除无用的容器和镜像的语法格式如下：

```
#删除异常停止的容器
docker rm `docker ps -a | grep Exited | awk '{print $1}'`
#删除名称或标签为"none"的镜像
docker rmi -f `docker images | grep '<none>' | awk '{print $3}'`
```

（5）查找指定 Docker 工作目录下大于指定大小的文件的语法格式如下：

```
find / -type f -size +100M -print0 | xargs -0 du -h | sort -nr | grep
'/var/lib/docker/overlay2/*'
```

（6）查看 Docker 日志的语法格式如下：

```
journalctl -u docker.service or less /var/log/messages | grep Docker
```

（7）Docker 磁盘挂载信息的语法格式如下：

```
mount | grep overlay2
```

习 题 6

一、单项选择题

1. 以下哪一项作为管理员密码是安全的？（   ）

   A. Abc12345   B. Aaabbbccc12345.

   C. Liming@123.   D. ADnxznczk$2x3zala

2. 安全测试不会对下面哪一项进行检查？（   ）

   A. XXS（跨站脚本）攻击漏洞   B. SQL 注入漏洞

   C. 文件上传漏洞   D. 未授权访问漏洞

3. 安全工作的内容不包含下面哪一项？（   ）

   A. 安全需求评审   B. 安全开发

   C. 安全测试   D. 详细设计

4. 下列关于自动化测试的说法错误的是（   ）。

   A. 使用自动化测试工具可以记录该测试套件并根据需要重复执行

   B. 自动化测试是提高软件测试的有效性和执行速度、增加测试范围的最佳方法

   C. 自动化测试可以增加测试范围

   D. 自动化测试完全不需要人工干预

5. 下列不属于自动化测试优势的是（   ）。

   A. 提高准确性

   B. 节省时间和成本

   C. 执行时不需要人工干预

   D. 可以适配所有的系统和业务场景

二、判断题

1. 在编写自动化测试用例前，必须知道对应的功能测试用例是如何手动模拟执行的，对应的功能测试用例手动模拟执行的前提条件、执行步骤、预期结果都要完整。   （   ）

2. 自动化测试或测试自动化是一种软件测试技术，它使用自动化测试工具来执行测试用例脚本。   （   ）

3. 一旦测试套件自动化，就不需要人工干预，这提高了测试自动化的投资回报率。
            （   ）

4. 软件测试中的自动化测试不需要人工干预。   （   ）

5. 自动化测试可以提高测试的执行速度。   （   ）

三、简答题

1. 一套合格的系统上线，安全工作的内容包含哪些？

2. 安全需求评审的内容有哪些？

第 **7** 章

平台集成

7.1 第三方平台

7.1.1 概述

互联网"平台"这个概念大概最早出自计算平台（Computing Platform），并由 Facebook 最终引入互联网，即 Facebook 开放平台（Facebook Platform）。计算平台是指以操作系统为核心的一整套硬件架构、编程语言、用户界面和编程接口。比如，常说的 Windows 平台、Linux 平台、iOS 平台等，它们各自构成了一个平台生态系统。

互联网平台是指一种以 Web 为基础，通过一整套 API、协议和开发框架，整合第三方平台和外部资源，保证一致的用户体验的系统生态。因为第三方平台终究要在这个平台上运行，就像计算平台一样。

第三方平台指由独立提供专业服务的服务供应商以第三方的角色为客户提供系列的专业性服务的第三方系统，第三方系统提供的功能已超过供需双方；第三方平台也可以指由非原厂商提供的、针对多品牌产品的 IT 基础设施服务，还可以指由第三方编制的某个软件插件或应用，如 PDF 电子书格式是由 Adobe 公司开发的，那么 Adobe 公司称为官方，而由非 Adobe 公司开发的针对 PDF 电子书格式的所有应用软件都可以称为第三方软件平台。

常见的一些第三方平台有第三方支付平台、第三方短信平台、第三方检测平台等。

7.1.2 特点与优势

那么为什么要对接第三方平台呢？

比如，某公司要开发一款打车 App，现在该公司要在 App 页面上展现地图功能，对该公司而言，如果新做地图功能，则花费的成本会非常高，此时该公司可以在高德地图的开放平台或百度地图的开放平台进行功能集成，这样就可以快速在 App 页面上线地图功能了。

比如，用户手上有一款很好的产品，现在想要在线上进行销售，图 7-1 所示为产品线上销售流程，如果其有自己的软件开发团队，则可以自主规划开发自己的 PC 商城、小程序、App 等辅助销售工具。现在问题来了，如果要在线上进行产品销售，则肯定离不开线上支付，那么是否要让软件开发团队去找到业务涉及较广的银行进行线上支付的对接呢？

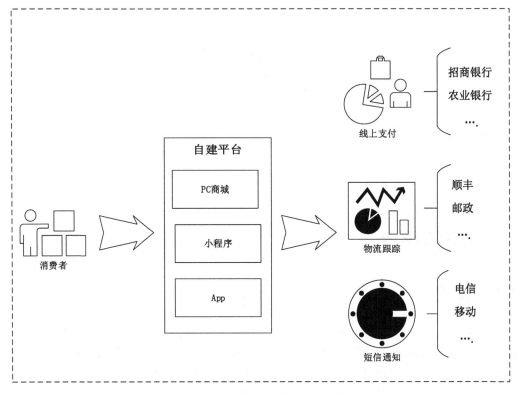

图 7-1　产品线上销售流程

如果要支持线上支付，则需要与招商银行、农业银行、建设银行等银行进行线上支付的对接。在国内，如果要与银行进行线上支付的对接，除了需要提供相关资料（如企业 5 证资料、ICP 备案、法人或个人划款账号等），还需要等待审核、审核通过后签订合同等相关流程，而且每家银行对应的对接流程有可能不一样，还要有重复支付处理、对账、金额差异等相关处理，以及与每家银行确认费率等，再加上每家银行的接口的差异需要兼容，与每家银行进行联调，那么可以预见这个功能要达到可以上线试用所花费的时间和成本是很高的。其他的物流跟踪、短信通知等功能与之类似，需要分别与市面上主流的物流公司、通信运营商进行功能的对接，把对应的功能接入自己的商城或 App，对应投入的时间与人力成本都是非常高的，并且可能由于时间原因导致现在的产品错失时机。

假设现在市面上有比较成熟的解决方案，比如直接对接支付宝、微信、银联等线上支付集成平台，以及集成了顺丰、邮政等物流公司的集成平台，如图 7-2 所示的产品线上销售-对接第三方平台，则开发者只需要对接相关的集成平台，屏蔽底层业务细节即可。

可以从以下方面来总结直接对接第三方支付平台的相关优势。

（1）成本的优势：第三方支付平台降低了政府、企业、事业单位直连银行的成本，满足了企业专注发展在线业务的收付要求。

（2）竞争优势：第三方支付平台的利益中立，避免了与被服务企业在业务上的竞争，可以把主要的精力和资源放到对产品的打磨和推广上。

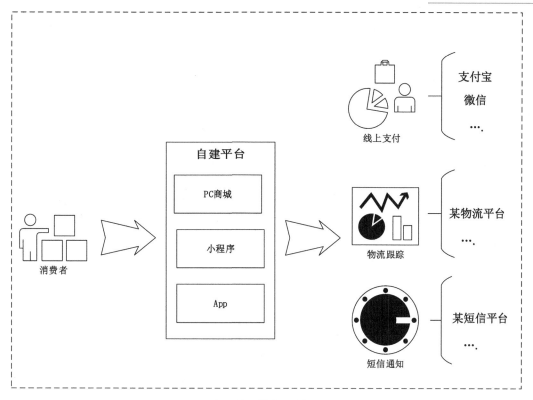

图 7-2　产品线上销售-对接第三方平台

（3）创新性优势：第三方支付平台的个性化服务，使其可以根据被服务企业的市场竞争与业务发展所创新的商业模式，同步定制个性化的支付结算服务。

（4）安全性优势：信用卡信息和账户信息仅需要告知支付中介，而无须告诉每个收款人，大大减少了信用卡信息和账户信息泄露的风险。

（5）交互性优势：对支付者而言，他所面对的是友好的界面，不必考虑背后复杂的技术操作过程。

（6）过程监管：第三方支付平台能够提供增值服务，帮助商家网站解决实时交易查询和交易系统分析，提供方便、及时的退款和停止付款服务。

（7）过程简单：屏蔽了各家银行底层的各种接入方式，提供了标准化接口。

（8）资源充分：方案成熟，能够较好地突破网上交易中的信用问题，有利于推动电子商务的快速发展。

通过上述的一些优势不难发现，对接成熟的第三方平台可以大大减少资源的投入，把专业的事情交给专业的团队去完成，利用他们的能力来解决我们自己的问题。

7.1.3　集成方式

平台集成方式可以分为平台 API 接口、消息总线和共享数据库这 3 种，具体内容将在下面的章节中分别进行介绍。

7.2 平台 API 接口

7.2.1 API 接口

API 的概念早在 20 世纪 60 年代就已经出现，其表示应用程序的编程接口，是一些预先定义的函数，或者指软件系统不同组成部分衔接的约定。开发人员可以使用这些 API 接口进行编程开发，而无须访问源代码或理解内部工作机制的细节。

也可以把 API 接口理解为信使，它将用户的请求交付给用户所请求响应的提供者，然后将响应交付给用户。例如，图 7-3 所示为平台 API 接口案例，要把照相机中的照片或视频发送到 PC 中，需要先使用数据线将照相机与 PC 连接起来，然后进行数据的传输，那么数据线其实就是 PC 与照相机的 API 接口。

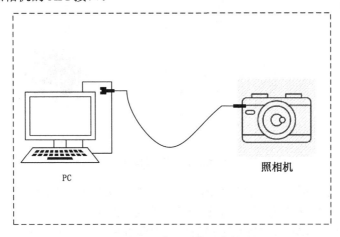

图 7-3 平台 API 接口案例

平台 API 接口的接入方式是市场上大的软件厂商（如百度、钉钉、旷视、腾讯等）常用的一种方式。

7.2.2 API 接口对接关键点

要如何接入第三方平台的 API 接口呢？可以从以下几个关键点来切入 API 接口的对接。

1）通信协议

调用第三方平台的 API 接口需要进行系统间的通信，目前常用的协议是 HTTP 和 HTTPS。可以将 HTTPS 协议理解为 HTTP 协议的加密版本，其可以将用户端到服务端请求的信息进行加密，避免因明文传输被截获而获知用户的关键信息。

2）请求地址

例如，如果某个人要与某位同学进行电话沟通，则这个人要知道这位同学的电话号码。同样地，如果想要在页面使用微信支付进行付款，就要"告诉"微信要付款了，要调用微信的收银台。但是去哪里"告诉"呢？这时就需要接口地址，即相当于向微信的这条接口链接传输指定的数据，在微信开放平台可以找到对应的地址，如图 7-4 所示。

接口链接

URL地址：https://api.mch.weixin.qq.com/pay/unifiedorder

图 7-4 微信收银台的接口地址

3）请求方式

了解接口的请求方式有助于了解客户端和服务端之间的交互方式。基于 HTTP 协议的常用请求方式是 POST 和 GET，两者的主要区别如下：

- GET 请求方式是将请求参数放到 URL 中，POST 请求方式是将请求参数放到请求体中。所带来的直接影响是 GET 请求方式的请求参数存在长度限制，而 POST 请求方式的请求参数则不存在长度限制。
- GET 请求方式将请求参数放到 URL 中的安全性弱于 PSOT 请求方式将请求参数放到请求体中的安全性。
- 在使用 GET 请求方式时，客户端和服务端只会产生一次交互；在使用 POST 请求方式时，客户端会和服务端产生两次交互。

当然除了上述两种常用的请求方式，HTTP 协议还支持以下几种请求方式。

- HEAD：与 GET 请求方式类似，只不过返回的响应中没有具体的内容，用于获取报头。
- PUT：与 POST 请求方式类似，在 RESTful 设计规范中，一般 POST 请求方式代表新增，PUT 请求方式代表整体更新，选择什么请求方式主要看接口的要求，PUT 请求的参数一样要在 HTTP 请求的消息主体中发送，在默认情况下，PUT 请求方式是无法提交表单数据的。
- DELETE：删除某个资源，在默认情况下，DELETE 请求方式在 URL 中附带查询参数，并且无法提交表单数据。
- PATCH：与 PUT 请求方式类似，但 PATCH 请求方式通常应用于局部更新。
- CONNECT：用于建立到给定 URI 标识的服务器的隧道；它通过简单的 TCP/IP 隧道更改请求连接，通常用解码的 HTTP 代理进行 SSL 编码的通信（HTTPS）。
- OPTIONS：用于描述目标资源的通信选项，会返回服务器支持预定义 URL 的 HTTP 策略。
- TRACE：用于沿着目标资源的路径执行消息环回测试，它回应收到的请求，以便用户可以看到中间服务器进行了哪些（假设任何）进度或增量。

4）响应机制

API 接口的响应机制一般有两种：同步接口和异步接口。

简单理解，同步接口是可以实时返回消息给调用方的接口，异步接口是可以延迟返回消息给调用方的接口。实时性要求高且只能线性工作的业务场景需要采用同步接口，其他业务场景可以优先采用异步接口。当然，对于不同的业务场景，同样的服务接口可能被要求是同步接口或异步接口。下面以人脸识别中的人脸注册为例。

- 刷脸支付：以微信支付为例，使用之前需要按照步骤采集人脸，后台会调用人脸注册程序接口将当前人脸注册进人脸库并和该微信账号信息绑定，这里的人脸注册通常是同步接口，因为不会要求用户在 App 前等待太久，需要及时返回注册成功信息。

● 客流系统：现在商超使用的客流系统一般已经采用人脸识别取代头肩模型，这样不仅可以统计人数，还可以统计人次，其中对于首次识别的陌生人脸，通常需要注册进陌生人脸库，这里的人脸注册一般采用异步接口，因为大型商超每天的客流量达数十万，并且系统内没有陌生人的会员信息，所以不需要实时注册，只要进入队列能够在当日24 小时内注册完即可。

5）接口鉴权

调用第三方平台的 API 接口通常需要进行接口鉴权，服务端判断客户端是否具有调用接口的权限，如果平台的外部接口没有增加鉴权，则风险是极高的，这不仅有暴露数据的风险，还有数据被篡改的风险，严重的甚至会影响到系统的正常运转。常见的接口鉴权方式如图 7-5 所示。

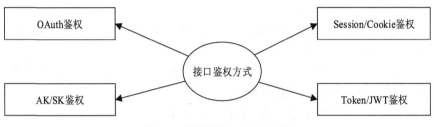

图 7-5　常见的接口鉴权方式

● Session/Cookie 鉴权：即浏览器和服务器存储会话的鉴权方式，在传统的企业应用中有所使用。

● Token/JWT 鉴权：即令牌发放的鉴权方式，在当下前后端分离系统中被广泛使用。

● OAuth 鉴权：即开放授权的鉴权方式，作为一种开放标准，多用于第三方应用登录时的鉴权。

● AK/SK 鉴权：即服务端之间通信的鉴权方式，通常使用密钥加密。

6）接口请求参数和返回参数

接口请求参数一般由字段、是否必选、类型、说明等内容组成，如图 7-6 所示。

请求参数				
参数	是否必选	类型	可选值范围	说明
image	是	string	-	图像数据，base64编码，要求base64编码后大小不超过4MB，最短边至少15px，最长边最大4096px,支持jpg/png/bmp格式。**注意：图片需要base64编码、去掉编码头（data:image/jpg;base64,）后，再进行urlencode**
top_num	否	unit32	-	返回结果top n,默认5
filter_threshold	是	float	-	默认0.95，可以通过该参数调节识别效果，降低非菜识别率
baike_num	否	integer	0	返回百科信息的结果数，默认不返回

图 7-6　接口请求参数的组成

- 字段：类的属性名称。
- 说明：中文释义。
- 类型：参数类型。
- 是否必选：字段是否必选。

调用接口就会有返回信息，如图 7-7 所示。

```
▼{,…}
    code: "SA0000"
    debug: null
    msg: "业务处理成功！"
  ▼result: {data: [{date: "2022-10-26", meeting_nature: null, is_cycle: null, create_user_name: "       ",…},…],…}
    ▼data: [{date: "2022-10-26", meeting_nature: null, is_cycle: null, create_user_name: "       ",…},…]
      ▶0: {date: "2022-10-26", meeting_nature: null, is_cycle: null, create_user_name: "      ",…}
      ▶1: {date: "2022-10-25", meeting_nature: null, is_cycle: null, create_user_name: "      ",…}
      ▶2: {date: "2022-10-25", meeting_nature: null, is_cycle: null, create_user_name: "      ",…}
      ▶3: {date: "2022-10-21", meeting_nature: null, is_cycle: null, create_user_name: "      ",…}
      ▶4: {date: "2022-10-20", meeting_nature: null, is_cycle: null, create_user_name: "      ",…}
      ▶5: {date: "2022-10-18", meeting_nature: null, is_cycle: null, create_user_name: "      ",…}
      ▶6: {date: "2022-10-19", meeting_nature: "XZ011", is_cycle: null, create_user_name: "     ",…}
      ▶7: {date: "2022-10-17", meeting_nature: null, is_cycle: null, create_user_name: "      ",…}
      ▶8: {date: "2022-10-17", meeting_nature: "XZ006", is_cycle: null, create_user_name: "      ",…}
      ▶9: {date: "2022-10-14", meeting_nature: null, is_cycle: null, create_user_name: "      ",…}
    totalCount: "22"
  timestamp: "1666705677174"
```

图 7-7　接口返回参数案例

返回参数的结构有以下 3 种情况：

（1）如果只返回接口调用成功还是失败（如新增、删除、修改等），则只有一个结构体：code 和 message 两个参数。

（2）如果要返回某些参数，则有两个结构体：第 1 个结构体是 code/msg/result，第 2 个结构体是 result 中存放的返回的参数，result 的数据类型是 object 类型。

（3）如果要返回列表，则有两个结构体：第 1 个结构体是 code/msg/result，result 的数据类型是 object 类型，result 中存放的是 totalCount 和 data 这两个参数，其中 list 的数据类型是 Array 类型，list 中存放的是 object 类型数据，object 类型数据中是具体的参数。

7）接口限流

顾名思义，限流就是通过对请求数或并发访问数进行限制或者对一个时间窗口内的请求数进行限制来保障系统的正常运行。如果服务资源有限、处理能力有限，就需要对调用服务的上游请求进行限制，以防止自身服务由于资源耗尽而停止。接口限流也是为了保障系统的安全性，这是因为有时业务方的业务扩展会导致接口的调用量激增，容易引起服务端宕机。限流类似于电闸的保险丝，保证当请求数超过接口上限时，系统可以拒绝请求或排队，从而保证系统的安全性。

8）快速对接第三方平台 API 接口

通常接入第三方平台 API 接口的方式都是代码开发，即在获取到第三方平台 API 接口的文档后，通过编写代码的方式进行 API 接口的对接。传统的方式比较耗时，而且如果 API 接口有改动，则还需要重新编码、编译、打包部署，这样会消耗一部分资源。现在，市面上有很多低代码平台可以实现通过配置的方式进行第三方平台的对接，比如图 7-8 所示为使用低搭低代码平台对接第三方系统。

图 7-8　使用低搭低代码平台对接第三方系统

由图 7-8 可以看出，整个外部业务接入分成基本信息、驱动信息、入参出参、引擎信息 4 部分。

7.2.3　第三方平台 API 接口调用实例

下面通过调用企业微信开发平台的 API 接口来说明如何使用第三方平台 API 接口。首先需要在微信官网注册企业微信账号。

（1）登录企业微信管理后台，选择"应用管理"选项卡，在左侧的导航栏中选择"应用"标签，在右侧的"应用"界面中单击"创建应用"按钮，如图 7-9 所示，创建应用。

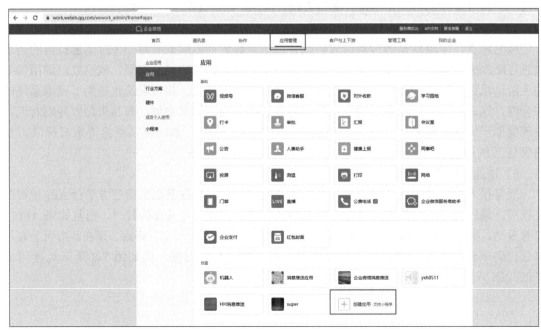

图 7-9　单击"创建应用"按钮

（2）登录企业微信开发平台，查看开发平台 API 接口，比如查看企业微信发送应用消息的 API 接口，如图 7-10 所示。

图 7-10　查看发送应用消息的 API 接口

由图 7-10 可以看到企业微信发送应用消息的 API 接口地址，请求方式为 POST，请求参数信息如图 7-11 所示。

参数说明：

参数	是否必须	说明
access_token	是	调用接口凭证

参数说明：

参数	是否必须	说明
touser	否	指定接收消息的成员，成员ID列表，多个接收者用"|"分隔，最多支持1000个。特殊情况：如果touser为"@all"，则向该企业应用的全部成员发送
toparty	否	指定接收消息的部门，部门ID列表，多个接收者用"|"分隔，最多支持100个。当touser为"@all"时忽略该参数
totag	否	指定接收消息的标签，标签ID列表，多个接收者用"|"分隔，最多支持100个。当touser为"@all"时忽略该参数
msgtype	是	消息类型，此时固定为text
agentid	是	企业应用的id，整型。企业内部开发，可在应用的设置页面查看；第三方服务商，可通过接口获取企业授权信息 获取该参数值
content	是	消息内容，最长不超过2048字节，超过将截断 (支持id转译)
safe	否	表示是否保密消息，0表示可对外分享，1表示不能分享且内容显示水印，默认为0
enable_id_trans	否	表示是否开启id转译，0表示否，1表示是，默认为0。仅第三方应用需要用到，企业自建应用可以忽略该参数
enable_duplicate_check	否	表示是否开启重复消息检查，0表示否，1表示是，默认为0
duplicate_check_interval	否	表示是否重复消息检查的时间间隔，默认为1800秒，最大不超过4小时

图 7-11　请求参数信息

图 7-11 所示的请求参数分成两部分：一部分是查询参数 access_token，另一部分是文本消息请求参数。其中 access_token 为企业微信 API 接口鉴权的一部分，参数说明如图 7-12 所示。

图 7-12　access_token 参数说明

通过企业微信的帮助文档可以查看 corpid 与 corpsecret 这两个查询参数。

（3）登录低搭低代码平台官网。

（4）找到自己的应用，单击应用，进入应用开发端。在左侧的导航栏中单击"业务集成"按钮，在打开的"业务集成"页面中单击"新建"按钮，在弹出的"外部业务接入"对话框的"基本信息"选项卡中填写新建业务集成"获取企业微信 access_token"的基本信息，如图 7-13 所示。

图 7-13　填写新建业务集成的基本信息

（5）选择"驱动信息"选项卡，在该选项卡中配置"所属驱动""目标地址类型""目标地址""接口相对地址""请求方式"等信息后，在"查询参数"文本框中单击，在弹出的"查询参数"对话框中根据在企业微信申请注册的企业账号信息与应用的信息配置查询参数，如图 7-14 所示，单击"确定"按钮，此时"驱动信息"选项卡中的配置信息如图 7-15 所示。

图 7-14 配置查询参数 1

图 7-15 "驱动信息"选项卡中的配置信息 1

（6）设置获取企业微信 access_token 时返回的参数。图 7-16 所示为获取企业微信 access_token 时返回的参数的说明，图 7-17 所示为设置获取企业微信 access_token 时返回的参数。

（7）单击"确定"按钮，完成"获取企业微信 access_token"业务集成的创建。

（8）根据企业微信发送应用消息的 API 接口创建第二个业务集成"发送应用文本消息"，其基本信息如图 7-18 所示。

参数说明：

参数	说明
errcode	出错返回码，0表示成功，非0表示调用失败
errmsg	返回码提示语
access_token	获取到的凭证，最长为512字节
expires_in	凭证的有效时间（单位为秒）

图 7-16　获取企业微信 access_token 时返回的参数的说明

图 7-17　设置获取企业微信 access_token 时返回的参数

图 7-18　"发送应用文本消息"业务集成的基本信息

（9）选择"驱动信息"选项卡，在该选项卡中配置"所属驱动""目标地址类型""目标地址""接口相对地址""请求方式"等信息后，在"查询参数"文本框中单击，在弹出的"查询参数"对话框中根据企业微信发送应用文本消息请求地址和请求参数配置查询参数，如图 7-19 所示，单击"确定"按钮后，在"请求体"文本框中单击，在弹出的"请求体参数"对话框的"JSON"选项卡中配置请求体参数，如图 7-20 所示，单击"确定"按钮，此时"驱动信息"选项卡中的配置信息如图 7-21 所示。

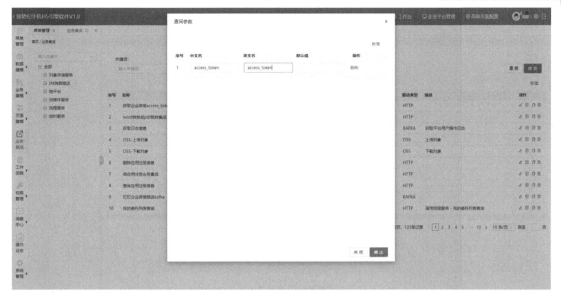

图 7-19　配置查询参数 2

图 7-20　配置请求体参数

（10）选择"入参出参"选项卡，配置"发送应用文本消息"业务集成对应的入参和出参信息。在"入参"文本框中单击，在弹出的"设置参数"对话框中选择"查询参数"选项卡，如图 7-22 所示，可以看到配置好的入参，单击"入参"列中的"是/否"开关按钮，打开需要作为入参的字段；选择"请求体参数"选项卡，如图 7-23 所示，可以看到配置好的入参，单击"入参"列中的"是/否"开关按钮，打开需要作为入参的字段，设置完成后单击"确定"按钮。此时，"入参出参"选项卡中显示入参已经配置完成，如图 7-24 所示。

图 7-21　"驱动信息"选项卡中的配置信息 2

图 7-22　设置入参查询参数

图 7-23　设置入参请求体参数

图 7-24　入参配置完成

（11）目前业务集成配置完成，我们通过低搭低代码平台的业务建模的业务 API 功能来调试企业微信文本信息推送功能。在左侧的导航栏中选择"业务建模"→"业务 API"命令，打开"业务 API"页面，如图 7-25 所示。

图 7-25　"业务 API"页面

（12）单击"新建"按钮，在弹出的"新建业务逻辑"对话框中创建"企业微信文本消息推送"业务 API，填写基本信息后，如图 7-26 所示，单击"确定"按钮。

图 7-26　填写"企业微信文本消息推送"业务 API 的基本信息

（13）在"业务 API"页面中单击"名称"列内的"企业微信文本消息推送"，进入 API 编辑界面，在该界面中，将两个"业务节点"节点和一个"结束"节点拖入画布，并用连接线串联，如图 7-27 所示。

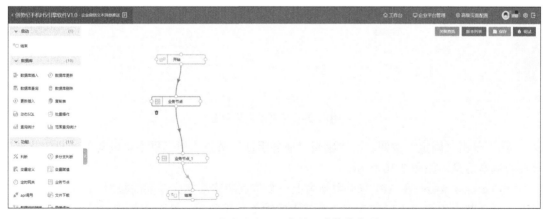

图 7-27　将节点拖入画布并用连接线串联

（14）双击"业务节点"节点，打开"编辑'业务组件'节点"对话框，将名称修改为"请求 token"，在"业务选择"文本框中单击，在弹出的"选择业务网关"对话框中选择已经配置好的业务集成"获取企业微信 access_token",如图 7-28 所示,单击"确定"按钮。

图 7-28　业务节点配置 1

(15) 双击"业务节点_1"节点,打开"编辑'业务组件'节点"对话框,将名称修改为"发送文本信息",在"业务选择"文本框中单击,在弹出的"选择业务网关"对话框中选择已经配置好的业务集成"发送应用文本消息",如图 7-29 所示。

图 7-29　业务节点配置 2

(16) 单击"确定"按钮,在"编辑'业务组件'节点"对话框中可以看到"业务节点"节点的基本信息,如图 7-30 所示。

(17) access_token 在 API 节点中是由上一个节点的请求完成返回的数据,在 API 节点中,由于上一个节点的输出可以作为下一个节点的输入,因此上一个节点的请求结果可以作为下一个节点的入参。因为 access_token 是上一个节点的请求完成返回的数据,所以上一个节点返回的 access_token 就是本次请求的参数。将 access_token 的值类型由"常量"修改为"节点",在图 7-30 所示的"编辑'业务组件'节点"对话框的"业务配置"区域中,在"access_token"

右侧的文本框中单击，在弹出的"请选择节点变量"对话框中选中"access_token(access_token)"左侧的单选按钮，如图 7-31 所示，单击"确定"按钮。

图 7-30 "编辑'业务组件'节点"对话框

图 7-31 "请选择节点变量"对话框

（18）配置其他参数的信息，其中应用 ID 为自己创建的应用的 ID，即 agentid 参数的值，在企业微信管理后台中能获取到，参数信息配置完成后如图 7-32 所示。

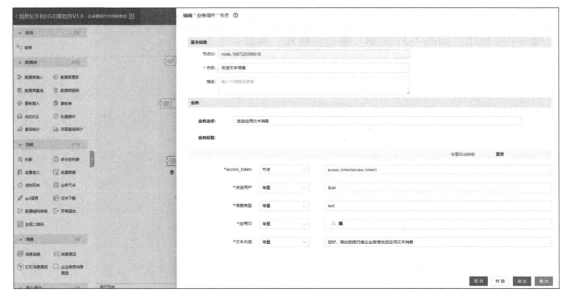

图 7-32　参数信息配置完成

（19）单击"调试"按钮，在弹出的"调试"对话框中单击"发起请求"按钮进行测试验证，结果如图 7-33 所示。

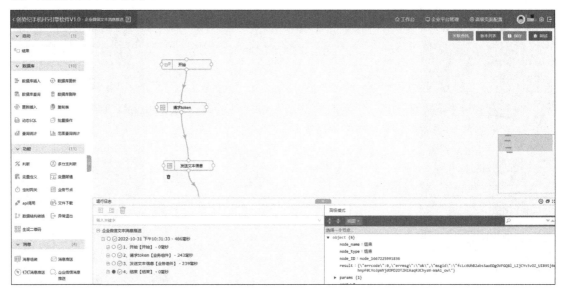

图 7-33　业务 API 调试结果

（20）查看企业微信接收应用文本消息的结果，如图 7-34 所示。

由图 7-34 可知，企业微信成功收到了我们发送的应用文本消息。这说明我们通过简单的页面配置及灵活的业务编排快速、高效地实现了第三方平台 API 接口的对接。

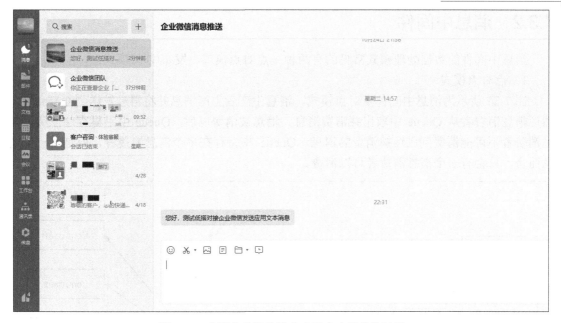

图 7-34　查看企业微信接收应用文本消息的结果

7.3　消息总线

7.3.1　消息总线概述

消息总线可以简单理解为一个消息中心，众多服务可以通过逻辑接口连接到总线上，服务可以通过监听的方式向总线发送信息或接收信息，比如服务 A 发送一条消息到总线上，总线上的服务 B 可以接到该信息，这样来看，消息总线就充当一个中间者的角色，使服务 A 和服务 B 不仅可以进行解耦、异步处理，还可以进行流量削峰。目前市面上比较流行的消息中间件有 Kafka、RabbitMQ、ActiveMQ、RocketMQ 等，这些消息中间件各有各自的优势，但都具备低耦合、可靠投递、广播、流量控制、最终一致性等功能，也是目前异步 RPC（Remote Procedure Call，运程过程调用）的主要手段之一。这些消息中间件通常由以下 6 部分组成。

- Broker：消息服务器，作为 Server 提供消息核心服务。
- Producer：消息生产者，业务的发起方，负责生产消息传输给 Broker。
- Consumer：消息消费者，业务的处理方，负责从 Broker 获取消息并进行业务逻辑处理。
- Topic：主题，发布/订阅模式下的消息统一汇集地，不同生产者向 Topic 发送消息，由 MQ 服务器分发到不同的订阅者，实现消息的广播。
- Queue：队列，在点对点模式下，特定生产者向特定 Queue 发送消息，消费者订阅特定的 Queue 完成指定消息的接收。
- Message：消息体，是指根据不同通信协议定义的固定格式进行编码的数据包，通过封装业务数据来实现消息的传输。

7.3.2 消息中间件

消息中间件的数据处理模式常见的有两种：点对点模式、发布/订阅模式。

1）点对点模式

图 7-35 所示为消息中间件点对点模式。消息生产者生产消息并将消息发送到 Queue 中，然后消息消费者从 Queue 中取出并消费消息。消息被消费以后，Queue 中不再存储，所以消息消费者不可能消费到已经被消费的消息。Queue 支持存在多个消息消费者，但是对一个消息而言，只会有一个消息消费者可以消费。

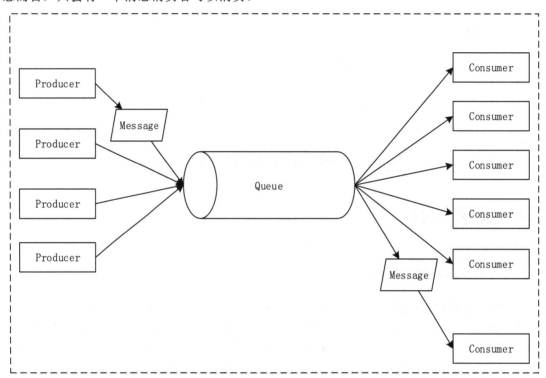

图 7-35　消息中间件点对点模式

2）发布/订阅模式

图 7-36 所示为消息中间件发布/订阅模式，消息生产者（发布）将消息发布到 Topic 中，同时有多个消息消费者（订阅）消费该消息。和点对点模式不同，发布到 Topic 中的消息会被所有订阅者消费。Queue 实现了负载均衡，将 Producer 生产的消息发送到消息队列中，由多个消息消费者消费。但一个消息只能被一个消息消费者消费，当没有消息消费者可用时，这个消息会被保存，直到有一个可用的消息消费者。

Topic 实现了发布和订阅，当消息生产者发布一个消息时，所有订阅这个 Topic 的订阅者都能得到这个消息，所以所有订阅者都能得到一个消息的拷贝。

同样有很多低代码平台是支持采用无代码的方式去集成消息中间件的，图 7-37 所示为将新建业务集成的驱动设置为"KAFKA"。

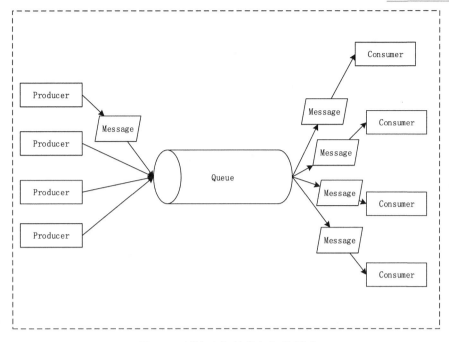

图 7-36　消息中间件发布/订阅模式

图 7-37　将新建业务集成的驱动设置为"KAFKA"

只需要在低搭低代码平台的业务集成模块中将新建业务集成的驱动设置为 Kafka，填写对应的 Kafka 目标地址和主题，就可以方便、快捷地接入第三方平台的 Kafka 消息中间件。

7.4　共享数据库

共享数据库也是比较常用的一种跨平台对接方式。在数据库共享的模式下，通常通过连接第三方平台的数据库进行数据的读取，以达到对应的业务目的。很多成熟的平台一般会提供支持第三方数据源接入的功能。常见的应用场景就是新平台上线，需要替换原来的旧平台，此时就会面临旧平台数据维护的问题，或者在已有的平台群中增加一个新的系统，就需要对一些基础数据（包含人员信息、资产信息、账户信息等）进行统一维护，这时如果能够接入第三方平台的数据库，则不仅可以很好地缩减平台上线时间及成本，还可以很好地保证数据信息的一致性、完整性，降低数据的冗余。

习 题 7

一、单项选择题

1. 下列不是常见消息中间件的是（   ）。

    A．Kafka   B．RabbitMQ

    C．ActiveMQ   D．Redis

2. 下列关于 HTTP 请求的说法错误的是（   ）。

    A．GET 请求方式是将请求参数放到 URL 中

    B．GET 请求方式将参数放到 URL 中的安全性弱于 PSOT 请求方式将请求参数放到请求体中的安全性

    C．在使用 GET 请求方式时，客户端和服务端只会产生一次交互

    D．在使用 POST 请求方式时，客户端和服务端只会产生一次交互

3. 下列关于第三方平台优势的说法错误的是（   ）。

    A．成本优势   B．竞争优势

    C．过程简单   D．不用开发

4. 下列关于 API 接口响应机制的说法正确的是（   ）。

    A．API 接口的响应机制一般有两种：同步接口和异步接口

    B．API 接口的响应机制一般有一种：同步接口

    C．API 接口的响应机制一般有一种：异步接口

5. 平台 API 接口请求参数一般由（   ）等内容组成。

    A．字段、是否必选、类型、说明

    B．参数名、入参说明、所属 API 接口

    C．字段、说明

    D．字段、说明、类型

6. 常见的接口鉴权方式不包含以下哪一项？（   ）

    A．OAuth 鉴权   B．Session/Cookie 鉴权

    C．AK/SK 鉴权   D．账号密码

二、判断题

1. 计算平台是指以操作系统为核心的一整套硬件架构、编程语言、用户界面和编程接口。

（   ）

2．GET 请求方式是将请求参数放到 URL 中，POST 请求方式是将请求参数放到请求体中。所带来的直接影响是 GET 请求方式的请求参数存在长度限制，而 POST 请求方式的请求参数则不存在长度限制。　　　　　　　　　　　　　　　　　　　　　　　（　　）

3．API 接口的响应机制一般有两种：同步接口和异步接口。　　　　　　　（　　）

4．接口限流也是为了保障系统的安全性，这是因为有时业务方的业务扩展会导致调用量激增，容易引起服务端宕机。　　　　　　　　　　　　　　　　　　　（　　）

5．开发人员可以使用 API 接口进行编程开发，而无须访问源代码或理解内部工作机制的细节。　　　　　　　　　　　　　　　　　　　　　　　　　　　　　　（　　）

6．Token/JWT 鉴权：即令牌发放的鉴权方式，在当下前后端分离系统中被广泛使用。
　　　　　　　　　　　　　　　　　　　　　　　　　　　　　　　　　（　　）

三、简答题

1．用自己的理解定义第三方平台。

2．描述第三方平台的优势。

3．试比较 HTTP 协议和 HTTPS 协议的区别。

4．简述 GET 请求方法与 POST 请求方法的区别。

5．简述对接第三方平台 API 接口的流程。

6．简述消息中间件常见的两种数据处理模式的区别。

7．简述消息中间件的组成及作用。

8．简述使用共享数据库方式对接第三方平台的优势及应用场景。

9．简述使用消息总线方式对接第三方平台的优势及应用场景。

第 **8** 章

应用生命周期管理

根据 IEEE 610.12-1990 中给出的定义，软件产品的生命周期是指从软件构思（计划）开始一直到软件退出使用的时间周期，典型的阶段包括计划、需求、设计、实现、测试、交付/发布、安装与部署、运行与维护、退出。

无论是纯代码开发出来的软件产品还是低代码开发出来的应用产品，都属于软件产品，因此，都需要经历软件产品生命周期的阶段，在低代码开发领域，一般称为应用生命周期。

通过一个规范的流程对应用生命周期进行管理（简称"应用生命周期管理"），能够有效地提升生产效率、提高产品质量。由于低代码平台的基础架构可以提供大量的自动化能力，因此，可以有效地提高生命周期管理效率。例如，瀑布模型、敏捷模型与低代码模型生命周期的对比如图 8-1 所示。

瀑布模型，每个版本的生命周期以年为单位 ------------------------------

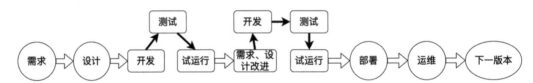

敏捷模型，每个版本的生命周期以月为单位 ------------------------------

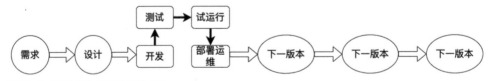

低代码模型，每个版本的生命周期以天为单位 ------------------------------

图 8-1　瀑布模型、敏捷模型和低代码模型生命周期的对比

当基于低代码平台开发应用时，应用生命周期管理包括以下几个主要阶段。

（1）需求分析和规划阶段：在这个阶段，开发人员需要了解应用的需求和目标，并确定实现这些目标所需的资源和工具。这个阶段通常涉及与客户或利益相关者的沟通，以确保开发人员了解应用的业务需求和用户需求。

（2）设计阶段：在这个阶段，开发人员需要根据需求分析结果创建应用的设计。这个阶段通常涉及选择组件、创建数据模型和 UI 设计等活动。

（3）开发阶段：在这个阶段，开发人员使用低代码平台开发应用，并确保代码的质量和稳定性。这个阶段通常涉及测试、版本控制和部署等活动。

（4）测试和质量保证阶段：在这个阶段，开发人员需要对应用进行全面测试，并确保其质量符合预期。这个阶段通常涉及单元测试、集成测试和验收测试等活动。

（5）安装与部署阶段：在这个阶段，开发人员需要将应用部署到目标环境中，并确保应用能够正常运行。这个阶段通常涉及自动化部署和配置管理等活动。

（6）运维和支持阶段：在这个阶段，开发人员需要对应用进行维护和支持，并确保应用能够持续运行。这个阶段通常涉及监控、排除故障和解决问题等活动。

对于以上所列阶段，如果按照应用是否生产出来为界，应用生命周期大致可以分为两大部分：开发阶段和运维阶段。本书前面章节已经比较详细地介绍了应用生命周期的开发阶段及安装与部署阶段，本章节将主要介绍运维和支持阶段。

基于低代码平台开发的应用在运维和支持阶段的生命周期管理包括以下几个主要方面。

（1）备份与还原：定期备份应用的数据和配置，并能够在需要时快速、准确地进行还原。

（2）安全管理：保证应用的安全性，预防数据泄露和未授权访问等安全问题。

（3）监控与告警：监控应用的运行状态，收集日志和指标，并及时发出告警以响应问题。

（4）故障排除：通过排查错误、定位问题和修复漏洞来保证应用的正常运行。

（5）升级与迭代：定期更新应用，改进其性能和功能。

8.1 备份与还原

备份与还原是应用的重要组成部分，它们能够确保应用的数据和配置不会因为意外情况（如硬件故障、恶意攻击等）而丢失或损坏。在基于低代码平台开发的应用中，备份与还原的概念和做法与纯代码平台基本相同。

备份的目的是将应用的数据和配置复制到另一个位置，以便在需要时进行还原。还原则是将备份的数据和配置恢复到原始状态。备份与还原通常是由应用的管理员或运维人员来执行的。

不同的是，基于低代码平台开发的应用通常具有较高的可视化和自动化程度，备份与还原通常也更加便捷。例如，很多低代码平台都提供了自动备份与还原的功能，管理员只需要设置备份策略和还原条件即可。此外，一些低代码平台还提供了多种备份与还原的选项（如完全备份、增量备份等），以满足不同的备份与还原需求。

8.1.1 备份的类型

按照不同的维度可以对备份进行不同的分类，比较常用的有以下分类。

（1）按照策略进行分类，备份可以分为以下类型：

① 完全备份（Full Backup）：对数据进行全量的、完整的复制存储。通常用于第一次备份或数据量较小的系统。由于是全量备份，因此备份所需的时间和空间资源较多，但是恢复数

据的速度较快。

② 差异备份（Differential Backup）：对数据自上一次完全备份后的更新进行复制存储。通常用于大数据量的系统，可以减少备份所需的时间和空间资源，但是需要备份每次完全备份后的所有更改。在恢复数据时需要先恢复最近的完全备份的数据，再恢复差异备份的数据。

③ 增量备份（Incremental Backup）：对数据自上一次完全备份或增量备份后的更新进行复制存储。通常用于大数据量的系统，可以进一步减少备份所需的时间和空间资源，但是需要备份每次完全备份或增量备份后的所有更改。在恢复数据时需要先恢复最近的完全备份的数据，再依次恢复增量备份的数据。

（2）按照是否停机进行分类，备份可以分为以下类型：

① 冷备份（Cold Backup）：系统处于停机状态下进行的备份。通常用于对系统停机时间无严格要求的场景，如一些固定数据且存储不频繁的系统。冷备份需要停机进行备份，备份数据与系统数据完全一致，恢复速度较快。

② 热备份（Hot Backup）：系统处于正常运行状态下进行的备份。通常用于对系统停机时间有严格要求的场景，如一些需要持续存储且需要不间断服务的系统。热备份不需要停机进行备份，备份数据可能有一定的滞后，恢复速度相对较慢。

（3）按照存储介质是否与系统联机进行分类，备份可以分为以下类型：

① 在线备份（On-Line Backup）：备份的存储介质与系统总是处于联机状态，典型的存储介质有磁盘阵列、存储局域网、网络附加存储、网络硬盘等。

② 离线备份（Off-Line Backup）：备份的存储介质与系统一般只是在备份时处于联机状态，其他时刻一般都处于脱机状态，典型的存储介质有磁带、光盘、硬盘矩阵等。

（4）按照是否自动触发执行进行分类，备份可以分为以下类型：

① 手动备份（Manual Backup）：由人工手动触发执行备份。

② 自动备份（Automatic Backup）：由机器自动触发执行备份，主要有事件触发（如停机前触发等）和时间触发（如定期触发等）。

（5）按照目的进行分类，备份可以分为以下类型：

① 例行备份（Routine Backup）：例行的、日常的备份。

② 升级备份（Upgrade Backup）：为了防止升级后无法启动或正常使用而进行的备份。

③ 因为其他目的进行的备份。

8.1.2　低代码应用的备份与还原

低代码应用一般部署在高可用的集群环境下，虽然相比于单机部署环境，这种部署环境的可靠性已经大大提高，但是仍可能遭受极端情况（如大面积主机崩溃、黑客入侵、断电、地震等）的影响，导致数据损坏，从而造成不必要的损失，同时，人为的错误操作（如错误的删除或更新操作等）也可能导致数据损失。

在升级低代码应用时，建议先进行完全备份。因为升级应用可能存在缺陷或与现有数据不兼容等情况，一旦发生这些情况且没有备份，将有可能造成不必要的损失。

当涉及备份与还原时，传统软件和低代码应用的区别在于存储应用的方式。传统软件通常将应用的代码和业务数据存储在文件系统与数据库系统中，因此备份需要同时备份这两种数据存储。而低代码应用则通常以配置文件或脚本等文本文件的形式存储，也可以存储在数据库系统中。因此，低代码应用的备份实际上是数据库系统数据的备份。相比于传统软件，低代码应用的备份更加灵活和方便，因为只需要备份数据库系统的数据就可以了。

下面以某平台为例，简单了解用低代码平台进行备份与还原的特点。

1. 低代码应用的备份

在"应用管理系统"界面左侧的"功能列表"列表框中，选择"平台应用管理"下的"应用部署管理"，打开"应用部署管理"页面，如图8-2所示，单击该页面右侧的"操作"列中的"数据库备份"按钮，如图8-3所示，可以对应用进行完全备份。一个应用可以进行多次完全备份。

图8-2　"应用部署管理"页面

图8-3　"数据库备份"按钮

单击"操作"列中的"数据库备份"按钮后，在弹出的"应用数据备份"对话框中可以对备份信息进行确认，以及输入备注信息，如图 8-4 所示。

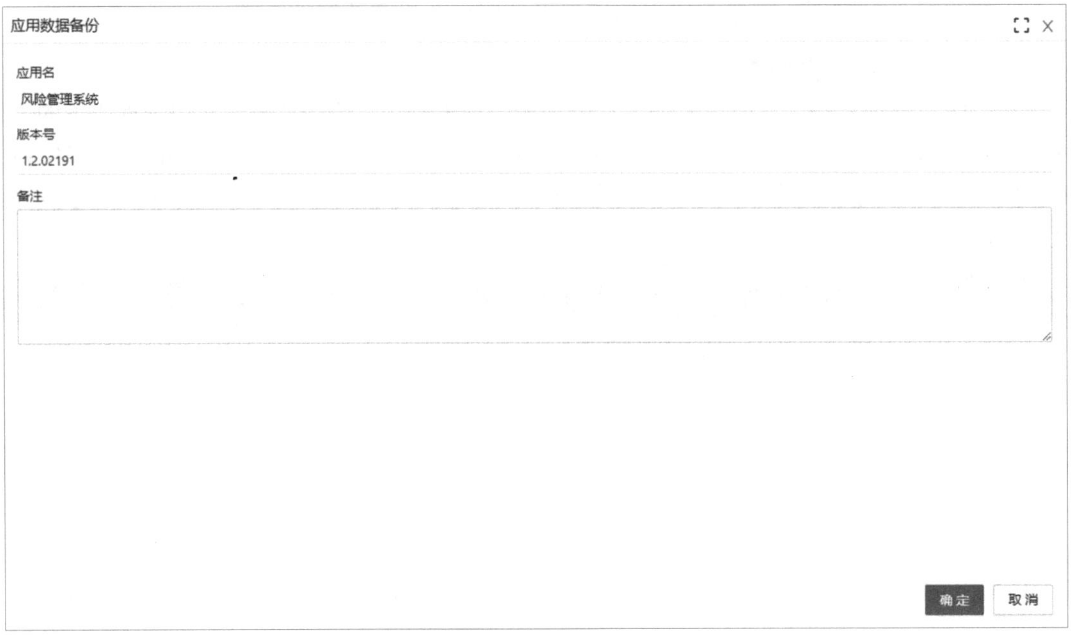

图 8-4   "应用数据备份"对话框

应用备份成功后，在"应用管理系统"界面左侧的"功能列表"列表框中，选择"平台应用管理"下的"应用安装升级备份"，打开"应用安装升级备份"页面，如图 8-5 所示，在该页面中可以看到已有的应用备份文件。在该页面右侧的"操作"列中有"查看""下载""删除"这 3 个按钮，如图 8-6 所示。单击"查看"按钮可以查看应用备份文件的详细情况，单击"下载"按钮可以将应用备份文件下载到本地，单击"删除"按钮可以将应用备份文件删除。例如，单击"风险管理系统"右侧"操作"列中的"查看"按钮，在弹出的"详情"对话框中可以查看该应用备份文件的详细情况，如图 8-7 所示。

图 8-5   "应用安装升级备份"页面

图 8-6　"操作"列中的 3 个按钮

图 8-7　查看应用备份文件的详细情况

2．低代码应用的还原

在"应用管理系统"界面左侧的"功能列表"列表框中，选择"平台应用管理"下的"应用部署管理"，打开"应用部署管理"页面，在该页面的某个应用的名称所在行右侧的"操作"列中单击"更多"下拉按钮，在弹出的下拉菜单中选择"应用回滚"命令，会打开"应用回滚"对话框，如图 8-8 所示，可以在该对话框中看到该应用的备份文件，在该对话框的某个应用的名称所在行右侧的"操作"列中单击"回滚"按钮，即可进行该应用的回滚（即还原）。

图 8-8 "应用回滚"对话框

8.2 升级与迭代

当应用被部署后，通常需要进行升级与迭代来改进其功能或修复潜在的问题。升级是指将应用的当前版本替换为新版本，而迭代则是指在当前版本中进行小规模的更改和改进。通常情况下，应用的升级与迭代会在一定的时间间隔内进行，以确保应用的稳定性和可靠性。

升级与迭代和维护与更新在概念上有一定的重叠，都是为了确保应用的稳定性和可靠性而进行的操作。在一些低代码平台中，维护与更新会被更具体地分为两个方面：维护和修补漏洞，更新和升级组件。而升级与迭代则更侧重于应用的迭代开发和版本管理。

应用的升级与迭代可以包括添加新功能、修复漏洞、改进性能等。低代码平台提供了可视化的开发环境和代码生成工具，使开发人员能够快速开发、测试和部署新功能，减少了手动编写和维护代码的工作量。

在进行应用的升级与迭代时，低代码平台通常会提供进行升级与迭代的工具和流程。例如，它们可以提供版本控制和自动部署的功能，使开发人员能够在保证数据一致性和安全性的前提下，快速将新版本的应用推送到生产环境中。此外，一些低代码平台还提供了测试和发布管道（Pipeline），以确保新版本应用的质量和稳定性。

8.2.1 配置管理

软件配置管理（Software Configuration Management，SCM）可以直接简称为"配置管理"（Configuration Management，CM），是一种标识、组织和控制修改的技术，通过执行版本控制、变更控制的规程，以及使用合适的配置管理软件，来保证所有配置项的完整性和可跟踪性，配置管理是对工作成果的一种有效保护。

配置管理的目的是标识、跟踪、控制变更，配置管理的基础与核心是版本管理和版本管理软件，而版本管理的核心是基线管理，基线是指一组已经通过正式审核的规格说明或软件产品，表现为软件产品生命周期内特定时刻被正式确定下来的一组配置项及其配置标识，它们可以作为下一步开发的基础，只有通过正式的修改管理过程才能进行修改（即如果需要对基线中包含的配置项进行修改，则必须经过正式的申请、审查和认可）。

全部基线（或者具有里程碑意义的基线）需要使用版本号进行标识，当前常用的版本号规则是"x.y.z-tag"，其中各项介绍如下。

- x：主版本号，主版本号的更新一般代表功能的重大变更、程序接口的重大变更、架构的变更。当主版本号为"0"时，一般表示产品还处于开发阶段未达到商用要求的稳定性；当主版本号为 1 时，表示产品已经达到商用要求的稳定性，有时也用于表示不同的主版本之间存在兼容性问题，典型的例子是 Python 从 Python 2 到 Python 3 的不兼容更新。
- y：次版本号或子版本号，次版本号的更新一般不涉及架构的变更，一般表示功能的局部变更或程序接口的局部变更，可能存在少量的接口兼容性问题。
- z：构建版本号或修订版本号，构建版本的更新一般不涉及程序接口的变更，一般仅表示功能的优化或缺陷的修复。
- tag：标签，用于补充说明本次版本。tag 为可选，如果没有，则默认表示正式版本。常见的标签值如下。
  - Alpha：内部测试版本，表示该版本的缺陷较多，需要继续修改，通常只用于内部测试使用，不对外开放。
  - Beta：外部测试版本或公众测试版本，表示该版本有一些缺陷，开放给外部来收集功能反馈和缺陷反馈，从而进行后续的修改。
  - RC（Release Candidate）：候选版本，表示该版本不再有新功能添加，缺陷的数量较少且一般不会导致程序崩溃，该版本与正式版本相差不大。
  - Release/Stable/GA（General Availability）：正式版本，用于正式部署上线运行。
  - LTS（Long Term Support）：长期支持的正式版本，表示该版本与一般的正式版本的区别在于该版本有更长时间的技术支持，典型的有 2 年或 5 年。

8.2.2　部署策略

除了最基本、最原始的停机部署，其他常见的部署策略有蓝绿部署、滚动部署、灰度部署。

1. 停机部署

停机部署（Big Bang Deployment）指将当前版本的服务停机，然后部署新的版本，这是最简单且直接的部署方式，通常所说的"割接"指的是停机部署策略。

停机部署的优点是在新旧版本切换过程中不会出现状态不一致的情况，当新旧版本互不兼容时，有时必须使用停机部署策略。

停机部署的缺点也非常明显，就是会出现服务中断的时间，一般来说，在使用停机部署策略时，需要提前发出公告说明停机的时间和时长，并且选择一个用户访问量较低的时间段进行，如深夜时间段等。

2. 蓝绿部署

蓝绿部署（Blue-Green Deployment）指在生产环境中部署相同数据的新版本的服务，当新版本（绿色）的服务测试通过后，将新的访问切换到新版本的服务上，如图 8-9 所示（图中使用浅灰色表示旧版本，使用深灰色表示新版本）。

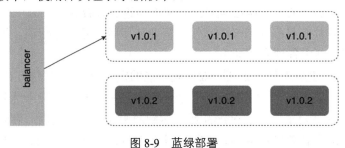

图 8-9　蓝绿部署

蓝绿部署的优点是无须停机，也尽可能地避免新旧版本同时提供服务可能引起的潜在的不一致的问题。

蓝绿部署的缺点是需要双倍的资源。

3. 滚动部署与灰度部署

滚动部署（Rolling Deployment）指通过逐步替换旧服务的实例来缓慢部署新版本，如图 8-10 所示。

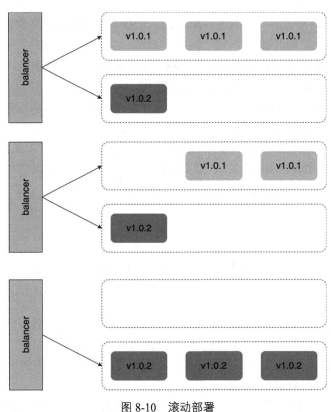

图 8-10　滚动部署

灰度部署（Gray-Scale Deployment）也称金丝雀部署（Canary Deployment）。金丝雀部署

的名称来源于 17 世纪时英国的矿井，当时的工人发现，金丝雀对瓦斯这种气体十分敏感，空气中哪怕有极其微量的瓦斯，金丝雀也会停止歌唱，而当空气中瓦斯的含量超过一定限度时，虽然人类毫无察觉，但是金丝雀早已毒发身亡。当时在采矿设备相对简陋的条件下，工人们每次下井都会带上一只金丝雀作为"瓦斯检测指标"，以便在危险状况下紧急撤离。灰度部署如图 8-11 所示。

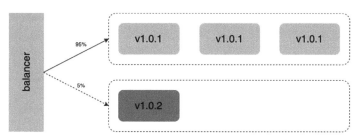

图 8-11　灰度部署

灰度部署与滚动部署并没有本质的区别，灰度部署在滚动部署的基础上增加了精确的流量控制，例如，95%的请求流向旧版本，5%的请求流向新版本。

8.2.3　低代码应用的升级与迭代

由于低代码应用具有强大的基础架构的支持，因此相对于传统的软件而言，低代码应用具有以下优点：

（1）增量升级，仅升级修改部分，而不需要全量升级。

（2）升级状态可视化。

（3）自动化一键升级，更容易进行升级与迭代。

（4）非停机部署升级。

在进行增量升级时，需要先将版本之间的差异进行比对得到升级包，如图 8-12 所示。

图 8-12　版本比对

在得到升级包后或进行全量升级时，上传全量应用包或升级包即可一键升级，如图 8-13 所示。

图 8-13　上传全量应用包或升级包

得益于强大的基础架构的支持，低代码应用的升级部署做到了非常简单、易用的自动化一键升级，升级与迭代的大量技术工作交给基础架构来完成。

8.3　监控与告警

在应用部署上线运行后，如果出现服务故障（如资源使用过载、业务操作失败等状况），则将直接影响最终用户的正常使用。因此，需要有一套机制能够达到下面的效果：

（1）查看应用的实时运行状况。

（2）在可能发生故障前通知管理员进行预防处理。

（3）在发生故障时通知管理员进行处理。

（4）查看历史的状况或操作记录，以便解决故障或优化应用。

运维管理中的监控与告警就是这样一套机制，良好的监控与告警系统具有以下特征：

（1）持续地监控：对监控对象进行持续的、不间断的、实时的监控。

（2）多维地监控：对多种维度的指标进行监控。

（3）及时地告警：在超过监控阈值或发生故障时及时通过预定义的方式通知管理员。

（4）准确地告警：准确地告警，尽可能少地误报。

（5）持久地记录：对重要的监控指标、采样点的监控指标、告警信息、故障信息、操作记录等以日志形式进行持久的记录，以便日后查看、排除故障或统计分析。

（6）易用的界面：简单、易用、有效的使用界面，相关指标的实时监控以可视化的界面展示。

8.3.1　指标、监控和告警

指标、监控、告警是 3 个相互关联的概念，是监控与告警系统的基础。指标代表需要观察和收集的数据信息，这些数据信息有助于了解监控对象的状况。监控是根据指标的定义，对数据进行采集、聚合、统计，以及通过可视化的方式呈现数据的过程。告警代表当收集到的指标达到规则时，触发某个指定的行为，告警一般由两部分组成：基于某个指标的度量值的条件或阈值，以及当度量值超过可接受条件时所要执行的操作，即规则和行为。

常用的监控指标维度有资源类、性能类、运营类、操作类等。

（1）常用的资源类监控指标有 CPU 使用率、内存使用量、I/O 使用率、存储使用量、网络使用量等。

- CPU 使用率：指 CPU 的利用率，一般不能超过 75%。
- 内存使用量：指使用的内存的多少，一般根据具体情况制定相应的规则。
- I/O 使用率：指单位时间内使用 I/O 进行输入与输出的繁忙率，一般不能超过 70%。
- 存储使用量：指使用的外存的多少，一般根据具体情况制定相应的规则。
- 网络使用量：指网络流量的总量，包括上传和下载的数据。根据具体情况，可以制定相应的规则和阈值来监控网络使用量，以保证网络的正常运行和性能。

（2）常用的性能类监控指标有响应时间、吞吐量、错误率等。

- 响应时间：指对请求做出响应的时间，可以理解为用户从发起一个请求开始至接收到返回的整个过程所耗费的时长。在一般情况下，响应时间有"2/5/10"规则，即如果响应时间在 300 毫秒以内，则该响应时间给用户的感受属于瞬间响应；如果响应时间在 2 秒以内，则该响应时间给用户的感受属于优秀响应；如果响应时间在 5 秒以内，则该响应时间给用户的感受属于良好响应；如果响应时间在 10 秒以内，则该响应时间给用户的感受属于可接受/勉强接受响应；如果响应时间在 10 秒以上，则该响应时间给用户的感受属于无法接受响应。
- 吞吐量：指在单位时间内处理请求的数量，一般根据部署的不同环境制定相应的规则。
- 错误率：指处理失败的比率，不同的系统对错误率的要求不同，但一般不能超过 0.6%，即成功率不能低于 99.4%。

（3）常用的运营类监控指标有单位访问量、累计访问量、在线用户数、活跃用户数、累计用户数等。

- 单位访问量：指单位时间内被访问的次数。
- 累计访问量：指自部署运行以来被访问的次数。
- 在线用户数：指当前在线的用户数量。
- 活跃用户数：指在特定时间段内至少有一次使用经历的用户数，特定时间段一般有每日、每周或每月等。
- 累计用户数：指自部署运行以来至少有一次使用经历的用户数。

（4）操作类监控指标一般直接以日志的方式存储，记录的信息主要有操作行为者、操作行为类型、操作行为上下文、操作行为对象、操作行为结果等。

8.3.2　低代码平台的监控与告警

在低代码平台中，监控与告警是紧密相连的。监控负责定期检查应用的运行状况，从中收集和分析指标数据。指标可以是任何可以量化应用状态的数据，如内存使用率、CPU 使用率、网络流量等。监控的作用是收集指标数据并将其可视化，以便开发人员可以通过监控仪表板及时了解应用的状况。在低代码平台中，监控仪表板通常是可定制的，可以根据需要添加或删除指标、调整布局等。

与此同时，告警负责根据事先定义的阈值对指标数据进行实时监测，并在特定情况下向开发人员发送警报。例如，当内存使用率超过预设的阈值时，监控系统会向开发人员发送警报，以便开发人员可以及时采取措施，避免应用出现故障。

低代码平台中的监控与告警功能通常都是内置的，不需要应用开发人员自己构建和管理。这为开发人员节省了时间和精力，并使其能够更专注于应用本身的构建和开发。另外，监控与告警解决方案通常是高度可扩展的，可以与其他系统进行集成，从而提供更全面、更准确的监控与告警服务。

低代码平台提供的监控与告警功能一般包括资源监控、异常告警、操作日志等。

1. 资源监控

低代码平台提供了丰富的资源监控功能，其中，CPU 使用率与内存信息如图 8-14 所示，连接时长如图 8-15 所示。

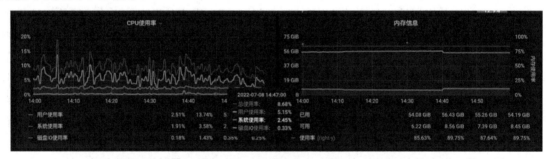

图 8-14　CPU 使用率与内存信息

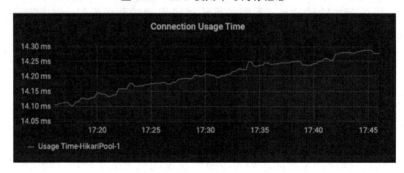

图 8-15　连接时长

2. 异常告警

针对资源监控的指标，可以设置相应的阈值，如 CPU 使用率高于 80%、响应时间大于 10s 的次数多于 100 次等。

当达到相应的阈值时，将相关的异常信息通过电子邮件或其他方式通知应用管理员。

3. 操作日志

操作日志记录了应用配置和使用过程的搜索、修改、增加、删除等各种行为。操作日志对应用的安全性、稳定性、合规性和可追溯性都非常重要，是低代码平台监控与告警功能的重要组成部分。操作日志如图 8-16 和图 8-17 所示，日志详情如图 8-18 所示。

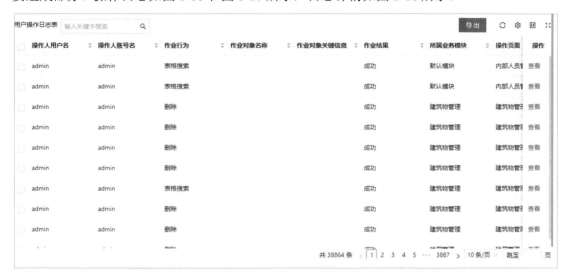

图 8-16　操作日志 1

图 8-17　操作日志 2

详情		
操作人用户名		操作人账号名
admin		admin
作业行为		作业对象名称
删除		--
作业对象关键信息		作业结果
--		成功
所属业务模块		操作页面
建筑物管理		建筑物管理
日志时间		操作人所属机构名称
2023-02-18 10:47:09		--
操作人姓名		操作人工号
--		--
操作人所属机构编号		操作人IP地址
--		10.6.1.139
错误详情信息		
--		

图 8-18　日志详情

习 题 8

一、单项选择题

1. 对数据进行全量的、完整的复制存储的备份称为（　　）。

    A. 完全备份　　　　　　　　　　　B. 差异备份

    C. 增量备份　　　　　　　　　　　D. 在线备份

2. 对数据自上一次完全备份后的更新进行复制存储的备份称为（　　）。

    A. 完全备份　　　　　　　　　　　B. 差异备份

    C. 增量备份　　　　　　　　　　　D. 在线备份

3. 对数据自上一次完全备份或增量备份后的更新进行复制存储的备份称为（　　）。

    A. 完全备份　　　　　　　　　　　B. 差异备份

    C. 增量备份　　　　　　　　　　　D. 在线备份

4. 系统处于停机状态下进行的备份称为（　　）。

    A. 冷备份　　　　　　　　　　　　B. 温备份

    C. 热备份　　　　　　　　　　　　D. 以上均不是

5. 系统处于正常运行状态下进行的备份称为（　　）。

    A. 冷备份　　　　　　　　　　　　B. 温备份

C．热备份　　　　　　　　　　　　D．以上均不是

6．以下不属于在线备份的常用存储介质的是（　　　）。

A．磁盘阵列　　　　　　　　　　　B．存储局域网

C．网络附加存储　　　　　　　　　D．硬盘矩阵

7．以下属于离线备份的常用存储介质的是（　　　）。

A．磁盘阵列　　　　　　　　　　　B．存储局域网

C．网络附加存储　　　　　　　　　D．硬盘矩阵

8．以下关于低代码应用的备份与还原的描述不正确的是（　　　）。

A．低代码应用可以进行差异备份

B．低代码应用只能进行自动备份

C．低代码应用可以进行离线备份

D．低代码应用可以进行热备份

9．在常用的版本号规则"x.y.z-tag"中，"x"代表的是（　　　）。

A．主版本号　　　　　　　　　　　B．次版本号

C．修订版本号　　　　　　　　　　D．正式版本号

10．在常用的版本号规则"x.y.z-tag"中，"y"代表的是（　　　）。

A．主版本号　　　　　　　　　　　B．次版本号

C．修订版本号　　　　　　　　　　D．正式版本号

11．在常用的版本号规则"x.y.z-tag"中，"z"代表的是（　　　）。

A．主版本号　　　　　　　　　　　B．次版本号

C．修订版本号　　　　　　　　　　D．正式版本号

12．在常用的版本号规则"x.y.z-tag"中，如果"x"的值是 0，则代表该版本目前处于（　　　）。

A．初始阶段　　　　　　　　　　　B．开发阶段

C．测试阶段　　　　　　　　　　　D．商用阶段

13．在以下部署策略中，需要额外资源最多的是（　　　）。

A．停机部署　　　　　　　　　　　B．蓝绿部署

C．滚动部署　　　　　　　　　　　D．灰度部署

14．灰度部署也称（　　　）。

A．高级部署　　　　　　　　　　　B．低级部署

C．金丝雀部署　　　　　　　　　　D．孔雀部署

15．以下关于低代码应用的升级与迭代的描述不正确的是（　　　）。

A．低代码应用可以进行全量升级　　B．低代码应用可以进行增量升级

C．低代码应用不能进行一键升级　　D．低代码应用可以进行灰度升级

16．如果响应时间为 0.2 秒，则在一般情况下，该响应时间给用户的感受属于（　　　）。

A．瞬间响应　　　　　　　　　　　B．优秀响应

C．良好响应　　　　　　　　　　　D．可接受响应

17．如果响应时间为 0.6 秒，则在一般情况下，该响应时间给用户的感受属于（   ）。

    A．瞬间响应   B．优秀响应

    C．良好响应   D．可接受响应

18．如果响应时间为 4 秒，则在一般情况下，该响应时间给用户的感受属于（   ）。

    A．瞬间响应   B．优秀响应

    C．良好响应   D．可接受响应

19．如果响应时间为 12 秒，则在一般情况下，该响应时间给用户的感受属于（   ）。

    A．瞬间响应   B．优秀响应

    C．可接受响应   D．无法接受响应

20．在一般情况下，CPU 使用率不能超过（   ）。

    A．55%   B．65%

    C．75%   D．85%

21．在一般情况下，I/O 使用率不能超过（   ）。

    A．60%   B．70%

    C．80%   D．90%

22．在一般情况下，错误率不能超过（   ）。

    A．0.3%   B．0.6%

    C．0.9%   D．1.0%

23．以下不属于常用的日志类型的是（   ）。

    A．系统日志   B．应用日志

    C．安全日志   D．详细日志

24．对于应用开发人员来说，低代码平台的监控与告警优势不包括以下哪一项？（   ）

    A．无须开发   B．无须维护

    C．无须设置   D．以上均不包括

25．低代码应用的监控与告警一般由以下哪种角色进行管理？（   ）

    A．应用开发人员   B．应用测试人员

    C．应用管理员   D．应用使用者

二、判断题

1．低代码应用可以跳过软件生命周期的需求分析和规划阶段。 （   ）

2．冷备份指的是处于停机状态下进行的备份。 （   ）

3．离线备份常用的存储介质包括磁盘阵列。 （   ）

4．低代码应用只能进行完全备份。 （   ）

5．低代码应用只能进行冷备份。 （   ）

6．时间触发备份是一种自动备份。 （   ）

7．差异备份与增量备份是相同的概念。 （   ）

8．配置管理只在应用进行升级与迭代时才需要。 （   ）

9．配置管理的基础与核心是版本管理和版本管理软件。 （   ）

10．配置管理可以对工作成果进行有效的保护。　　　　　　　　　　　　（　　）

11．版本管理与版本号管理是相同的概念。　　　　　　　　　　　　　　（　　）

12．版本号中有"Alpha"一般表示该版本的缺陷很少。　　　　　　　　　（　　）

13．版本号中有"GA"一般表示该版本是正式版本。　　　　　　　　　　（　　）

14．版本号中有"LTS"一般表示该版本提供较短的支持周期。　　　　　（　　）

15．蓝绿部署比灰度部署节省资源。　　　　　　　　　　　　　　　　　（　　）

16．停机部署已经完全不适合当前的场景。　　　　　　　　　　　　　　（　　）

17．低代码应用的升级与迭代很难做到非停机部署。　　　　　　　　　　（　　）

18．CPU 使用率一般不能超过 75%。　　　　　　　　　　　　　　　　（　　）

19．响应时间一般不能超过 10 秒。　　　　　　　　　　　　　　　　　（　　）

20．低代码应用的监控与告警功能没有纯代码应用丰富。　　　　　　　　（　　）

三、简答题

1．请简述低代码应用生命周期与纯代码应用生命周期的相同点和不同点。

2．请简述备份和还原的概念。

3．请简述低代码应用进行升级与迭代的流程。

4．请简述常用的资源类监控指标。

四、实操题

1．请对应用进行备份及还原操作。

2．请对应用进行升级操作。

第 **9** 章

低代码开发应用实例

9.1 企业数字化应用实例开发

9.1.1 概述

数字经济是全球未来的发展方向，是推动世界经济发展的重要动能。数字化转型作为数字经济发展的重要着力点，以云计算、大数据、人工智能等数字技术为抓手，广泛赋能各行业各领域，已成为激发企业创新活力，推动经济发展质量变革、效率变革、动力变革，提升国家数字竞争力的核心驱动。

我国高度重视数字经济发展，大力推动数字化转型。十九届五中全会提出，加快发展现代产业体系，推动经济体系优化升级。推进产业基础高级化、产业链现代化，提高经济质量效益和核心竞争力。要提升产业链供应链现代化水平，发展战略性新兴产业，加快发展现代服务业，统筹推进基础设施建设，加快建设交通强国，推进能源革命，加快数字化发展。

数字化转型是在业务数据化后利用人工智能、大数据、云计算、区块链、5G 等新一代信息技术，通过数据整合，通过对组织、业务、市场、产品开发、供应链、制造等经济要素进行全方位变革，实现提升效率、控制风险，提升产品和服务的竞争力，形成物理世界与数字世界并在的局面。随着业内对数字化转型重要性认识的不断加深，各行业都积极开展企业数字化转型战略部署，并在理论探索、能力培育、业务创新、生态建设等方面取得初步成果。

1. 企业数字化价值

1）加强企业风控能力

数字技术可以帮助企业实现高效的集团管控。一方面，通过计算机介入可以降低人员的操作风险，提高安全性和稳定性；另一方面，企业通过流程线上化可以更快地识别风险，以及更好地应对风险。

2）提升企业运营能力

数字化转型将改变企业的决策模型，从而提升企业运营能力。传统的决策模型是以人的经验为主导的，具有一定的主观性和应用限定性。同时，过往的孤岛型作业方式导致协作的思想受到限制。企业数字化转型通过融合数据孤岛，建立不同部门不同数据之间的映射关系，从而方便管理人员从全局的角度出发，更好地做出决策。

3）优化业务流程

各种新技术正在把越来越多的重复性人工任务转变为自动化任务，在流程中，由人来执行转变为由人来监管与设计，并由此来提升效率。同时，基于大数据、人工智能等技术，建立数据之间的映射关系，将赋能与优化生产节奏。

4）为企业收入增益

虽然数字化转型的投资金额巨大，但是调查显示数字化转型仍存在明显的投资回报。世界经济论坛（World Economic Forum，WEF）通过对 1.6 万家企业的数据进行分析发现，数字化转型领军企业的生产率提高了 70%，而跟随者的生产率提高了 30%，这意味着数字化转型领军企业存在着明显的先发优势，如图 9-1 所示。

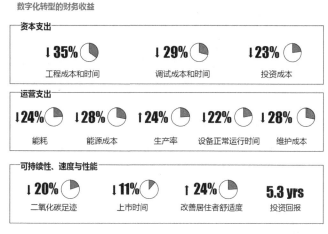

图 9-1　数字化转型的财务收益

5）创新商业模式

企业的商业模式是满足客户需求、实现相关方（如客户、员工、合作伙伴、股东等）价值，同时使系统达成持续盈利目标的整体解决方案。企业的商业模式主要由创造价值、传递价值和获取价值构成，如图 9-2 所示，数字化转型通过重塑这 3 方面来帮助企业实现商业模式创新。

图 9-2　企业的商业模式

2．数字化转型的现状

1）全球数字化转型成效

全球已进入数字经济时代，数字经济成为发展新动能，在 GDP 中的占比越来越大。《2021

年全球数字经济白皮书》中针对 47 个国家（包括美国、英国、中国、日本、印度等）的数字经济进行量化分析，2020 年全球数字经济规模达 32.6 万亿美元，同比名义增长 3.0%，占 GDP 比重为 43.7%。面对巨大的数字经济市场，全球大部分企业都开始了数字化转型进程。

随着全球信息产业基础大幅度加强，海量数据源源不断地持续产生，推动着劳动、技术、资本、市场等要素互联互通，带动了数字化转型呈现三大转变：一是从被动转变为主动，将数字化从用于提高生产效率的被动工具，转变为创新发展模式、强化发展质量的主动战略；二是从片段型转变为连续型，将数字化从对局部生产经营环节的参数获取和分析，转变为对全局流程及架构的诠释、重构及优化；三是从垂直分离转变为协同集成，将数字化从聚焦于单一环节、行业和领域，转变为对产业生态体系的全面映射。

数字化转型加速推动了产业链各环节及不同产业链的跨界融合，实现了组织架构和商业模式的变革重塑，构建起核心优势独具特色、运作体系不拘一格的各大平台，将企业间的竞争重点从产品和供应链层面推向生态层面，对数字化转型底层技术、标准和专利掌控权的争夺更为激烈。同时，数字化转型的快速推进为供需实时计算匹配提供了坚实基础，并通过高频泛在的在线社交，以及渐趋完善的信用评价体系，为部分产业提供了有效配置资源的低成本共享渠道，弱化"所有权"而强调"使用权"，促使共享经济快速兴起。

数字化转型直接带动了技术开源化和组织方式去中心化，知识传播壁垒开始显著消除，创新研发成本持续大幅度降低，创造发明速度明显加快，群体性、链条化、跨领域创新成果屡见不鲜，颠覆性、革命性创新与迭代式、渐进式创新并行。产业创新主体、机制、流程和模式发生重大变革，不再受到既定的组织边界束缚，资源运作方式和成果转化方式更多地依托网络在线展开，跨地域、多元化、高效率的众筹、众包、众创、众智模式不断涌现，凸显出全球开放、高度协同的创新特质。

数字化转型的快速推进带来新兴的数字化产品、应用和服务大量涌现，对消费者的数字化资源获取、理解、处理和利用能力提出了更高要求。符合用户根本需求，具备完整商业模式，持续迭代完善的各类数字化新兴产物，已开始有效引导消费者数字化技能和素养的提升及更新，更好地发掘数字化价值和享受数字化便利，逐步培育、形成及发展起新兴的数字消费群体和数字消费市场。世界各主要国家将日益高度重视对公民数字技能和素养的教育及培养，并逐渐上升到维护国家在新时代打造新型核心竞争力的战略高度。

2）国内数字化转型成效

当前，国内一半以上的企业已经将数字化转型视为下一步发展重点，并制定了清晰的数字化转型战略规划。目前，数字化转型成长最快的领域包含 4 个方面：一是借助视频会议、协同办公、财务系统、人事系统等优化管理体系；二是通过企业资源计划系统（ERP）、流程自动化、智慧供应链、智能制造、线上平台、在线客服、自动化流程等手段提升运作流程效率；三是使用物联网设备、数字化产品、一站式服务来达到产品/服务的创新；四是加强推广直播带货、电子商务、精准营销、数字渠道等方式创造新的营销模式。

近年来，国内企业数字化转型从供给端和需求端两个方面均在不断加速。从需求端看，企业和政府的数字化转型意愿近年来不断增强，同时直接创造了许多新数字化转型需求。从供给端看，数字基础设施建设不断完善，会助推数字化新工具的改进升级和市场推广，升级数字化转型供给端的支撑赋能能力。国内传统企业的数字化转型已经从部分行业头部企业的"可选项"转变为更多行业、更多企业的"必选项"，转型整体成熟度提升，转型资金、人才等资源投入加大，从管理者到员工都普遍参与到数字化转型中。众多行业头部企业从最初的探索尝试发展到数字化驱动运营阶段，发现新的业务价值点，衍生出新的数字化业务和商业模式。特别是对人工智能、物联网、区块链等新技术的应用和实践，为同类企业提供了宝贵的数字化转型经验。与此同时，受益于中国庞大的生产数据、应用数据和用户数据，众多跨国公司在华企业也逐渐成为全球范围内数字化转型的先行者，同时将制造生产、工厂运维等方面的数字化工具和转型经验输出到跨国公司在其他国家的子公司。

9.1.2　系统设计

1．技术路线

项目整体研究技术路线的流程图如图 9-3 所示。

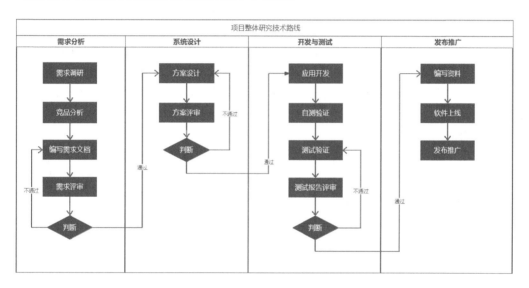

图 9-3　项目整体研究技术路线的流程图

（1）首先进行用户需求调研与市场竞品分析，梳理后形成各种需求文档。

（2）项目组进行需求评审与宣讲，项目成员提出各自的建议与意见。

（3）根据需求评审结论对系统进行详细设计，包括整体方案设计、数据库设计、应用开发设计、测试方案设计等。

（4）分析系统各个模块的功能、组成、结构、性能指标等。

（5）对系统进行模块化开发、自测验证，如果涉及硬件，则再进行软硬件联合调试。

（6）在各个功能模块开发完成后，对系统的功能、可靠性、效率、性能等进行测试。

（7）项目组进行测试报告评审，开发人员对设计进行修正并最终达到设计要求。

（8）编写项目资料与产品资料，进行产品包装与定型。

（9）进行研究成果转化和市场推广。

2．开发方法

1）结构化开发

软件整体采用结构化分析与结构化程序设计方法，在需求梳理阶段，将实际业务分子结构拆分成最小颗粒度，尽可能实现业务模型化，按照线下业务流程 1∶1 还原软件数据处理流程，用数据流图构建各个业务模块与功能。

2）模块化开发

在需求分析阶段就将每个业务模块划分清晰，把每个待开发的业务模块分解成若干个较为简单的功能模块，进入开发阶段后，按照项目规划安排，有条不紊地进行多版本迭代、模块化独立开发与测试，最后组装成一个完整的软件系统。该方法不仅可以最大限度地降低软件的开发难度与实现复杂性，还非常方便后续软件上线后的运维，从而实现软件生成最高效率。

3）采用原生应用和 Web 应用相结合的方式开发

（1）Web 应用。

Web 应用是指运行在浏览器上的应用。Web 应用不存在开发成本高的问题，一次开发就可以在桌面、移动浏览器上运行。然而，Web 应用对网速的要求比较高，并且与原生应用相比，用户体验不好。尽管 HTML5 可以解决一些问题，但是这些问题还是很明显。

（2）原生应用。

原生应用是指专为特定操作系统开发的应用。这些应用可以直接访问手机的所有功能，如摄像头、蓝牙、Wi-Fi 等。这些应用通常速度更快、性能更好。由于其直接访问系统的 API 接口，因此性能上与混合应用相比会更好。但是由于原生应用需要兼容的设备太多，因此开发成本更高。

（3）混合应用。

混合应用是原生应用和 Web 应用的结合体。从技术的角度来说，混合应用就是调用浏览器（即 WebView）来运行 Web 代码。它不仅是 Web 应用的离线版，还可以通过一些框架（如 Cordova）直接调用系统的 API 接口。在一些框架中，它甚至可以封装系统的 UI 组件，以 Web 常用的形式来提供 API 接口。而在混合应用框架中，可能并没有包含所有的功能，这时就需要开发人员去实现。

9.1.3 实操案例

1．案例名称

以创建客户管理系统为例，该系统的登录界面如图 9-4 所示，"客户信息管理"页面如图 9-5 所示，"新增_客户管理表单"对话框如图 9-6 所示。

图 9-4　客户管理系统的登录界面

图 9-5 客户管理系统的"客户信息管理"页面

图 9-6 客户管理系统的"新增_客户管理表单"对话框

2. 背景说明

企业在经营过程中，随着时间的流逝，一定会沉淀很多客户信息，包含但不限于客户名称、类型、地址、联系人、财务信息等，在人员手动管理大量数据的情况下，难免会出现数据重复、错乱、丢失、不精准等问题，而企业想要进一步挖掘数据背后的价值（如迅速、准确地判定客户匹配度和意向度，提升客户的回购率等），就更是难上加难。

3. 系统解决关键问题

1）客户资源难沉淀

缺乏 360° 客户关系视图，企业没有或仅有客户的基本信息，无法持续挖掘客户价值，销售离职造成客户资源流失等。当客户信息在不同部门不同产品线流转，或者由新人接手时，由于缺乏过往详细信息，难以实现有效对接，从而造成较差的客户体验等。

2）缺乏判重机制

直销与渠道之间、同一团队不同销售人员等易撞单，无有效的冲突管理运行机制；客户归属判定无统一标准，不同销售团队反复接触同一客户，造成客户倦怠与不满。

4. 实操步骤

1）创建应用

在低搭低代码平台的工作台界面中单击"新建应用"按钮，如图 9-7 所示。

图 9-7　单击"新建应用"按钮

2）设置应用信息

在弹出的"新建应用"对话框的"应用名称"与"应用编号"文本框中，分别输入正确的应用名称和应用编号，如图 9-8 所示，单击"确定"按钮。

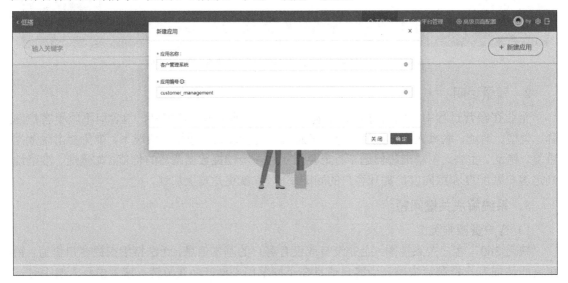

图 9-8　"新建应用"对话框

3）进入应用

在低搭低代码平台的工作台界面中单击创建的应用，如图 9-9 所示，进入应用开发端。

图 9-9　单击创建的应用

4）新建模块菜单

在"菜单管理"页面中，单击左侧列表框中"全部"右侧的"+"按钮，如图 9-10 所示，创建模块菜单。

图 9-10　"菜单管理"页面

5）设置菜单信息

在弹出的"新建菜单"对话框的"菜单类型"下拉列表中选择合适的菜单类型选项（如"模块"），在"菜单名称"文本框中输入合适的菜单名称（如"客户管理"），如图 9-11 所示，单击"确定"按钮。

图 9-11　"新建菜单"对话框

6）表结构

在左侧的导航栏中选择"数据建模"→"表结构"命令，如图 9-12 所示。

图 9-12　选择"数据建模"→"表结构"命令

7）创建表结构

在打开的"表结构"页面中单击"新建"按钮，如图 9-13 所示，创建客户信息主表（普通表或树形表）。

8）设置数据表信息

在弹出的"新建数据表"对话框中，在"数据表名称"和"数据表编码"文本框中分别输入数据表名称和数据表编码，在"表类型"下拉列表中选择合适的数据类型选项，在"归属模块"文本框中单击后，在弹出的"选择模块"对话框中选择归属模块，数据表信息设置完成后，如图 9-14 所示，单击"确定"按钮。

图 9-13　单击"新建"按钮创建客户信息主表

图 9-14　数据表信息设置完成后 1

9）设计数据表

在"表结构"页面的"数据表名"列中，单击要设计的数据表的名称（如"客户信息"），如图 9-15 所示。其他数据表也按照该方式设计。

10）添加普通字段

在弹出的"编辑数据表"对话框的"表字段"选项卡中，单击"普通字段"按钮，如图 9-16 所示，添加新字段。

图 9-15　单击要设计的数据表的名称

图 9-16　单击"普通字段"按钮

11）设置普通字段信息

在弹出的"新增字段"对话框中，在"字段名称"和"字段编码"文本框中分别输入字段名称和字段编码，在"字段类型"、"数据类型"、"是否必填"和"是否唯一"等下拉列表中分别选择合适的选项，普通字段信息设置完成后，如图 9-17 所示，根据需要，单击"保存并继续添加"按钮或"保存并关闭"按钮。其他普通字段也按照该方式添加。

图 9-17　普通字段信息设置完成后 1

12）添加字典字段

在"编辑数据表"对话框的"表字段"选项卡中，单击"字典字段"按钮，如图 9-18 所示，添加字典字段。

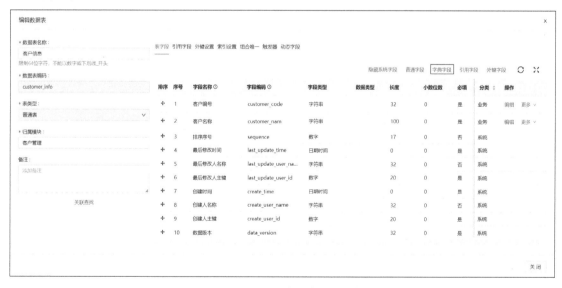

图 9-18　单击"字典字段"按钮

13）设置字典字段信息

在弹出的"新增字段"对话框中，在"字段名称"和"字段编码"文本框内分别输入字段名称和字段编码，在"字段类型"、"数据类型"、"是否必填"和"是否唯一"等下拉列表中分别选择合适的选项，在"关联字典"文本框中单击，如图 9-19 所示。

图 9-19　在"关联字典"文本框中单击

14）新增字典

在弹出的"选择数据字典"对话框中单击"新增"按钮，如图 9-20 所示。

图 9-20　"选择数据字典"对话框

15）设置字典信息

在弹出的"新增字典"对话框中，在"字典名称"和"字典编码"文本框内分别输入字典名称和字典编码，在"编码"列和"名称"列的文本框内分别输入编码和名称，如图 9-21 所示，单击"确定"按钮。

16）选择刚刚创建的字典

在"选择数据字典"对话框内，选中刚刚创建的字典的名称左侧的单选按钮，如图 9-22 所示，单击"确定"按钮。

图 9-21　设置字典信息

图 9-22　选择刚刚创建的字典

17）保存字典字段信息

字典字段信息设置完成后，如图 9-23 所示，根据实际需要，单击"保存并继续添加"按钮或"保存并关闭"按钮。其他字典字段也按照该方式添加。

18）创建表结构

在"表结构"页面中单击"新建"按钮，如图 9-24 所示，创建客户信息子表（附属表）。

图 9-23　字典字段信息设置完成后

图 9-24　单击"新建"按钮创建客户信息子表

19）设置数据表信息

在弹出的"新建数据表"对话框中，在"数据表名称"和"数据表编码"文本框中分别输入数据表名称和数据表编码，在"表类型"、"主表"和"关联关系"下拉列表中分别选择合适的选项，在"归属模块"文本框中单击，在弹出的"选择模块"对话框中选择归属模块，数据表信息设置完成后，如图 9-25 所示，单击"确定"按钮。

20）设置普通字段信息

在"表结构"页面的"数据表名"列中，单击要设计的数据表的名称，进入相应的数据表设计界面。在弹出的"编辑数据表"对话框的"表字段"选项卡中，单击"普通字段"按钮，弹出"新增字段"对话框，在"字段名称"和"字段编码"文本框中分别输入字段名称和字段编码，在"字段类型"、"数据类型"、"是否必填"和"是否唯一"等下拉列表中分别选择合适的选项，普通字段信息设置完成后，如图 9-26 所示。根据实际需要，单击"保存并继续添加"按钮或"保存并关闭"按钮。其他普通字段也按照该方式添加。

图 9-25　数据表信息设置完成后 2

图 9-26　普通字段信息设置完成后 2

21）设置数据表信息

还需要创建另一个客户信息子表（附属表）。在"表结构"页面中单击"新建"按钮，弹出"新建数据表"对话框，在"数据表名称"和"数据表编码"文本框中分别输入数据表名称和数据表编码，在"表类型"、"主表"和"关联关系"下拉列表中分别选择合适的选项，在"归属模块"文本框中单击，在弹出的"选择模块"对话框中选择归属模块，数据表信息设置完成后，如图 9-27 所示，单击"确定"按钮。

22）设置普通字段信息

在"表结构"页面的"数据表名"列中，单击要设计的数据表的名称，在弹出的"编辑数据表"对话框的"表字段"选项卡中，单击"普通字段"按钮，弹出"新增字段"对话框，在"字段名称"和"字段编码"文本框中分别输入字段名称和字段编码，在"字段类型"、"数据类型"、"是否必填"和"是否唯一"等下拉列表中分别选择合适的选项，普通字段信息设置完成后，如图 9-28 所示。根据实际需要，单击"保存并继续添加"按钮或"保存并关闭"按钮。其他普通字段也按照该方式添加。

图 9-27　数据表信息设置完成后 3

图 9-28　普通字段信息设置完成后 3

23）生成业务 API

在"表结构"页面中，单击"数据表名"列中的"客户信息"右侧的"更多"下拉按钮，在弹出的下拉菜单中选择"生成 API"命令，如图 9-29 所示。

24）生成主附表模式 API

在弹出的"生成 API"对话框中，分别勾选主表（客户信息）与附属表（客户联系人、客户财务信息）名称左侧的复选框，在"API 模式"选区中选中"主附表模式"单选按钮，如图 9-30 所示，单击"确定"按钮。

25）自定义页面

在左侧的导航栏中选择"页面建模"→"自定义页面"命令，如图 9-31 所示。

图 9-29　选择"生成 API"命令

图 9-30　"生成 API"对话框

图 9-31　选择"页面建模"→"自定义页面"命令

26）创建自定义页面

在打开的"自定义页面"页面中单击"新建"按钮，如图 9-32 所示。

图 9-32　单击"新建"按钮

27）创建表格页面

在弹出的"新建页面"对话框中，设置页面名称、归属模块、页面类型、页面模板等信息后，如图 9-33 所示，单击"确定"按钮。

图 9-33　"新建页面"对话框 1

28）设计页面

在"自定义页面"页面的"页面名称"列中，单击要设计的页面的名称——"客户管理表格"，如图 9-34 所示，可以进入页面设计界面。其他页面也按照该方式进入对应的页面设计界面。

图 9-34　单击要设计的页面的名称

29）添加"表格"控件

进入页面设计界面后，将左侧工具栏的"组件"面板的"数据展示"组中的"表格"控件拖入画布，如图 9-35 所示。

图 9-35　将"表格"控件拖入画布

30）绑定表格数据源

选中"表格"控件，在右侧属性配置面板的"数据"面板中，单击"选择数据源"右侧的"点击绑定数据源"按钮，如图 9-36 所示。

31）选择数据源

在弹出的"业务 API 选择"对话框的左侧列表中选择"客户管理"选项，在右侧区域中选择"列表 API"选项卡，选中"API 名称"列中的"查询[客户信息]列表信息"左侧的单选按钮，如图 9-37 所示，单击"确定"按钮。

图 9-36　单击"点击绑定数据源"按钮

图 9-37　"业务 API 选择"对话框 1

32）配置搜索字段

在右侧属性配置面板的"数据"面板中，单击"配置搜索字段"按钮来配置搜索字段，如图 9-38 所示。

图 9-38　配置搜索字段

33）配置展示字段

在右侧属性配置面板的"数据"面板中，单击"配置展示字段"来配置展示字段，如图 9-39 所示。

图 9-39 配置展示字段

34）绑定删除 API

选中"表格"控件，在右侧属性配置面板的"属性"面板中，单击"删除"按钮，如图 9-40 所示。

图 9-40 单击"删除"按钮

35）选择删除数据源

在弹出的对话框的"快捷配置"选项卡中，在"选择数据源"文本框内单击，如图 9-41 所示。

36）选择删除 API

在弹出的"业务 API 选择"对话框的左侧列表中选择"客户管理"选项，在右侧区域中

301

选择"删除 API"选项卡，选中"API 名称"列中的"删除[客户信息_客户联系人_客户财务信息]表信息"左侧的单选按钮，如图 9-42 所示，单击"确定"按钮。

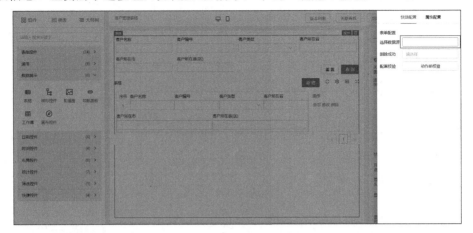

图 9-41　在"选择数据源"文本框内单击

图 9-42　选择删除 API

37）预览页面

在顶部操作栏中单击"预览"按钮，如图 9-43 所示，可以在预览端预览页面。

图 9-43　单击"预览"按钮

38）输入账号与密码

在客户管理系统的登录界面中输入账号与密码，如图 9-44 所示，单击"登录"按钮。

图 9-44　输入账号与密码

39）页面预览成功

如果页面能够正常打开，无任何报错信息，则表示页面预览成功，如图 9-45 所示。

图 9-45　客户管理系统页面预览成功

40）创建表单页面

在"自定义页面"页面中单击"新建"按钮，在弹出的"新建页面"对话框中，设置页面名称、归属模块、页面类型、页面模板等信息后，如图 9-46 所示，单击"确定"按钮。

41）绑定页面数据源

在"自定义页面"页面的"页面名称"列中，单击要设计的页面的名称——"客户管理表单"，进入页面设计界面，选中页面，在右侧属性配置面板的"数据"面板中，单击"选择数据源"右侧的"绑定数据源"按钮，如图 9-47 所示。

图 9-46　"新建页面"对话框 2

图 9-47　单击"绑定数据源"按钮

42）选择数据源

在弹出的"业务 API 选择"对话框的左侧列表中选择"客户管理"选项，在右侧区域中选择"列表 API"选项卡，选中"查询[客户信息]列表信息"左侧的单选按钮，如图 9-48 所示，单击"确定"按钮。

43）添加布局控件

将左侧工具栏的"组件"面板的"布局控件"组中的"列布局"控件拖入画布，如图 9-49 所示。

44）设置列数

选中"列布局"控件，在右侧属性配置面板的"属性"面板的"列数"下拉列表中选择"2 列"选项，如图 9-50 所示。

图 9-48   "业务 API 选择"对话框 2

图 9-49   将"列布局"控件拖入画布

图 9-50   设置列数

45）设置高度

选中"列布局"控件，在右侧属性配置面板的"样式"面板中，单击"高"右侧的"%"按钮，在弹出的下拉列表中选择"auto"选项，如图9-51所示。

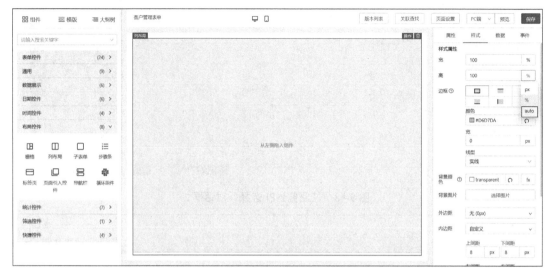

图9-51　设置高度

46）添加主表字段

选中页面，在右侧属性配置面板的"数据"面板中，将主表字段从"展示字段"区域中拖入"列布局"控件，如图9-52所示。

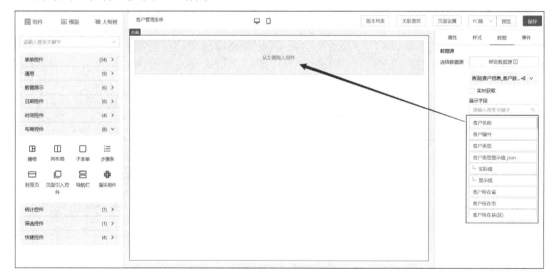

图9-52　将主表字段拖入"列布局"控件

47）添加子表字段

选中页面，在右侧属性配置面板的"数据"面板中，将子表字段从"展示字段"区域中拖入页面（这里需要等待大约15秒，有可能出现页面无响应情况，单击等待即可），如图9-53所示。

48）修改子表单标题

在如图9-54所示的"属性"面板中，将"标题"文本框中的"附属表_客户联系人"修改为"联系人","附属表_客户财务信息"子表单也按照该方式操作。

图 9-53 将子表字段拖入页面

图 9-54 修改子表单标题

49）调整子表单字段

选中子表单"联系人"中的列，单击右上角的删除图标，如图 9-55 所示，即可删除不需要展示的字段（如"主键""数据版本""创建人主键""创建人名称""创建时间""最后修改人主键""最后修改人名称""最后修改时间""排序序号""外键""性别显示值"等字段），"附属表_客户财务信息"子表单也按照该方式操作。

50）添加底部栏按钮

选中页面，在右侧属性配置面板的"属性"面板中，单击"显示底部栏"右侧的"是"按钮，如图 9-56 所示。

51）添加"确定"按钮单击事件

选中页面底部栏中的"确定"按钮，在右侧属性配置面板的"事件"面板中，单击事件下拉列表下方的"添加动作"按钮，如图 9-57 所示。

图 9-55　调整子表单字段

图 9-56　添加底部栏按钮

图 9-57　单击"添加动作"按钮

52）新增执行动作

在事件下拉列表的下方会显示"动作 1"选项框及其右侧的 3 个按钮，单击"动作 1"选项框右侧的第一个按钮，如图 9-58 所示。

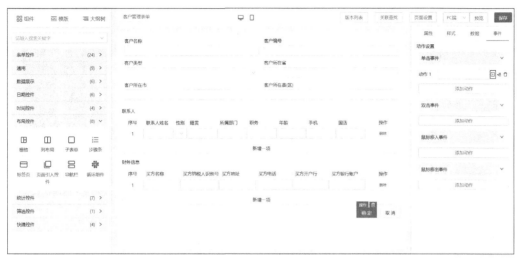

图 9-58　单击"动作 1"选项框右侧的第一个按钮

53）添加"新增数据"动作

在弹出的"新增执行动作"对话框左侧列表框中选择"新增数据"选项，在右侧区域单击"选择数据源"文本框中的文字"点击绑定数据源"，如图 9-59 所示。

图 9-59　"新增执行动作"对话框 1

54）选择新增 API

在弹出的"业务 API 选择"对话框的左侧列表中选择"客户管理"选项，在右侧区域中选择"新增 API"选项卡，选中"新增[客户信息_客户联系人_客户财务信息]表信息"左侧的单选按钮，如图 9-60 所示，单击"确定"按钮，"新增执行动作"对话框中的显示结果如图 9-61 所示。

55）选择页面关闭动作

在添加"新增数据"动作后，在"动作 1"选项框中单击，会弹出下拉列表，如图 9-62 所示，在该下拉列表中选择"关闭页面(完成)"选项，如图 9-63 所示，添加"关闭页面(完成)"动作。

图 9-60　选择新增 API

图 9-61　"新增执行动作"对话框 2

图 9-62　添加"关闭页面(完成)"动作 1

图 9-63 添加 "关闭页面(完成)" 动作 2

56) 设置动作执行条件

在右侧属性配置面板的 "事件" 面板中,单击 "动作 1" 选项框右侧的第二个按钮,如图 9-64 所示。

图 9-64 单击 "动作 1" 选项框右侧的第二个按钮

57) 设置页面模式为新增

在弹出的 "动作执行条件" 对话框中,单击 "新增" 按钮,在 "变量" 列的下拉列表中选择 "输入参数变量" → "页面模式" 选项,在 "条件" 列的下拉列表中选择 "等于" 选项,在 "值" 列的下拉列表中选择 "新增" 选项,在 "条件公式" 下面的文本框中输入序号的数字,如图 9-65 所示,单击 "确定" 按钮。

58) 再次添加 "确定" 按钮单击事件

选中页面底部栏中的 "确定" 按钮,在右侧属性配置面板的 "事件" 面板中,单击 "动作 1" 选项框下方的 "添加动作" 按钮,如图 9-66 所示。

59) 新增执行动作

在 "动作 1" 选项框的下方会显示 "动作 2" 选项框及其右侧的 3 个按钮,单击 "动作 2" 选项框右侧的第一个按钮,如图 9-67 所示。

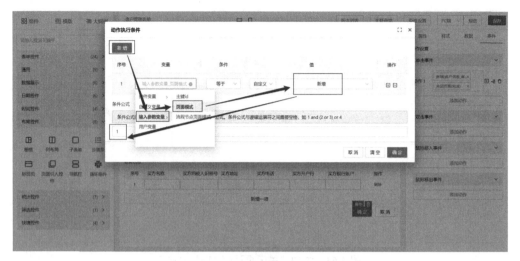

图 9-65　设置页面模式为新增

图 9-66　再次单击"添加动作"按钮

图 9-67　单击"动作2"选项框右侧的第一个按钮

60）添加"更新数据"动作

在弹出的"新增执行动作"对话框左侧列表框中选择"更新数据"选项，在右侧区域单击"选择数据源"文本框中的文字"点击绑定数据源"，如图9-68所示。

图9-68　"新增执行动作"对话框3

61）选择更新API

在弹出的"业务API选择"对话框的左侧列表中选择"客户管理"选项，在右侧区域中选择"更新API"选项卡，选中"更新[客户信息_客户联系人_客户财务信息]表信息"左侧的单选按钮，如图9-69所示，单击"确定"按钮，"新增执行动作"对话框中的显示结果如图9-70所示。

图9-69　选择更新API

62）选择页面关闭动作

在添加"更新数据"动作后，在"动作2"选项框中单击，会弹出下拉列表，如图9-71所示，在该下拉列表中选择"关闭页面(完成)"选项，如图9-72所示，添加"关闭页面(完成)"动作。

图 9-70 "新增执行动作"对话框 4

图 9-71 添加"关闭页面(完成)"动作 3

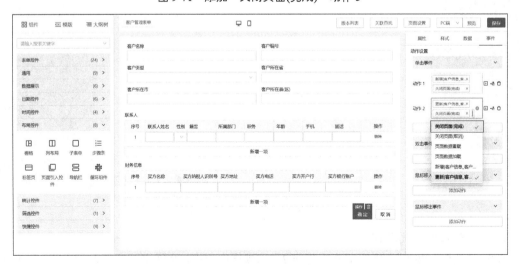

图 9-72 添加"关闭页面(完成)"动作 4

63）设置动作执行条件

在右侧属性配置面板的"事件"面板中，单击"动作 2"选项框右侧的第二个按钮，如图 9-73 所示。

图 9-73 单击"动作 2"选项框右侧的第二个按钮

64）设置页面模式为修改

在弹出的"动作执行条件"对话框中，单击"新增"按钮，在"变量"列的下拉列表中选择"输入参数变量"→"页面模式"选项，在"条件"列的下拉列表中选择"等于"选项，在"值"列的下拉列表中选择"修改"选项，在"条件公式"下面的文本框中输入序号的数字，如图 9-74 所示，单击"确定"按钮。

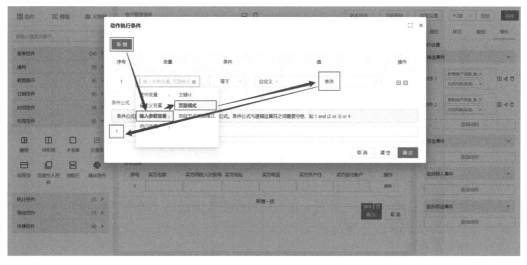

图 9-74 设置页面模式为修改

65）设置字段为必填

选中"客户名称"字段文本框，在右侧属性配置面板的"属性"面板中，单击"必填"右侧的"是"按钮，如图 9-75 所示。其他必填字段也按照该方式操作。

图 9-75　设置字段为必填

66）保存表单页面

在顶部操作栏中单击"保存"按钮，如图 9-76 所示，保存表单页面。

图 9-76　单击"保存"按钮

67）表格页面绑定表单页面

进入表格页面，选中"表格"控件，在右侧属性配置面板的"属性"面板的"关联表单页面"文本框中单击，如图 9-77 所示。

68）选择表单页面

在弹出的"请选择页面"窗口的左侧列表中选择"客户管理"选项，在右侧区域选中"客户管理表单"左侧的单选按钮，如图 9-78 所示，单击"确定"按钮。

69）再次预览页面

在顶部操作栏中单击"预览"按钮，如图 9-79 所示，即可在预览端预览页面。

图 9-77　在"关联表单页面"文本框中单击

图 9-78　选择表单页面

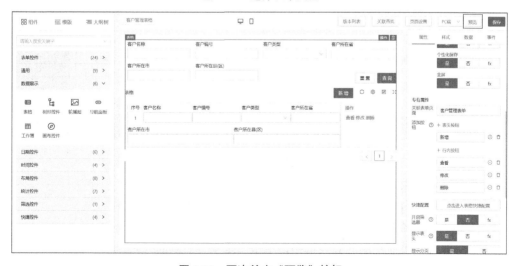

图 9-79　再次单击"预览"按钮

70）新增数据

在"客户管理表格"页面中单击"新增"按钮，如图 9-80 所示。

图 9-80　单击"新增"按钮

71）填写客户信息

在弹出的"新增_客户管理表单"对话框中，输入客户名称、客户编号、客户类型、客户联系人、客户财务信息等信息，如图 9-81 所示，单击"确定"按钮。

图 9-81　填写客户信息

72）客户数据展示

"客户管理表格"页面中的数据会自动重新加载，如图 9-82 所示。

73）新建页面菜单

在"菜单管理"页面左侧的列表框中，单击"全部"右侧的"+"按钮，如图 9-83 所示。

图 9-82　"客户管理表格"页面中的客户数据展示

图 9-83　单击"全部"右侧的"+"按钮

74）填写菜单信息

在弹出的"新建菜单"对话框中，选择"菜单类型"为"页面"，在"菜单名称"文本框中输入菜单名称，选择"页面链接"为"客户管理表格"，如图 9-84 所示，单击"确定"按钮。

75）访问应用

单击界面右上角的"设置"按钮，打开"设置"菜单，单击"访问应用"按钮，如图 9-85所示，即可进入应用实例端。

76）通过功能菜单打开页面

在"菜单管理"页面左侧的列表框中，单击"客户信息管理"的功能菜单，打开"客户信息管理"表格页面，如图 9-86 所示。至此，客户管理系统开发完成。

图 9-84　填写菜单信息

图 9-85　单击"访问应用"按钮

图 9-86　通过功能菜单打开页面

9.2　物联网系统应用实例开发

9.2.1　概述

自 20 世纪物联网概念出现以来，越来越多的人对其感兴趣。物联网是在互联网的基础上，利用射频识别、无线数据通信、计算机等技术，构造一个覆盖世界上万事万物的实物互联网。

物联网是新一代信息技术的重要组成部分，IT 行业也将其称为"泛互联"，意指"物物相连，万物互联"。因此，"物联网就是物物相连的互联网"。这有两层意思：第一，物联网的核心和基础仍然是互联网，其是在互联网的基础上延伸和扩展的网络；第二，其用户端延伸和扩展到了任何物品与物品之间进行信息交换和通信。因此，物联网的定义是通过射频识别器、红外感应器、全球定位系统、激光扫描器等信息传感设备，按照约定的协议，把任何物品与互联网相连接进行信息交换和通信，以实现对物品的智能化识别、定位、跟踪、监控和管理的一种网络。

1．物联网背景

计算机技术、通信与微电子技术的高速发展，促进了互联网技术、射频识别（RFID）技术、全球定位系统（GPS）与数字地球技术的广泛应用，以及无线网络与无线传感器网络（WSN）研究的快速发展，互联网应用所产生的巨大经济与社会效益，加深了人们对信息化作用的认识，而互联网技术、RFID 技术、GPS 技术与 WSN 技术为实现全球商品货物快速流通的跟踪识别与信息利用，进而实现现代管理打下了坚实的技术基础。

互联网已经覆盖了世界各个角落，并且深入世界各国的经济、政治与社会生活，改变了几十亿网民的生活方式和工作方式。

为了适应经济全球化的需求，人们设想如果从物流角度将 RFID 技术、GPS 技术、WSN 技术与"物品"信息的采集、处理结合起来，如果从信息流通的角度将 RFID 技术、WSN 技术、GPS 技术、数字地球技术与互联网结合起来，就能够将互联网的覆盖范围从"人"扩大到"物"，就能够通过 RFID 技术、WSN 技术与 GPS 技术采集和获取有关物流的信息，通过互联网实现对世界范围内物流信息的快速、准确识别与全程跟踪，这种技术就是物联网技术。

从层次结构来看，物联网可以分为感知层、网络层和应用层，如图 9-87 所示。

从通信对象和过程来看，物与物、人与物之间的信息交互是物联网的核心。物联网的基本特征可以概括为整体感知、可靠传输和智能处理。

2．重点行业案例及发展趋势

物联网技术是指根据信息内容感应设备，对物与物、人与物之间的信息进行收集、传递和控制等的技术，物联网技术主要分为传感器技术、RFID 技术、嵌入式技术、智能技术和纳米技术等。那么物联网技术主要应用在哪些领域呢？

（1）智能交通领域：改进道路环境，确保道路交通安全，运用技术让人和车、道路密不可分。常见的应用有智能公交车、共享自行车、智能信号灯和智慧停车场系统等。

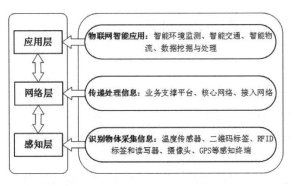

图 9-87　物联网的层次结构

（2）智慧物流领域：运用物联网、人工智能、大数据等技术，在物流运送、派送等环节完成系统软件的认知、分析和解决。主要应用在运送检测、快递终端设备等方面。

（3）智能安防领域：传统的安防对工作人员需求量大，人员成本高，而智能安防系统可以通过机器来完成智能化的分辨工作。常应用于门禁系统和视频监控系统。

（4）智慧医疗领域：物联网技术的应用可以使医院或医生根据感应器对患者的信息进行智能化的管理，其中的关键是医疗智能穿戴设备可以检测并记录患者的心率、血压等，方便患者本人或医生查看。

（5）智能电网和环境保护领域：将物联网技术运用到水、电、太阳能、垃圾箱等设备中，可以提高资源利用率，降低资源损耗。比如，智能水表抄表、智能感应垃圾桶、智能检测水位线等。

（6）智慧建筑领域：智慧建筑可以节约资源，提高工作人员的运维管理效率，现有的智慧建筑主要应用在消防安全检测、智慧电梯轿厢等方面。

（7）智能家居领域：物联网技术应用在智能家居上，可以让家越来越舒适、安全、高效。比如，扫地机器人让人们解放了打扫卫生的双手。

（8）智能零售领域：智能零售将传统的自动售卖机和便利店进行了智能化的升级与改造，形成了无人零售的方式。

（9）智慧农业领域：现代农业通过和物联网技术的紧密结合，可以实现数据的可视化分析、远程操作和灾害预警，在种植业体现为通过监控、卫星等收集数据，在畜牧业体现为通过动物耳标、监控、智能穿戴设备等收集数据，对收集到的数据进行分析，从而做到精准管理。

（10）智能制造领域：制造行业是应用物联网技术的主要领域，物联网技术主要应用于智能化的加工生产设备监管和厂区的环境监测。比如，可以在设备上安装传感器对机器进行远程控制；对于厂区环境，可以监测湿度、温度和烟感等。

物联网技术的市场潜力是巨大的，已经形成了规模化应用，政府和企业为物联网技术的研发投入了大量人力、物力和精力，物联网技术的未来不可估量。

9.2.2　系统设计

1. 系统组成

本系统主要由低搭低代码平台、物联网平台、硬件设备 3 部分组成。

2．工作原理

用户通过在前端界面中的操作触发业务 API，调用业务集成 API 接口，将请求下发到物平台（即物联网平台），物平台接收、处理请求后向设备下发指令，设备在运行过程中产生事件后将事件上报给物平台并存储在 Kafka 中，再由 SaaS 平台订阅和触发业务 API 执行，更新结果并推送到 SaaS 平台前端界面。系统工作原理如图 9-88 所示。

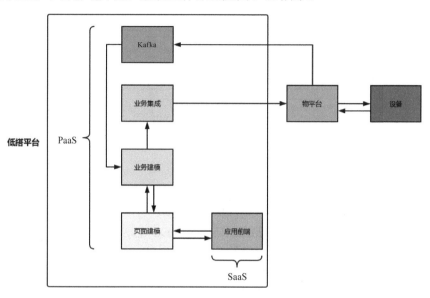

图 9-88　系统工作原理

3．场景说明

传统的门锁依赖钥匙进行开锁，如果一个人忘记带钥匙，就只能找专业的开锁师傅才能打开门锁，甚至还会直接损坏门锁，并且自己也无法随时掌控门锁的开关情况，既不方便，也不安全。后来出现了指纹锁，但是很多人仍然担心其安全性。指纹信息在锁具中，如果锁具被恶意破坏，则锁具中的指纹信息很容易被盗取。而每个人的生物特征是独有的，如果一个人的指纹信息失窃，则会有很大的安全隐患。还有，如果发生手指划破、污渍、起皮等情况，则指纹可能无法被辨识。通过手机远程开门能够很好地解决以上问题，那么这是怎么实现的呢？

4．场景参数

1）数据信息

系统设备基类表如表 9-1 所示。

表 9-1　系统设备基类表（sys_devices）

字 段 名 称	字 段 类 型	是 否 主 键	是 否 必 填	备 注
主键	数值型	是	是	
设备名称	字符型	否	是	
设备编号	字符型	否	否	
物模型编码	字符型	否	是	
设备 IP 地址	字符型	否	否	

字 段 名 称	字 段 类 型	是 否 主 键	是 否 必 填	备 注
设备端口	数值型	否	否	
验证用户	字符型	否	否	
用户密码	字符型	否	否	
父设备	数值型	否	否	
产品编号	字符型	否	否	
是否启用	字符型	否	否	
通道号	数值型	否	否	
门状态	字符串			0 表示门关，1 表示门开

2）接口信息

远程开门接口的信息如下。

- 接口名称：远程开门。
- 接口请求方式：POST。
- 接口相对地址 URL：/v1/device/service/invoke。
- Content-Type（内容编码类型）：application/json。
- Authorization（认证信息）：9232aaa55e0a419e9a863c91007f7bf1。

远程开门接口的参数如图 9-89 所示。

字段编码	字段名称	字段类型	示例值
URL	接口相对地址	string	/v1/device/service/invoke
Content-Type	内容编码类型	string	application/json
Authorization	认证信息	string	9232aaa55e0a419e9a863c91007f7bf1
device_id	门锁 ID	string	
service_identifier	打开门锁服务标识	string	FW-MJ-SJ-Open
args	服务入参类型	object	null

图 9-89　远程开门接口的参数

报文示例如下：

```
{
    "service_identifier":"FW-MJ-SJ-Open",
    "device_id":"4961481756455666b337c1f195134d42",
    "args":null
}
```

响应参数如图 9-90 所示。

字段编码	字段名称	字段类型	示例值
code	返回码	int	200
message	请求响应描述	string	
device_id	门锁 ID	string	{UUID}
service_identifier	打开门锁服务标识	string	FW-MJ-SJ-Open
data	服务出参类型	object	null

图 9-90　响应参数

报文示例如下：

```
{
    "code":200,
    "message":"打开成功",
    "service_identifier":"FW-MJ-SJ-Open",
    "device_id":"4961481756455666b337c1f195134d42",
    "data": null
}
```

9.2.3　实操步骤

设备信息管理统一管理设备信息，支持录入设备信息并注册到物平台，支持远程开门，并返回开门结果给前端界面。

1. 添加设备管理

添加设备管理，对设备信息进行统一管理，并支持对设备信息进行新增、修改、查询、删除等操作。

1）新增数据表

根据场景数据信息创建数据表。

① 在左侧的导航栏中选择"数据建模"→"表结构"命令，在打开的"表结构"页面中单击"新建"按钮，在弹出的如图 9-91 所示的"新建数据表"对话框中填写信息，新建数据表。

图 9-91　新建数据表

② 在"表结构"页面的"数据表名"列中单击数据表的名称，在弹出的"编辑数据表"对话框中，根据数据表信息添加、编辑表字段，如图 9-92 所示。

③ 在设置好表字段的信息后，回到"数据建模"页面，在"数据表名"列中找到需要生

成 API 接口的数据表的名称，在其所在行右侧的"操作"列中单击"更多"下拉按钮，在弹出的下拉菜单中选择"生成 API"命令，如图 9-93 所示，在弹出的"生成 API"对话框中勾选需要生成的 API 接口左侧的复选框，设置完成后单击"确定"按钮，系统会自动生成对应的 API 接口。

图 9-92　添加、编辑表字段

图 9-93　选择"生成 API"命令

2）新建"设备信息表单"页面

① 在左侧的导航栏中选择"页面建模"→"自定义页面"命令，在打开的"自定义页面"页面中单击"新建"按钮，在弹出的"新建页面"对话框中填写页面信息后，如图 9-94 所示，单击"确定"按钮即可完成页面创建。

图 9-94　填写"设备信息表单"页面信息

② 在"自定义页面"页面的"页面名称"列中单击"设备信息表单",进入页面设计界面,绑定数据源,并配置展示字段,如图 9-95 所示。

图 9-95　绑定数据源并配置展示字段

③ 单击右上角的"页面设置"按钮,在弹出的"页面设置"对话框的"页面动作"选项卡中单击"新增"按钮,在弹出的"新增动作"对话框中新增"新增"动作,数据源选择前面生成的"新增[系统设备基类表]表信息",如图 9-96 所示。使用相同的方法修改设备信息。

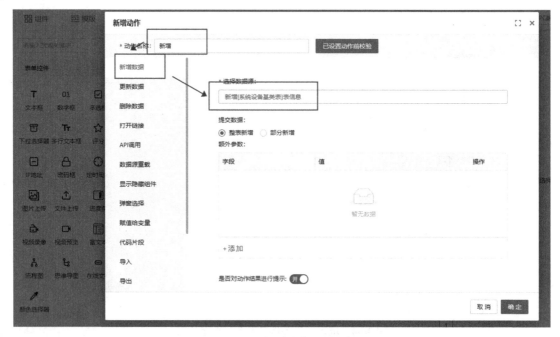

图 9-96　"新增动作"对话框

④ 回到页面设计界面后，选中页面，在右侧属性配置面板的"属性"面板中，单击"显示底部栏"右侧的"是"按钮，如图 9-97 所示，添加底部栏按钮。

图 9-97　添加底部栏按钮

⑤ 选中页面底部栏中的"确定"按钮，在右侧属性配置面板的"事件"面板中，单击事件下拉列表下方的"添加动作"按钮，新增"新增"动作、"关闭页面(完成)"动作和"页面数据重载"动作，如图 9-98 所示。

图 9-98　新增单击事件

⑥ 在右侧属性配置面板的"事件"面板中，单击"动作 1"选项框右侧的第一个按钮，在弹出的"动作执行条件"对话框中设置动作执行条件，当"页面模式"等于"新增"时执行新增动作，如图 9-99 所示。使用相同的方法修改设备信息，重复第⑤步和第⑥步的操作即可。在设置完成后，单击顶部操作栏中的"保存"按钮，则该表单页面完成配置。

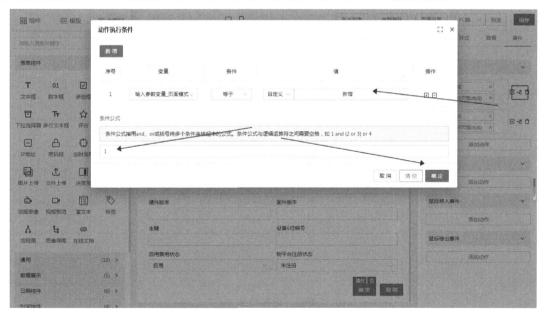

图 9-99　设置动作执行条件

3）新建"设备信息表格"页面

① 在"自定义页面"页面中单击"新建"按钮，在弹出的"新建页面"对话框中填写页面的信息，如图 9-100 所示，单击"确定"按钮即可完成页面创建。

图 9-100　填写"设备信息表格"页面信息

②　在"自定义页面"页面的"页面名称"列中单击"设备信息表格",进入页面设计界面,将左侧工具栏的"组件"面板的"数据展示"组中的"表格"控件拖入画布,然后通过右侧属性配置面板中的"数据"面板为"表格"控件绑定数据源,并配置搜索字段和展示字段,如图 9-101 所示。

图 9-101　编辑"设备信息表格"页面

③　首先选中"表格"控件,在右侧属性配置面板的"属性"面板中,在"关联表单页面"文本框中单击,在弹出的"请选择页面"窗口中选择前面配置好的表单页面,然后在"属性"面板中单击"删除"按钮,在弹出的对话框的"快捷配置"选项卡中选择删除数据源,最后单击顶部操作栏中的"保存"按钮保存页面,如图 9-102 所示。

图 9-102　配置关联表单页面

4）新建菜单

① 在"菜单管理"页面左侧的列表框中，单击"全部"右侧的"+"按钮，在弹出的"新建菜单"对话框中，选择"菜单类型"为"模块"，在"菜单名称"文本框中输入菜单名称后，单击"确定"按钮，如图 9-103 所示。

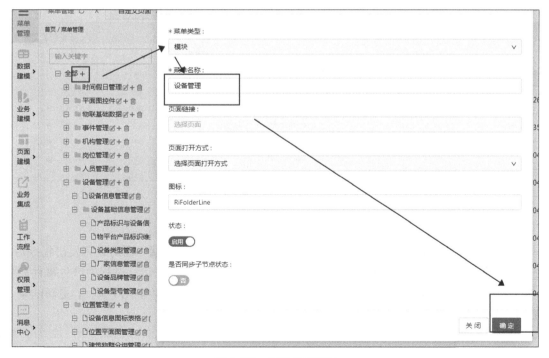

图 9-103　新建模块菜单

② 新建页面菜单的方式同上，只是在"新建菜单"对话框中选择"菜单类型"为"页面"，

选择"页面链接"为"设备信息管理",如图 9-104 所示,单击"确定"按钮。

图 9-104　新建页面菜单

③ 回到工作台界面,访问应用,登录 SaaS 应用后,可以看到已经完成的"设备信息管理"页面,并且能够正常新增、修改设备信息,如图 9-105 所示。

图 9-105　"设备信息管理"页面

2. 注册设备到物平台

注册设备即同步设备关键信息数据到物平台,在 SaaS 平台前端界面对设备发出指令后,物平台对前端界面发出的指令进行处理解析后下发给设备,设备在运行过程中产生事件后将事件上报给物平台并存储在 Kafka 中,再由 SaaS 平台订阅和触发业务 API 执行,更新结果并推送到 SaaS 平台前端界面。

示例:注册门禁主机信息到物平台。

注册设备到物平台的注册接口的信息如下。

- 接口请求方式:POST。
- 接口相对地址 URL:/v1/devices。

- Content-Type（内容编码类型）：application/json。
- Authorization（认证信息）：9232aaa55e0a419e9a863c91007f7bf1。

注册设备到物平台的注册接口的参数如表 9-2 所示。

表 9-2　注册设备到物平台的注册接口的参数

字 段 编 码	字 段 类 型	示 例 值	备 注
id	string	"12341341234123123"	设备 ID
pid	string	""	父设备 ID
device_name	string	"xxx 访客机"	主机名称
product_key	string	"pnd_fkj_{品牌编码}_{型号编码}"	产品编号
enable_status	int	1	是否启用
device_secret	string	""	设备密钥
tags	object	该参数的值如表 9-3 所示	设备私有属性

表 9-3　参数 tags 的值

字 段 编 码	字 段 类 型	示 例 值	备 注
ip	string		设备的 IP 地址
port	string	int	设备端口
name	string	""	用户名
password	string	""	用户密码
device_code	int	1	主机编号（浩云主机填主机自带的编号）

1）新建业务集成

① 在"业务集成"页面中单击"新建"按钮，在弹出的"外部业务接入"对话框的"基本信息"选项卡中，填写新建业务集成"注册设备"的基本信息，如图 9-106 所示。

图 9-106　填写新建业务集成"注册设备"的基本信息

② 选择"驱动信息"选项卡，在"所属驱动"下拉列表中选择"HTTP"选项，在"目标地址类型"选区中选中"业务配置"单选按钮，在"业务地址"下拉列表中选择"物平台"选项，在"接口相对地址"文本框中输入"/v2/devices"，在"请求方式"下拉列表中选择"POST"选项，在"请求体"文本框中单击，在弹出的"请求体参数"对话框的"JSON"选项卡中配置请求体 JSON 数据，如图 9-107 所示，然后单击"确定"按钮。此时，"驱动信息"选项卡中的配置信息如图 9-108 所示。

图 9-107　"请求体参数"对话框

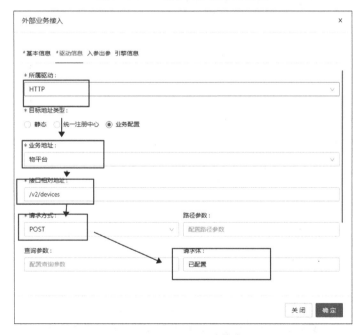

图 9-108　配置驱动信息

③ 在"驱动信息"选项卡中，除了要对上述内容进行配置，还需要进行高级配置。在"驱动信息"选项卡的"高级配置"文本框中单击，在弹出的"高级配置"对话框中配置接口的请求头信息，一般包括认证信息、内容编码类型等，如图 9-109 所示，配置完成后单击"确定"按钮。

图 9-109　"高级配置"对话框

④ 选择"入参出参"选项卡，在"入参"文本框中单击，在弹出的"设置参数"对话框中选择"请求体参数"选项卡，如图 9-110 所示，可以看到配置好的入参都有显示，单击"入参"列中的"是/否"开关按钮，打开需要作为入参的字段，设置完成后单击"确定"按钮。

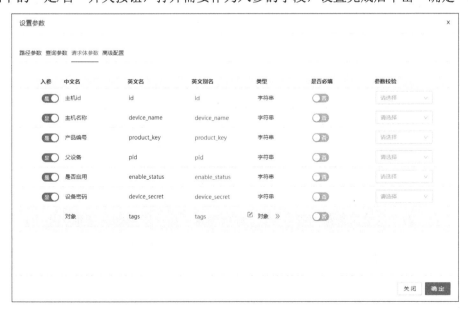

图 9-110　"设置参数"对话框

⑤ 在"出参"文本框中单击,在弹出的"设置参数"对话框中单击"新增"按钮,新增出参字段,设置完成后单击"确定"按钮。此时业务集成配置完成。

2）新增"注册设备"业务 API

① 在左侧的导航栏中选择"业务建模"→"业务 API"命令,在打开的"业务 API"页面中单击"新建"按钮,在弹出的"新建业务逻辑"对话框中创建"注册设备"业务 API,在填写基本信息后,单击"确定"按钮。

② 在"业务 API"页面中单击"名称"列内的"注册设备",进入 API 编辑界面,在该界面中,将一个"数据库查询"节点、一个"业务节点"节点和一个"结束"节点拖入画布,并用连接线串联。

③ 双击"开始"节点,打开"编辑'开始'节点"对话框,配置入参"设备主键",如图 9-111 所示,配置完成后单击"确定"按钮。

图 9-111　"编辑'开始'节点"对话框

④ 双击"数据库查询"节点,打开"编辑'数据库查询'节点"对话框,如图 9-112 所示,选择"表"为"系统设备基类表",在"查询结果字段"区域的文本框中单击,在弹出的对话框中选择需要查询的字段信息,在"查询条件"区域中配置"系统设备基类表"的"主键"等于"入参""设备主键",单击"确定"按钮。

⑤ 双击"业务节点"节点,打开"编辑'业务组件'节点"对话框,选择"业务选择"为"注册设备",然后配置入参,如图 9-113 所示,配置完成后单击"确定"按钮。

图 9-112　"编辑'数据库查询'节点"对话框

图 9-113　"编辑'业务组件'节点"对话框

⑥ 保存 API，如图 9-114 所示，然后进行调试，调试正常后关闭浏览器当前页面。

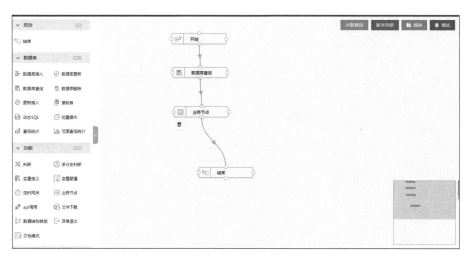

图 9-114　保存 API

3）页面绑定"注册设备"业务 API

① 在左侧的导航栏中选择"页面建模"→"自定义页面"命令，在打开的"自定义页面"页面的"页面名称"列中单击"设备信息表格"，进入"设备信息表格"页面设计界面。

② 单击右上角的"页面设置"按钮，在弹出的"页面设置"对话框的"页面动作"选项卡中单击"新增"按钮，在弹出的"新增动作"对话框的左侧列表框中选择"API 调用"选项，在"动作名称"文本框中输入"注册设备"，选择"选择数据源"为"注册设备"业务 API，配置入参"设备主键"等于"当前行主键"，设置完成后单击"确定"按钮。

③ 在右侧属性配置面板的"属性"面板中，单击"添加按钮"区域中的"+行内按钮"按钮，在行内添加"注册"按钮，在"属性"面板中单击"注册"按钮，如图 9-115 所示。在"属性"面板中单击"注册"按钮，在弹出的对话框中选择"事件"选项卡，在事件下拉列表下方的"动作 1"选项框中单击，在弹出的下拉列表中选择"物联–注册"选项，如图 9-116 所示，单击表格，然后单击右上角的"保存"按钮。单击"预览"按钮可以在前端界面中看到已配置完成的页面效果。此时，用户在前端页面中就可以选择设备进行设备注册，使设备信息同步到物平台了。

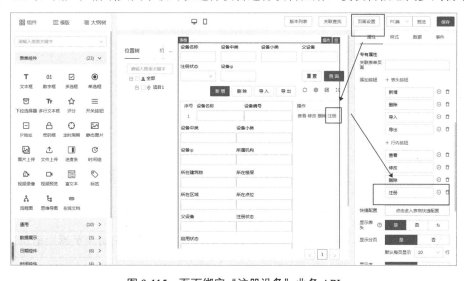

图 9-115　页面绑定"注册设备"业务 API

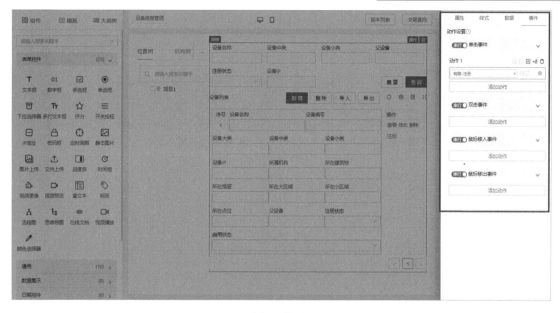

图 9-116　选择"物联-注册"选项

3. 设备操作远程开门

配置实现远程开门的流程如图 9-117 所示。

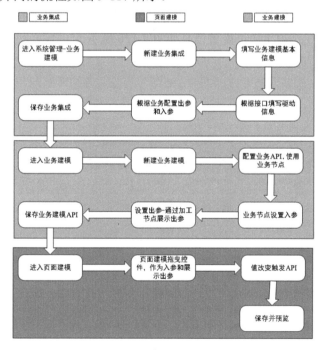

图 9-117　配置实现远程开门的流程

1）配置业务集成

① 进入应用,在左侧的导航栏中单击"业务集成"按钮,在打开的"业务集成"页面中单击"新建"按钮,在弹出的"外部业务接入"对话框的"基本信息"选项卡中填写新建业务集成"远程开门"的基本信息,如图 9-118 所示。

图 9-118　填写新建业务集成"远程开门"的基本信息

② 选择"驱动信息"选项卡,根据请求接口信息配置"所属驱动""目标地址类型""业务地址""接口相对地址""请求方式"等信息后,在"请求体"文本框中单击,在弹出的"请求体参数"对话框的"JSON"选项卡中配置请求体参数,如图 9-119 所示,单击"确定"按钮。此时"驱动信息"选项卡中的配置信息如图 9-120 所示。

图 9-119　配置请求体参数

图 9-120　"驱动信息"选项卡中的配置信息

③ 选择"入参出参"选项卡,在"入参"文本框中单击,在弹出的"设置参数"对话框中选择"请求体参数"选项卡,如图 9-121 所示,可以看到配置好的入参,单击"入参"列中的"是/否"开关按钮打开需要作为入参的字段,设置完成后单击"确定"按钮。在"出参"文本框中单击,在弹出的"设置参数"对话框中单击"新增"按钮,配置出参字段,如图 9-122 所示,设置完成后单击"确定"按钮。此时业务集成配置完成。

图 9-121　"请求体参数"选项卡

图 9-122　配置出参字段

2）配置业务 API，调用业务集成请求

① 新建业务 API。在左侧的导航栏中选择"业务建模"→"业务 API"命令，在打开的 "业务 API"页面中单击"新建"按钮，在弹出的"新建业务逻辑"对话框中填写基本信息，如图 9-123 所示，单击"确定"按钮即可完成新建。

图 9-123　新建业务 API

② 编辑业务 API。在"业务 API"页面的"名称"列单击要编辑的 API 的名称，进入 API 编辑界面，在该界面中，双击"开始"节点，在弹出的"编辑'开始'节点"对话框中根据业务集成入参配置 API 入参，如图 9-124 所示，配置完成后单击"确定"按钮即可。

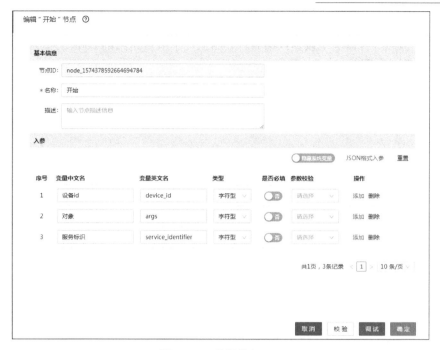

图 9-124　编辑业务 API

③ 添加"业务节点"节点，双击"业务节点"节点，在弹出的"编辑'业务组件'节点"对话框中选择前面创建好的业务集成，并配置入参，如图 9-125 所示，配置完成后单击"确定"按钮即可。

图 9-125　"编辑'业务组件'节点"对话框

④ 添加"判断"节点与异常退出节点，如图 9-126 所示。双击"判断"节点，在弹出的"编辑'判断'节点"对话框中设置判断条件，当上一个节点返回的 code 的值为 200 时，返回成功，否则失败，如图 9-127 所示。

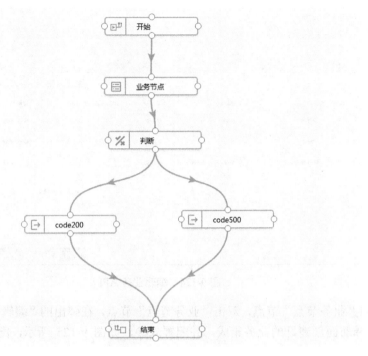

图 9-126 添加"判断"节点与异常退出节点

图 9-127 设置判断条件

4．订阅事件并更新门状态

（1）新增 API 更新系统设备基类表中的门状态，如图 9-128 所示。

图 9-128　新增 API 更新系统设备基类表中的门状态

（2）在"功能列表"列表框中选择"系统管理"下的"事件业务绑定"，在打开的"事件业务绑定"页面中单击"新建"按钮，在弹出的"配置参数"对话框中，配置"名称""业务模板""事件源""Kafka 主题"等信息后，配置参数，如图 9-129 所示。当开门成功后，设备推送开门事件到 Kafka，SaaS 平台订阅后执行业务 API，更新系统设备基类表中的门状态。

配置参数						×
*名称：	更新门状态					
*业务模板：	更新门状态					
*事件源：	门锁打开				过滤条件	
*Kafak主题：	iot_device_event_pnd_acs_lock_hy_c82c9ef15c434e58b86e3452e79051b0					

参数列表

中文名	英文名	值		必填	参数类型	操作
设备主键	id	事件属性	设备id	否	STRING	
门状态	door_state	常量	1	否	STRING	

关闭　确定

图 9-129　"配置参数"对话框

9.3 移动应用场景实例开发

9.3.1 什么是移动应用

从广义上来讲，移动应用包含个人和企业级的移动应用；从狭义上来讲，移动应用是指企业级的商业移动应用，一般在移动设备上使用的应用统称为移动应用。

随着支持谷歌的 Android 系统的智能移动设备和苹果自家支持 iOS 系统的智能移动设备的快速崛起，随着越来越多的人使用两大平台的移动设备，越来越多的开发者为两大平台开发着数以万计的移动应用，这些移动应用为人们的衣食住行提供越来越多的有价值的信息，为人们的生活和工作提供诸多便利。

9.3.2 移动应用的优势

相比于传统的 PC 端应用，移动应用的优势主要体现在以下几个方面。

1）满足了人们的需求

移动应用能够在短时间内迅猛发展，主要归功于它满足了当今社会发展和人们生活的需求。当然，移动应用的多元化发展也是它能够立足的主要原因，在人们生活和工作所涉及的很多方面（如商店、游戏、翻译程序、图库等），它都可以以客户端程序的形式出现。

2）应用的便捷性优势

移动应用带给人们的是方便、实用。以前人们想要浏览网页、上网购物、查询资料等只能通过浏览器来实现，但在当今这个快节奏的社会中，这种烦琐的浏览查询方式已经无法满足人们的需求，这时，移动应用就很自然地担当了替代的角色。

3）已融入人们的生活和工作

移动应用不仅实现了一键达到目的的要求，还延伸到了人们生活和工作的各个领域。手机在当今时代已经是人们不可缺少的生活工具，现在公交车、地铁上处处可见拿着手机的人，无论是上班还是下班，手机已经是人们不离身的物品，更可以说是不可或缺的东西。

4）营销效果佳，易提高客户黏度

移动应用能够降低广告成本，宣传效果更佳。与传统的广告方式相比，移动应用的广告无须按照单击和播放次数付费，其图文并茂、形象生动的广告表现形式，无论是费用还是效果方面都比传统的广告方式更胜一筹。同时移动应用更容易提高客户黏度。要和客户长久保持生意上的来往，就需要一个桥梁和纽带，双方需要一个信息畅通的通道，此时移动应用可以充当桥梁和纽带的角色，以此增强消费者口碑传播的力度。

9.3.3 移动应用的价值

移动应用的价值主要体现在以下几个方面。

（1）让营销更精准，为企业节约资金：企业可以通过精确的市场定位技术，利用先进的数据库技术、便捷的网络通信技术来保障能与客户进行长期的沟通，从而让营销更精准。

（2）使营销自主化：自主营销企业可以通过自己的移动应用客户端进行一系列的移动营

销，将营销信息直接推送给客户。

（3）使资料更新更快速：当新产品、新服务或新信息等发布时，可以一步更新到位。任何信息资料只需更新一次。当客户登录移动应用客户端时，内容会随着他们的浏览自动更新。

9.3.4　通讯录开发实例

手机应用的配置流程大概为：手机应用→页面布局→小模块→数据。

首先，新建手机应用。在左侧的"功能列表"列表框中选择"手机应用管理"下的"手机应用信息"，在打开的"手机应用信息"页面中单击"新增"按钮，在弹出的"新增_手机应用表单"对话框中配置手机应用的信息，如图 9-130 所示。其中，通过"关联低搭应用名称"文本框可以选择关联的低搭应用，所有数据和 API 接口都是以这个应用为中心和基础的。不同的手机应用关联不同的低搭应用。

图 9-130　"新增_手机应用表单"对话框

接下来配置页面布局。页面布局分为两种：一种是 2+1 布局，另一种是 3+1 布局。顾名思义，3+1 布局就是顶部、中部、底部，顶部就是标题、搜索框等内容，中部就是数据展示或数据操作的列表，底部就是底部导航栏。在"手机应用信息"页面中，单击手机应用的名称所在行右侧的"操作"列中的"配置布局"按钮，如图 9-131 所示，在弹出的"手机应用页面布局表单"对话框中配置页面布局，配置完成后单击"修改数据"按钮，然后单击下面的刷新按钮，会显示布局信息，如图 9-132 所示。

图 9-131　单击"配置布局"按钮

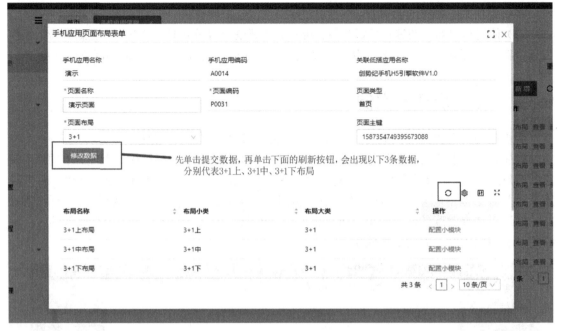

图 9-132　配置页面布局

接下来配置小模块。要配置小模块，首先需要在模块库中新增一个小模块。这里以新增"个人通讯录"小模块为例进行介绍，为后面页面布局绑定小模块做准备。在左侧的"功能列表"列表框中选择"手机应用管理"下的"模块库"，打开"模块库"页面，新增一个"个人通讯录"小模块，这个小模块的详情如图 9-133 所示，新增"个人通讯录"小模块后的结果如图 9-134 所示。

图 9-133　新增的"个人通讯录"小模块的详情

图 9-134　新增"个人通讯录"小模块后的结果 1

在模块库中新增一个"个人通讯录"小模块后,接下来需要配置"个人通讯录"小模块。由图 9-133 可知,"个人通讯录"小模块的布局类型为 3+1 中。在"手机应用页面布局表单"对话框中找到 3+1 中布局,单击其对应的"配置小模块"按钮,在弹出的"小模块配置表格"对话框中单击"新增"按钮,在弹出的"新增_小模块配置表单"对话框中配置"个人通讯录"小模块,如图 9-135 所示。其中,元数据表是指这个小模块绑定的数据表,数据来源就是这个数据表;查询 API 或详情 API 是低搭应用配置好的 API 接口,用来查询这个小模块要展示的数据。

图 9-135 配置"个人通讯录"小模块

注意,只有在模块库中新增"个人通讯录"小模块后,在"新增_小模块配置表单"对话框中进行配置时才能选择到"个人通讯录"小模块。在配置完成后,单击"确定"按钮,"小模块配置表格"对话框中就会显示新增"个人通讯录"小模块后的结果,也就是该对话框中会新增一条数据,如图 9-136 所示。如果小模块的信息有误,则可以通过"小模块配置表格"对话框中小模块右侧的"操作"列内的"修改"按钮进行修改。

图 9-136 新增"个人通讯录"小模块后的结果 2

接下来配置底部导航栏。首先在模块库中新增一个小模块。在左侧的"功能列表"列表框中选择"手机应用管理"下的"模块库",打开"模块库"页面,新增一个"底部按钮导航栏"小模块,这个小模块的详情如图9-137所示。

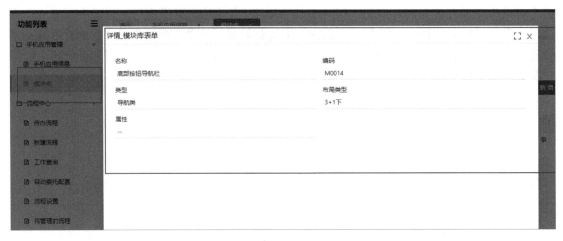

图 9-137 新增的"底部按钮导航栏"小模块的详情

由图 9-137 可知,"底部按钮导航栏"小模块的布局类型为 3+1 下。在"手机应用页面布局表单"对话框中找到 3+1 下布局,单击其对应的"配置小模块"按钮,如图9-138 所示,在弹出的"小模块配置表格"对话框中单击"新增"按钮,在弹出的"新增_小模块配置表单"对话框中配置"底部按钮导航栏"小模块,在配置完成后,单击"确定"按钮,如图9-139所示。

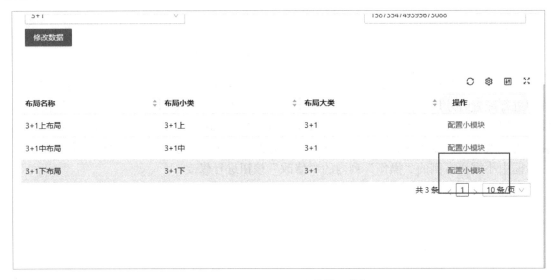

图 9-138 单击"配置小模块"按钮

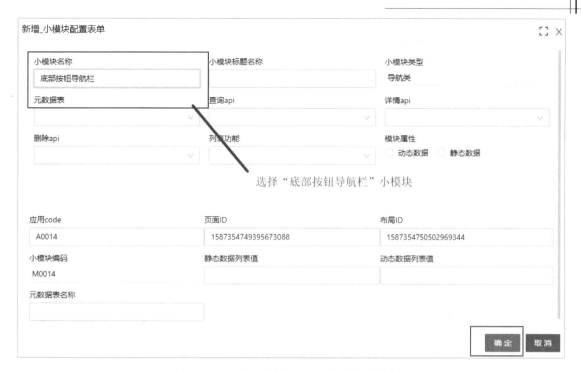

图 9-139　配置"底部按钮导航栏"小模块

在新增"底部按钮导航栏"小模块后，在"小模块配置表格"对话框中，单击"底部按钮导航栏"小模块右侧的"操作"列中的"配置导航栏"按钮，如图 9-140 所示。

图 9-140　单击"配置导航栏"按钮

在弹出的"新增_导航类配置表单"对话框中根据业务需求设置对应信息，如设置"导航名称"为"通讯录"，设置"跳转小模块"绑定"个人通讯录"小模块和"底部按钮导航栏"小模块，这里需要注意，"底部按钮导航栏"小模块的数据需要绑定，如图 9-141 所示。

在配置完成后，登录手机应用前端，登录之后即可展示数据。例如，图 9-142 所示为页面预览。

图 9-141　"新增_导航类配置表单"对话框

图 9-142　页面预览

9.3.5 列表数据展示

在左侧的"功能列表"列表框中选择"手机应用管理"下的"模块库",打开"模块库"页面,新增一个"列表式"小模块和一个"备忘录"小模块。例如,图 9-143 所示为新增的"列表式"小模块的详情。

图 9-143 新增的"列表式"小模块的详情

接下来配置"列表式"小模块。由图 9-143 可知,"列表式"小模块的布局类型为 3+1 中。在"手机应用页面布局表单"对话框中找到 3+1 中布局,单击其对应的"配置小模块"按钮,在弹出的"小模块配置表格"对话框中单击"新增"按钮,在弹出的"新增_小模块配置表单"对话框中配置"列表式"小模块,将小模块的元数据表、查询 API 或详情 API 配置好,这里使用查询备忘录列表 API,配置完成后的结果如图 9-144 所示。

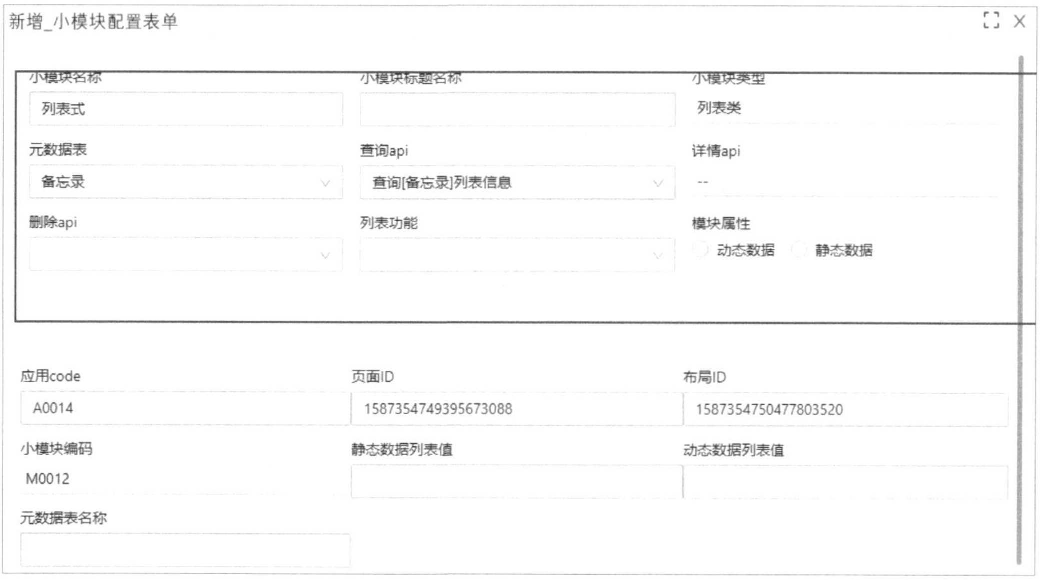

图 9-144 "列表式"小模块配置完成后的结果

接下来配置底部导航栏。首先在模块库中新增一个小模块。在左侧的"功能列表"列表框中选择"手机应用管理"下的"模块库",打开"模块库"页面,新增一个"底部按钮导航栏"小模块。"底部按钮导航栏"小模块的布局类型为 3+1 下。在"手机应用页面布局表单"对话框中找到 3+1 下布局,单击其对应的"配置小模块"按钮,在弹出的"小模块配置表格"

对话框中单击"新增"按钮,在弹出的"新增_小模块配置表单"对话框中配置"底部按钮导航栏"小模块,在配置完成后,单击"确定"按钮。

在新增"底部按钮导航栏"小模块后,在"小模块配置表格"对话框中,单击"底部按钮导航栏"小模块右侧的"操作"列中的"配置导航栏"按钮,在弹出的"新增_导航类配置表单"对话框中根据业务需求设置对应信息,如设置"导航名称"为"备忘录",设置"跳转小模块"绑定"列表式"小模块和"底部按钮导航栏"小模块,这里需要注意,"底部按钮导航栏"小模块的数据需要绑定。底部导航栏配置完成后的结果如图 9-145 所示。

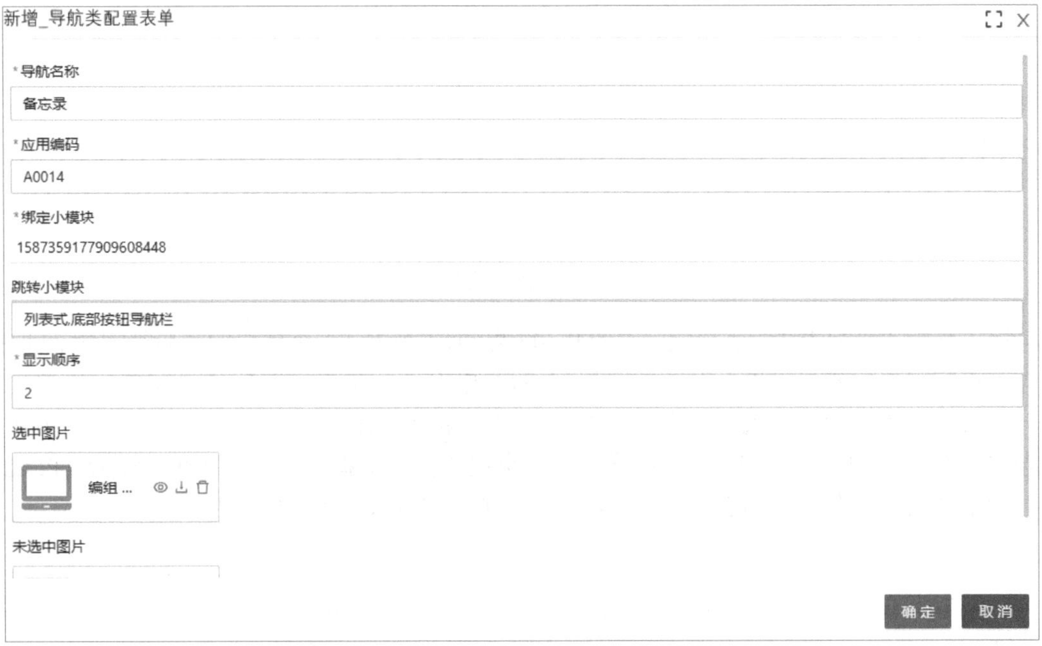

图 9-145　底部导航栏配置完成后的结果

在配置完成后,我们就有了两条数据:备忘录和通讯录,如图 9-146 所示。可以实现单击"备忘录"就会跳转到"列表式"小模块和"底部按钮导航栏"小模块,单击"通讯录"就会跳转到"个人通讯录"小模块和"底部按钮导航栏"小模块。

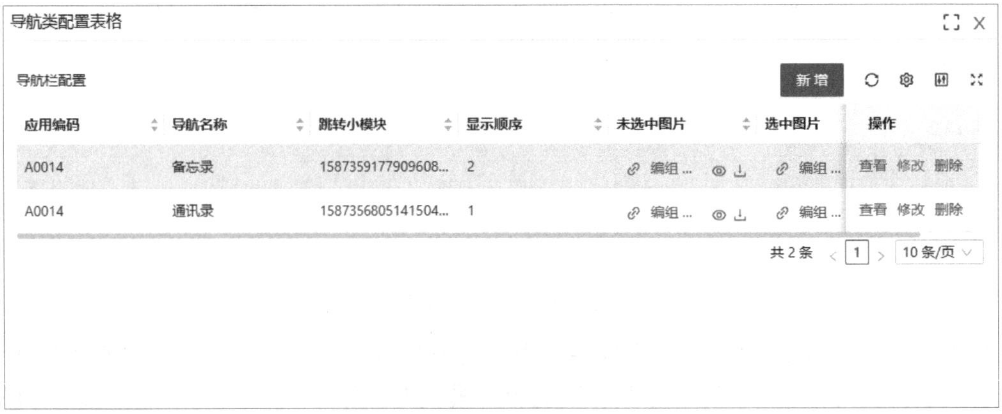

图 9-146　配置完成的底部导航栏

接下来配置列表类小模块的展示数据。这里以备忘录为例配置显示字段。在"小模块配置表格"对话框中，单击"列表式"小模块右侧的"操作"列中的"配置显示字段"按钮，如图 9-147 所示，在弹出的"配置可见字段"对话框中，可以配置"列表式"小模块显示的字段。如果想要展示文本一、文本二、文本三和图片，则可以在"配置可见字段"对话框中为它们配置好显示顺序，这样它们就会按照显示顺序升序排列，如图 9-148 所示。

图 9-147　单击"配置显示字段"按钮

图 9-148　配置"列表式"小模块的显示字段

有时数据表中的字段太多，用户想要实现按照需求展示某个字段，比如人员表，如果只想展示姓名和工号，就可以在"配置可见字段"对话框中配置只需要展示的字段。

在配置完成后，可以在手机应用前端查看配置效果，如图 9-149 所示。

图 9-149　配置效果

9.4　软件工作台应用实例开发

9.4.1　软件工作台的概念

1．什么是软件工作台

软件工作台是一种可移植软件的生成装置，主要由抽象系统功能模块库、具体机器执行功能模块库及系统生成机器这三大部分组成。它是一种可以自学习、自扩充的半智能系统，一旦新的基层零件子库形成，所有的上层建筑都需要为其服务，它所产生的所有软件均可以移植到新的机种上去。软件工作台类似于编译之编译的高级软件移植技术，它先把各类系统软件工具模块化，然后对这些模块进行组合，根据不同机种与用户的不同需求，生成合适的软件产品。

2．为什么要设计软件工作台

软件工作台是一个能够帮助用户快速掌握工作进度及进入工作状态的导航页面，简单来说，软件工作台就是一个导航页面。那么为什么将软件工作台定义为导航页面，而不是综合管理页面呢？

因为软件工作台的设计初衷是方便用户使用 B 端产品（B 端表示企业用户商家，英文是 Business，是互联网产品中的商家界面，即管理平台。用户通过它进行日常的商业活动，如企业库存管理、销售统计、员工出勤考核等。可以说，用来解决企业需求的产品都是 B 端产品），提高用户的工作效率，因此，软件工作台的最终设计目的一定是能让用户快速开展各项工作。那么如何能够保证用户快速开展工作呢？一方面，软件工作台能让用户随时掌握各项工作的进展情况；另一方面，软件工作台能让用户快速进入需要处理的工作事项。所以，将软件工作台定义为导航页面更合适。

B 端产品的设计初衷更多的是提高企业的工作效率。

但是由于很多 B 端产品涉及的业务种类繁多、业务流程复杂，导致用户在处理业务时往往需要在很多页面间进行切换，这在一定程度上影响了用户的工作效率，再加上每个用户常用的功能就那么几个，因此 B 端产品迫切需要一个能够方便用户快速开展工作的平台。

B 端产品一般将首页设计成软件工作台，这样方便用户登录系统后就可以掌握工作进度、查看待办事项、快速处理业务等。

9.4.2 软件工作台在企业管理软件中的作用

软件工作台是企业管理软件中的一个名词术语，其也被很多人称为"企业看板""数据看板""个人中心"等。那么，软件工作台到底是什么？它主要起什么作用？

例如，对于员工来说，软件工作台是一个方便快速开展工作、高效办公的桌面平台。通过软件工作台，员工可以清晰地看到近期的工作安排和工作计划内容，如超期任务、今日要做、明日要做、以后要做的各项工作任务等。软件工作台会提醒员工哪些工作需要紧急处理、哪些工作超期还没有完成、今天需要处理的工作任务等，让员工可以合理安排工作任务。

同时，如果员工有发起审批申请，则审批的最新进度都会在软件工作台中进行展示。员工还可以在软件工作台中实时查看考勤统计数据、业绩提成等，非常高效。

对于企业领导来说，软件工作台是一个管理窗口和数据看板。与执行层面的员工的视角不同，企业领导作为企业管理者，需要随时了解员工的工作情况、工作进展，需要随时掌握销售业绩、财务数据等重要信息，从而了解企业的盈利情况。通过软件工作台，企业领导可以实时查看各部门的数据统计，从数据报表中发现问题，及时管控，从而提高企业的整体效益。

软件工作台好比一把万能钥匙，不同岗位的人使用它，结果都不一样。因为每个岗位所涉及的工作内容、所关心的事项都不一样。

企业管理软件工作台是可以进行自定义设置的。软件工作台的功能非常强大，企业领导只需通过一个软件工作台即可了解整个公司的运营情况，这样即使企业领导不在公司，也能实时获取动态信息；部门主管只需通过一个软件工作台即可了解整个团队的工作情况和工作进度，实现高效管控；员工只需通过一个软件工作台即可了解并获取所关心的各项数据，清楚每天的工作任务安排。

9.4.3　在设计软件工作台时的注意事项

1．并不是所有 B 端产品都需要软件工作台

不需要设计软件工作台的 B 端产品如下：

（1）业务场景比较简单的 B 端产品。因为这类产品的功能简单，软件工作台的增加不仅无法提高用户的工作效率，反而可能成为用户的负担。

（2）软件工作台不能明显提高用户工作效率的 B 端产品。因为软件工作台的设计初衷是提高用户的工作效率，如果使用软件工作台后用户的工作效率只有很小幅度的提高，甚至没有提高，就没必要再增加软件工作台功能了。因此产品经理要根据自家 B 端产品的实际情况决定是否设计软件工作台功能。

2．软件工作台的功能板块及内容因角色而异

软件工作台的内容并不是统一的，而是由用户角色所决定的，因为不同用户的工作职责和内容不同。比如，一线销售人员需要关注的是自己的业绩情况，项目管理人员需要关注的是项目整体的业绩情况。

而且对不同角色而言，同一个功能板块的重要程度也是不一样的。比如，对于项目负责人来说，公告通知就是他负责下发的，所以该板块对该角色而言用途很小，但是对一线销售人员而言，这是接收公司重大通知的重要渠道。

所以，在设计软件工作台时，各个功能板块的布局需要根据角色决定，但是一定要将该角色最关注的功能板块突出展示。

3．软件工作台不是功能的集合

可能有些人会觉得软件工作台就是功能的集合，其实这种认知是错误的。软件工作台不是简单地将多种功能堆砌到一起，而是根据不同用户角色的使用场景，将他们迫切需要的功能或数据展现到一个页面中。这样是为了方便用户开展工作，而简单地将用户日常涉及的功能堆砌到一个页面中是无法实现软件工作台的设计初衷的。

4．软件工作台要同时兼顾使用便捷性及开发成本

因为设计软件工作台就是为了提高用户的工作效率，所以有人会想：为什么不能让用户在软件工作台就处理完所有业务呢？

首先，软件工作台只有一个页面，虽然从技术角度来说可以实现这种效果，但是开发成本是非常大的。

其次，前面多次提到，对 B 端产品的用户而言，常用的功能板块就那么几个，有些功能板块有时在很长时间内都不一定用到一次，比如修改登录密码，该操作肯定很久才会进行一次。

5．在设计软件工作台时以提高工作效率为目的

在设计软件工作台时要认真考虑用户的使用习惯及场景，展示的内容不宜过多，如果展示的内容太多，则容易给用户造成视觉疲劳。

而且内容最好能够在同一页中展示，这样用户在登录系统后，不用任何操作就可以看清楚软件工作台中的所有信息。

如果内容展示了两页或三页，甚至更多页，则用户想要看全还需要进行翻页，要知道用户每多一步操作，就增加了用户的一些使用成本，这样就达不到高效、便捷的目的了。

9.4.4　低搭工作台模板应用配置

低搭工作台模板将软件工作台拆分成布局模板和小模块模板这两部分。用户在使用低搭工作台模板应用配置软件工作台时，首先需要选择一个布局，然后在这个布局下添加所需要的小模块，这样就可以生成一个软件工作台。软件工作台小模块种类如图 9-150 所示，软件工作台的业务流程如图 9-151 所示。

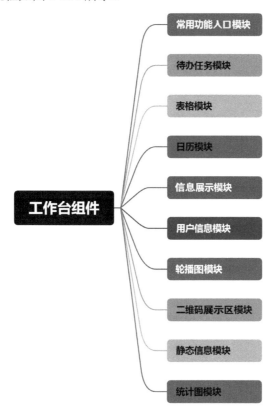

图 9-150　软件工作台小模块种类

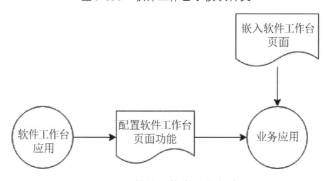

图 9-151　软件工作台的业务流程

1. 软件工作台配置

（1）新建软件工作台。在左侧的"功能列表"列表框中选择"工作台模板配置管理"下的"工作台管理"，打开"工作台管理"页面，如图 9-152 所示，单击"新增"按钮，在弹出的如图 9-53 所示的"工作台管理表单"对话框中配置"应用名称""布局名称""工作台名称"等。

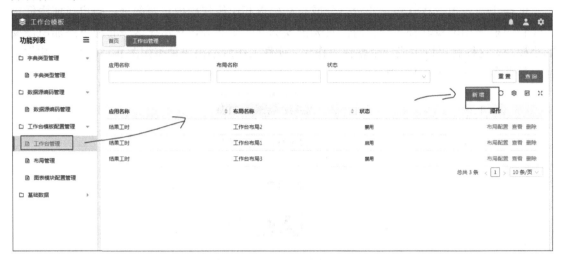

图 9-152　"工作台管理"页面

图 9-153　"工作台管理表单"对话框

（2）配置布局区域中要展示的小模块。找到"工作台管理表单"对话框中的"配置表格"区域，如图 9-154 所示，其中"排列类别"列中的内容表示该区域能展示的小模块数量（如"1*8"表示该区域只能展示 8 个小模块），单击"操作"列中的"排列配置"按钮，在弹出的"工作台排列管理表单"对话框中单击"新增"按钮，在"排列配置列表"区域的"功能类型"列中会出现一个空文本框，在该文本框中单击，如图 9-155 所示，在弹出的"选择区域小模块"对话框中选择需要的功能类型，如图 9-156 所示，然后单击"确定"按钮即可。

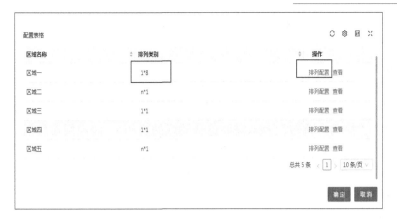

图 9-154　"配置表格"区域

图 9-155　在文本框中单击

图 9-156　选择功能类型

2．常用功能入口模块

常用功能入口模块如图 9-157 和图 9-158 所示。

1）功能说明

通过单击常用功能入口模块，可以直接跳转至对应的功能页面，甚至对某些功能而言，不用进行页面的跳转，可以直接在软件工作台页面以弹窗形式进行操作，这样对用户工作效率的提高会更明显。

2）配置说明

- 背景颜色：要输入十六进制的颜色代码。
- 跳转类型：可以设置小模块的跳转方式。"跨应用跳转"表示需要在关联应用中选择跳转的应用，"应用内跳转"表示需要选择关联的页面。（跨应用跳转后，应用要与跳转前的应用共用一个用户账号表中的数据。）
- 关联角色：角色来源于软件工作台所属应用的角色。设置了角色的小模块，只有绑定该角色的用户才能看到；没有设置角色的小模块，默认所有人都能看到。

图 9-157　常用功能入口模块 1

图 9-158　常用功能入口模块 2

3．待办任务模块

待办任务模块如图 9-159 所示。

图 9-159　待办任务模块

1）功能说明

待办任务模块用于提醒用户当天待处理的工作事项，该部分内容来源于两方面：一方面是用户被分配的当天待处理的工作任务，比如由项目负责人分配给一线销售人员当天待处理的工作任务，如待跟进客户、待回访客户等；另一方面是用户根据工作需要自己添加的待办事项，每个待办事项图标上展示待办事项的数量，单击待办事项图标或文字即可查看待办事项详情，对于需要处理的待办事项，可以通过跳转至处理页面进行处理，也可以直接在当前页面中进行弹窗处理。

2）配置说明

- 任务名称文字颜色：要输入十六进制的颜色代码。
- 任务数量文字颜色：要输入十六进制的颜色代码。
- 任务内容：数据来源于软件工作台所属应用的 API 接口。API 接口的返回数据的格式要符合小模块的接口格式。
- 跳转类型：用于设置小模块的跳转方式。"跨应用跳转"表示需要在关联应用中选择跳转的应用，"应用内跳转"表示需要选择关联的页面。（跨应用跳转后，应用要与跳转前的应用共用一个用户账号表中的数据。）

4．表格模块

表格模块如图 9-160 所示。

1）功能说明

表格模块用于将数据通过横向表格的形式展现出来，方便用户查看当前系统的一些重要数据。

图 9-160　表格模块

2）配置说明
- 表格数据源：数据源来源于软件工作台所属应用，选择符合横向表格接口格式的 API 接口。
- 显示字段：用于设置表格要展示的字段。
- 文本水平对齐：用于设置文字的对齐方式。

5. 日历模块

日历模块如图 9-161 和图 9-162 所示。

图 9-161　日历模块 1

图 9-162　日历模块 2

1）功能说明

日历模块用于以日历的形式展示用户的日程安排，保证用户能够有条理地进行工作安排，不会遗漏待办事项。

 364

2）配置说明

- 日历模式："仅查询列表"指日历只展示列表数据；"统计并查询列表"指日历除了展示列表数据，还展示统计数据，如图 9-163 所示。

图 9-163　"统计并查询列表"日历模式

- 查询数据源：数据源来源于软件工作台所属应用，选择符合日历小模块接口格式的 API 接口，用于查询展示数据。
- 统计数据源：数据源来源于软件工作台所属应用，选择符合日历小模块接口格式的 API 接口，用于统计日历的统计查询。
- 显示字段：用于设置日历详情弹窗中展示的信息。
- 辅助功能：用于设置日历详情跳转的方式。
- 关联应用：当在"辅助功能"下拉列表中选择了"跨应用跳转"选项时，需要填写关联应用。
- 关联页面：当在"辅助功能"下拉列表中选择了"应用内跳转"选项时，需要填写关联页面。

6．信息展示模块

信息展示模块如图 9-164 和图 9-165 所示。

信息展示模块列表			
序号	信息数据	表格标题	显示字段
1	工作台查询[项目档案信息表]列表信息　∨	项目档案信息	项目编号 ×　项目名称 ×
2	工作台—查询个人延期任务　∨	个人延期任务	任务名称 ×　延期天数 ×
	新增一项		

图 9-164　信息展示模块 1

图 9-165　信息展示模块 2

1）功能说明

信息展示模块用于展示系统当前发布的公告，有利于用户快速知晓重要的信息，如图 9-166 所示。

待办任务(个人)	
8.3.功能演示-功能演示-和茅总演示结果工时工作台样板	2022-06-22~2022-06-22
布局模板开发-复杂页面-A公司页面嵌入低搭平台	2022-06-20~2022-06-22
布局模板开发-复杂页面-A公司区域一、区域二布局页面配置	2022-06-20~2022-06-24
布局模板开发-复杂页面-A公司区域三、区域四、区域五布局页面配置	2022-06-20~2022-06-24
布局模板开发-复杂页面-A公司页面跳转配置	2022-06-20~2022-06-22
试用过程问题跟进-页面改造-试用过程问题跟进	2022-06-13~2022-06-17
布局模板开发-复杂页面-A公司7区域布局页面配置	2022-06-07~2022-06-10
区域排列管理-简单页面-区域排列管理数据表设计	2022-06-07~2022-06-10
数据源编码管理-简单页面-数据源编码库页面配置	2022-06-07~2022-06-10
数据源编码管理-简单页面-数据源编码库数据表设计	2022-06-07~2022-06-10
工作台管理-复杂页面-工作台配置管理表格	2022-06-01~2022-06-02
常用功能入口模块-复杂页面-跨应用数据处理	2022-05-31~2022-06-02
二维码下载区域-复杂页面-跨应用数据处理	2022-05-31~2022-06-02

图 9-166　信息展示模块 3

2）配置说明

- 信息数据：数据源来源于软件工作台所属应用，选择符合信息展示小模块接口格式的 API 接口，用于展示数据。
- 表格标题：用于设置信息展示的标题。
- 显示字段：用于设置要展示的字段。
- 辅助功能：用于设置信息展示详情跳转的方式。
- 文字水平对齐：用于设置文字的对齐格式。

7. 用户信息模块

用户信息模块用于展示当前登录用户的基本信息，包含用户姓名、所在机构、用户账号，如图 9-167 所示。

图 9-167　用户信息模块

8. 轮播图模块

轮播图模块如图 9-168 所示。

图 9-168　轮播图模块

1）功能说明

图片轮播模块用于以轮播的方式将图片按照顺序播放出来，一般可以用来实现广告类的需求。

2）配置说明

- 图片：用于设置轮播的图片。
- 排序：用于设置轮播的图片顺序。

9．二维码展示区模块

二维码展示区模块用于展示二维码图片、自定义二维码的名称，用户可以通过扫描二维码跳转到对应的链接或下载 APK，如图 9-169 所示。

图 9-169　二维码展示区模块

10．静态信息模块

静态信息模块用于展示一些固定的信息，包含文本和图片，如图 9-170 所示。

图 9-170　静态信息模块

11. 统计图模块

统计图模块（又称图表模块）如图 9-171 所示。

图 9-171　统计图模块

1）功能说明

统计图模块支持以折线图、柱状图、饼图的形式展示统计数据，可以很直观地将各类统计数据呈现出来。

2）配置说明

- 图表统计项：数据源来源于软件工作台所属应用，选择符合图表小模块接口格式的 API 接口，用于查询展示数据。
- 图表名称：用于设置图表的名称。
- 图表类型：根据在图表统计项中选择的 API，展示 API 所支持的图表类型。API 支持的图表类型要在软件工作台所属应用中进行设置，设置信息存放在名为"chart_interface_type_table"的数据表中，该数据表中的字段有"interface"（存放 API 的编码）、"name"（存放 API 的名称）和"chart_type"（存放图表类型名称，分别有多折线图、多柱状图、环形图、饼图、玫瑰图）。

9.4.5　在低搭应用中嵌入工作台页面

1. 创建定制页面

在左侧的导航栏中选择"页面建模"→"定制页面"命令，打开"定制页面"页面，如图 9-172 所示。

在"定制页面"页面中单击"新增"按钮，在弹出的"编辑"对话框中配置定制页面的页面名称、路径类型、路径参数、url 参数模板、postMessage 参数模板等信息，如图 9-173 所示。

图 9-172　"定制页面"页面

图 9-173　配置定制页面信息

由图 9-173 可知，"工作台布局 1"页面的路径参数为"http://haosuite.haoyuntech.com:
8099/play/IQ3SmhDj? pid=c9teyjajxxrg000gbnmg"。

url 参数模板如下（可以单击"查看示例"，从示例模板中直接复制）：

```
{
  "$schema": "http://json-schema.org/draft-06/schema#",
  "_type": "OBJECT",
  "type": "object",
  "properties": {
    "tokenId": {
      "_type": "STRING",
      "type": "string",
```

```
      "title": "TOKEN"
    },
    "pageName": {
      "_type": "STRING",
      "type": "string",
      "title": "页面名称"
    },
    "lesseeCode": {
      "_type": "STRING",
      "type": "string",
      "title": "租户"
    },
    "applicationCode": {
      "_type": "STRING",
      "type": "string",
      "title": "应用"
    },
    "iframeKey": {
      "_type": "STRING",
      "type": "string",
      "title": "引入控件 id"
    }
  }
}
```

postMessage 参数模板如下（可以单击"查看示例"，从示例模板中直接复制）：

```
{
  "reqSchema": {
    "$schema": "http://json-schema.org/draft-06/schema#",
    "_type": "OBJECT",
    "type": "object",
    "properties": {
      "tokenId": {
        "_type": "STRING",
        "type": "string",
        "title": "TOKEN"
      },
      "pageName": {
        "_type": "STRING",
        "type": "string",
        "title": "页面名称",
        "defaultValue": ""
      },
      "lesseeCode": {
        "_type": "STRING",
        "type": "string",
        "title": "租户"
      },
      "applicationCode": {
        "_type": "STRING",
```

```
          "type": "string",
          "title": "应用"
        }
      }
    },
    "resSchema": {
      "$schema": "http://json-schema.org/draft-06/schema#",
      "_type": "OBJECT",
      "type": "object",
      "properties": {
        "data": {
          "_type": "STRING",
          "type": "string",
          "title": "结果"
        },
        "data2": {
          "_type": "STRING",
          "type": "string",
          "title": "状态"
        },
        "check_token": {
          "_type": "STRING",
          "type": "string",
          "title": "token 是否有效"
        }
      }
    }
  }
}
```

2. 自定义页面

1）创建自定义页面

在左侧的导航栏中选择"页面建模"→"自定义页面"命令，在打开的"自定义页面"页面单击"新建"按钮，创建一个自定义页面"工作台布局1"。在"自定义页面"页面的"页面名称"列中单击"工作台布局1"，如图 9-174 所示，进入页面设计界面，从左侧工具栏的"组件"面板中向画布内拖入 3 个"文本框"控件、1 个"标签"控件和 1 个页面引入控件，并将 3 个"文本框"控件分别命名为"传参"、"token 是否有效"和"状态"，结果如图 9-175所示。

图 9-174 单击"工作台布局1"

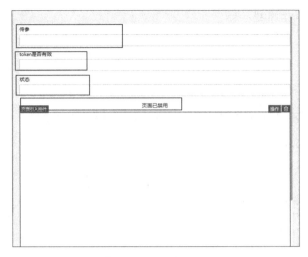

图 9-175　将 5 个控件拖入画布

2）页面引入控件

在右侧属性配置面板的"属性"面板中，单击"专有属性"区域的"页面引用"右侧的"设置页面引用"按钮，在弹出的"页面引入配置"对话框的"url 模式"选项卡中，配置传入参数"TOKEN""租户""应用""引入控件 id"，如图 9-176 所示。

图 9-176　配置传入参数

页面引入控件的 id 的获取方法如下：

（1）在浏览器地址栏中的 URL 地址的末尾增加"&dev=true"，如图 9-177 所示，然后按 Enter 键刷新页面，则页面顶部操作栏中会多出几个按钮。

图 9-177　在浏览器地址栏中的 URL 地址的末尾增加内容

（2）在顶部操作栏中单击"页面 DSL"按钮，如图 9-178 所示，在弹出的"页面 DSL"对话框的代码内按 Ctrl+F 组合键，在弹出的"查找和替换"窗口的文本框中输入"页面引入"，查找到的代码段中的"id"就是页面引入控件的 id，如图 9-179 所示。

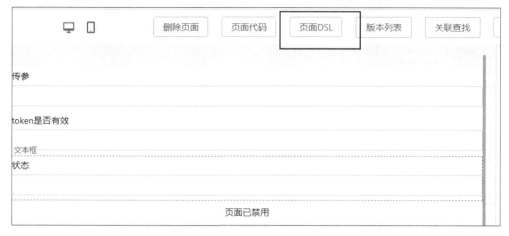

图 9-178 单击"页面 DSL"按钮

图 9-179 找到页面引入控件的 id

在"页面引入配置"对话框中选择"postMessage 模式"选项卡，配置回填参数到刚才新建的 3 个"文本框"控件上，如图 9-180 所示。

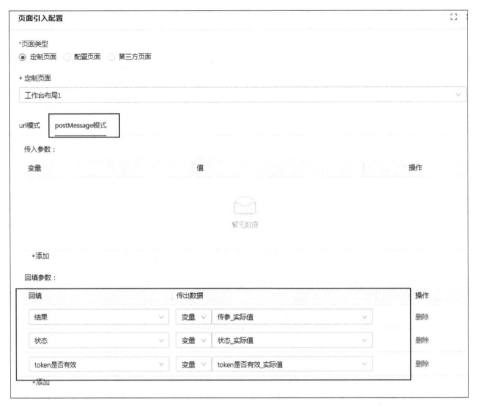

图 9-180　配置回填参数

3．名称为"传参"的"文本框"控件

选中名称为"传参"的"文本框"控件，在右侧属性配置面板的"事件"面板内的事件下拉列表中选择"值改变事件"选项，然后单击事件下拉列表下方的"添加动作"按钮，添加"打开链接动作走低代码动作"动作和"清空"动作，如图 9-181 所示。

图 9-181　为名称为"传参"的"文本框"控件添加两个动作

"打开链接动作走低代码动作"动作的配置如图 9-182 所示。

图 9-182 "打开链接动作走低代码动作"动作的配置

代码片段如下（可以直接复制）：

```
/**
 * 主入口方法，请在函数体中编写逻辑，请勿删除 main 方法
 */
function main(platformCtx) {
  // 平台提供的低代码片段
  // 获取 fromPaths、getDataByPath
  const { fromPaths, getDataByPath } = platformCtx
  const path = Array.isArray(fromPaths) ? fromPaths[0] : fromPaths
  // 获取文本框的数据
  const widgetVar = getDataByPath({ target: "widgetVar", path });
  const { realVal = "", saveVal = "" } = widgetVar || {}
  // 获取页面链接
  const link = realVal || saveVal
  // 没有页面链接 link return
  if(!link) return
  // 打开弹窗覆盖当前应用
  ACTION?.openPage?.(
    {
      url: "",
      openType: "replaceCurrentPage",
      link,
      pageArea: "pageInApp",
      extraprops: { width: "70vw" },
      pageNameCn: "",
      params: [],
```

```
        onCancel: async () => {},
        onClosePageInCancel: async () => {},
      },
    pageCtx
  );
}
```

"清空"动作用于清空"传参"文本框中的值，该动作的配置如图9-183所示。

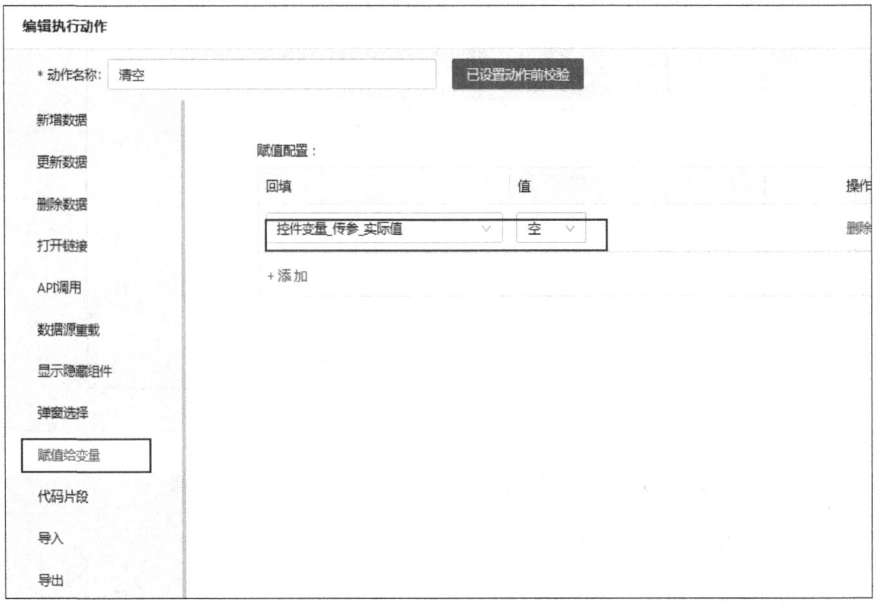

图 9-183   "清空"动作的配置

4．名称为"token是否有效"的"文本框"控件

选中名称为"token是否有效"的"文本框"控件，在右侧属性配置面板的"事件"面板内的事件下拉列表中选择"值改变事件"选项，然后单击事件下拉列表下方的"添加动作"按钮，添加"token过期触发动作"动作，如图9-184所示，单击"动作1"选项框右侧的第二个按钮（即"动作执行条件"按钮），在弹出的"动作执行条件"对话框中配置动作执行条件，即当"token是否有效"文本框的实际值为"否"时才触发动作，如图9-185所示。

图 9-184   为名称为"token是否有效"的"文本框"控件添加动作

图 9-185　配置动作执行条件

"token 过期触发动作"动作的配置如图 9-186 所示。

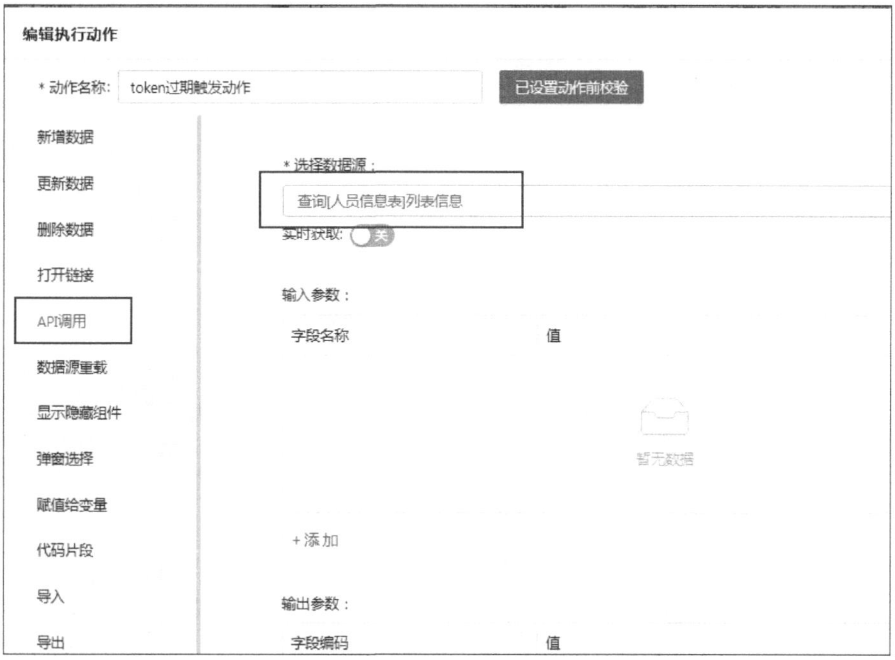

图 9-186　"token 过期触发动作"动作的配置

5．名称为"状态"的"文本框"控件

"标签"控件的值根据"状态"文本框中的值关联显示，当"状态"文本框中的实际值为 0 时，就会显示"标签"控件的值，如图 9-187 所示。

引用控件的值根据"状态"文本框中的值关联显示，当"状态"文本框中的实际值为空或 1 时，就会显示页面引入控件的值，如图 9-188 所示。

6．应用端显示工作台页面

（1）方法一：将上一步新建的自定义页面添加到在"菜单管理"页面中创建的菜单下，如图 9-189 所示。

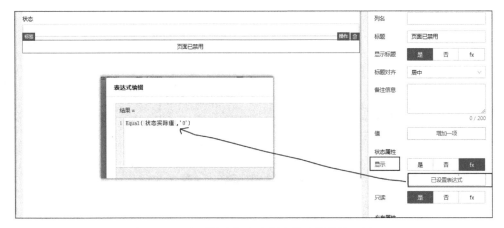

图 9-187　当"状态"文本框中的实际值为 0 时

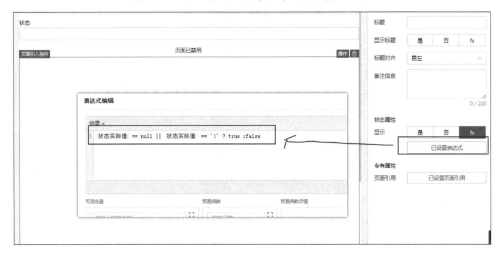

图 9-188　当"状态"文本框中的实际值为空或 1 时

图 9-189　将上一步新建的自定义页面添加到菜单下

（2）方法二：在左侧的导航栏中选择"系统管理"→"应用设置"命令，在打开的"应用设置"页面内单击"应用设置"中的"设置"按钮，在弹出的如图 9-190 所示的"设置"对话框中，将应用端首页设置为工作台页面。

图 9-190　"设置"对话框

7. 常见问题

问题：在低搭应用中嵌入工作台页面后，布局页面有显示，但是功能小模块没有显示。

（1）按 F12 键，打开开发者模式。

（2）查看 API 是否出现如图 9-191 所示的报错信息。

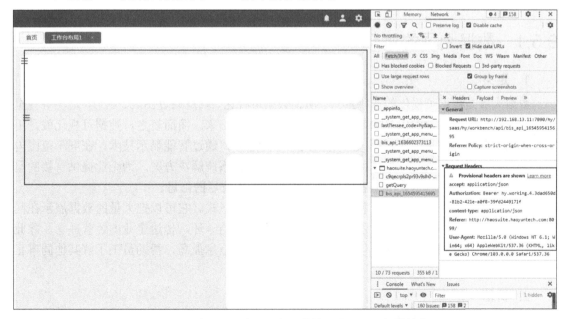

图 9-191　布局页面有显示但小模块没有显示及报错信息

原因：当使用 Chrome 浏览器打开使用低搭低代码平台开发的页面并请求低搭低代码平台 API 时，有可能出现跨域报错的问题，这是由于 Chrome 浏览器会默认对域名地址页面请求 IP 地址的 API 做出拦截并报跨域的错误。

在部署工作台应用这个服务之后，两方的地址都是 IP 地址或域名地址就不会被拦截。

解决方法：在开发预览调试的过程中，只需对开发人员的 Chrome 浏览器修改一项设置就可以关闭 Chrome 浏览器的跨域拦截，即在 Chrome 浏览器的地址栏中输入 "chrome://flags/#block-insecure-private-network-requests"，按 Enter 键后，在高亮项右侧的下拉列表中选择 "Disabled" 选项，如图 9-192 所示，设置后重启浏览器即可。

图 9-192　设置关闭 Chrome 浏览器的跨域拦截

9.5　数据大屏应用实例开发

9.5.1　数据大屏的概念

1．定义

数据大屏是数据可视化的一种形式。所谓数据可视化，就是通过图表、图形、地图等视觉元素，将数据中所蕴含的信息的趋势、异常和模式展现出来。简而言之，数据可视化就是用图形去表达数据和信息。而数据大屏则以大屏幕为媒介，通过智能显示技术，在屏幕范围内同时呈现多个图表。因此，数据大屏就是一套自主分析系统解决方案，为企业提供直接的呈现结果，让业务人员和企业决策者可以直观地面对数据背后的信息。

直观上来说，数据大屏是一种非常炫酷的数据展示形式。它可以把大量的数据展示在同一个页面中。固定样式的数据大屏还可以成为企业文化的一环，传达企业的经营理念。除此之外，数据大屏的相互共享还可以打破沟通壁垒，解决信息孤岛，帮助员工了解其他同事正在做的工作。

2．价值

1）全面认识数据，使数据更加直观、清晰

简单来说，数据大屏就是用图片和数字给用户讲故事，让用户可以更容易接受和理解数据大屏制作者的讲解。数据可视化能够一次性处理大量的数据，这是传统的 Excel 和其他事务处理软件所不具备的。当业务人员还在一张张表单中输入公式和选择图表类型时，数据可视化可以直接从接口调用数据生成报表，利用内置算法挖掘出数据间的关系并进行呈现。使用数据可视化工具对数据进行精细化处理后，可以让其更简单、通俗地被人理解，也可以提升企业各种报告会的预期成果。

2）支持自由式排版布局

数据大屏同时支持智能化布局和组件的自由排版。在准备时间短、任务紧的情况下，数据大屏的制作者能够快速完成一个合格的大屏展示制作。同时，数据大屏的制作者能够自行按照需求进行自由式排版，带来富有个性化、层次感、空间感的大屏。

3）简单易用，使用更加方便

数据大屏的配置无须进行定制开发，只需要在 PC 端选择展示布局、数据，就可以轻松组合成一个数据大屏。

3．发展

在大数据时代，大规模、高纬度、非结构化数据层出不穷，要将这样的数据以可视化形式完美地展示出来，传统的显示技术已很难满足这样的需求。而高分高清大屏幕拼接可视化技术正是为解决这一问题而发展起来的，它具有超大画面、纯真彩色、高亮度、高分辨率等显示优势，结合数据实时渲染技术、GIS 空间数据可视化技术，可以实现数据实时图形可视化、场景化及实时交互，可以让使用者更加方便地进行数据的理解和空间知识的呈现，其可以应用于指挥监控、视景仿真及三维交互等众多领域。

9.5.2　数据分析

数据分析是指用适当的统计分析方法对收集到的大量数据进行分析，将它们加以汇总和理解并消化，以求最大化地开发数据的功能，发挥数据的作用。数据分析是为了提取有用信息和形成结论而对数据加以详细研究和概括总结的过程。

1．分析步骤

（1）探索性数据分析：当数据刚被获取时，可能杂乱无章，看不出规律，通过作图、造表、用各种形式的方程拟合、计算某些特征量等手段探索规律性的可能形式，即往什么方向和用何种方式去寻找与揭示隐含在数据中的规律性。

（2）模型选定分析：在探索性数据分析的基础上提出一类或几类可能的模型，然后通过进一步的分析从中挑选一定的模型。

（3）推断分析：通常使用数理统计方法对所选定的模型或估计的可靠程度和精确程度做出推断。

2．分析方法

1）列表法

列表法是指将数据按照一定规律用列表方式表达出来，是记录和处理数据最常用的方法。表格的设计不仅要求对应关系清楚，简单明了，方便发现相关量之间的相关关系，还要求在标题栏中注明各个量的名称、符号、数量级和单位等。根据需要，还可以列出除原始数据以外的计算栏目和统计栏目等。

2）作图法

作图法可以非常清楚地表达各个物理量间的变化关系。从图线上不仅可以简便地求出实验需要的某些结果，还可以把某些复杂的函数关系通过一定的变换用图形表示出来。

图表和图形的生成方式主要有两种：手动生成和用程序自动生成。其中用程序自动生成图表和图形是指使用相应的程序（如 SPSS、Excel、MATLAB 等）生成图表和图形，即将调查的数据输入程序中，通过对这些程序进行操作来得出最后结果，结果用图表或图形的方式表现出来。图表和图形可以直接反映出调研结果，这样大大节省了设计者的时间，帮助设计者更好地分析和预测市场所需要的产品，为进一步的设计做铺垫。同时，这些分析形式也被运用在产品销售统计中，这样可以直观地给出最近的产品销售情况，并可以及时地分析和预测未来的市场销售情况等。所以，数据分析法在工业设计中运用非常广泛，而且是极为重要的。

3．可视化方法

随着数字化进程的不断推进，数据资源呈指数级增长，面对规模庞大、内容丰富、类型繁多、语种多样的资源集合，如何有效地获取所需资源成为一个难题。目前大部分信息服务机构往往通过以文本为主的用户界面进行资源导航和展示，但这种传统的资源组织和呈现方法越来越不能满足用户进行快速定位的需求。用户需要的是直观、生动、简捷的界面，以及庞大的数据资源能够在有限的界面空间里得到充分的展示和高效率的导航。

可视化方法是指在将原始数据转换为可视化元素后，利用形象直观的表现形式来显示复杂的资源内容，从而加深用户理解的方法。常见的可视化方法有散点图、直方图、时间轴和树图等。

可视化方法有多种，具体使用哪种可视化方法需要根据不同的任务类型进行选择。首先，可以根据原始数据是否连续对可视化方法进行初步的筛选。例如，散点图适合展示资源主题等离散型数据，时间轴适合展示资源发布的时间等连续型数据。其次，由于可视化的关键是进行映射操作，映射中存在的可控或不可控因素往往无法实现从数据到可视化元素的完全转换。因此必然会出现信息丢失的情况。信息丢失分为无意信息丢失和有意信息丢失。无意信息丢失是由可视化系统技术限制及用户的认知局限造成的，有意信息丢失是为了展示资源的整体结构而非具体细节所进行的人为信息选择。

9.5.3 系统分析

1．平台架构：基于大屏 BI 引擎的研发

通过低搭平台中的"基于大屏 BI 引擎的研发"应用配置数据大屏，基于用户需求确定数据大屏的实现效果，通过配置可以方便、快捷地生成一个 BI 数据大屏。

2．页面设计

1）新建数据大屏

在左侧"功能列表"列表框中选择"数据大屏"下的"数据大屏主页"，在打开的"数据大屏主页"页面中单击"新增"按钮，如图 9-193 所示，在弹出的"新增_数据大屏模板维护

表单"对话框中配置"应用名称"和"模板名称"（数字表示不同的布局可以放置的模块的数量）等信息，如图 9-194 所示。

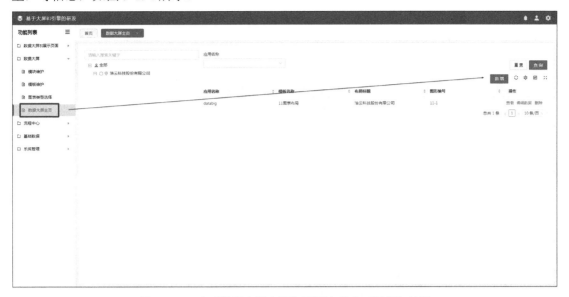

图 9-193 在"数据大屏主页"页面中单击"新增"按钮

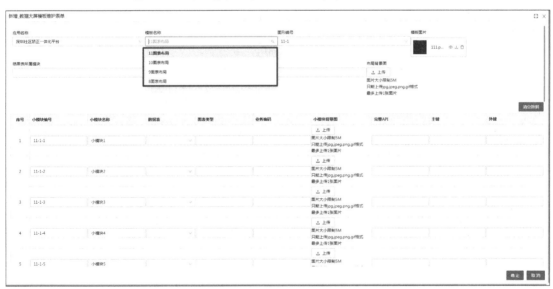

图 9-194 "新增_数据大屏模板维护表单"对话框

在"图形编号"下拉列表中选择选项，即选择布局的排版样式（如 11-1、11-2 等，后缀编码表示使用相同数量的模块进行布局的不同排版），如图 9-195 所示，排版样式的展示效果如图 9-196 所示。

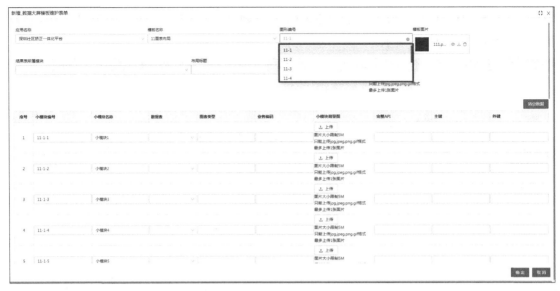

图 9-195　选择布局的排版样式

图 9-196　排版样式的展示效果

还可以自定义布局标题与布局背景图，如图 9-197 所示。

在选择布局后，页面会自动排列小模块并显示小模块的数量，根据提示对小模块进行进阶配置，可以配置小模块名称、数据表、图表类型、小模块背景图等信息，如图 9-198 所示。

2）布局维护

在左侧"功能列表"列表框中选择"数据大屏"下的"布局排版维护"，在打开的"布局排版维护"页面中单击"新增"按钮，如图 9-199 所示，在弹出的"新增_数据大屏主表表单"对话框中配置"父节点"等信息，如图 9-200 所示。

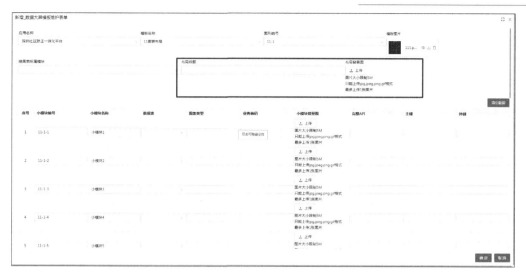

图 9-197　可以自定义布局标题与布局背景图

序号	小模块编号	小模块名称	数据表	图表类型	业务编码	小模块背景图	实
1	11-1-1	软件部	2022年1月软件部各科人数 ∨	单柱状图	bis_api_1544275456	⬆ 上传 图片大小限制5M 只能上传jpg.jpeg.png.gif格式 最多上传1张图片	
2	11-1-2	全公司	2022年1月公司各部门人数 ∨	玫瑰图	bis_api_1547199317	⬆ 上传 图片大小限制5M 只能上传jpg.jpeg.png.gif格式 最多上传1张图片	
3	11-1-3	小模块3	∨			⬆ 上传 图片大小限制5M 只能上传jpg.jpeg.png.gif格式 最多上传1张图片	
4	11-1-4	小模块4	∨			0daa... ⊙ ⬆ 🗑	

图 9-198　对小模块进行进阶配置

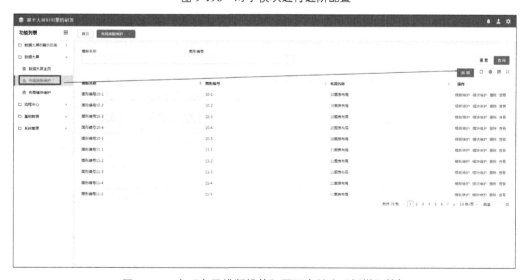

图 9-199　在"布局排版维护"页面中单击"新增"按钮

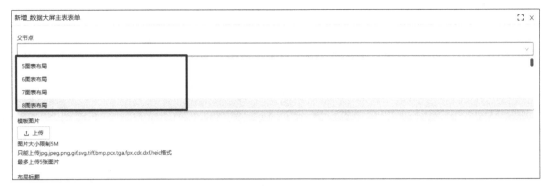

图 9-200　"新增_数据大屏主表表单"对话框

在左侧"功能列表"列表框中选择"数据大屏"下的"布局模块维护",在打开的"布局模块维护"页面中单击"新增"按钮,如图 9-201 所示,在弹出的对话框中创建不用布局排版的模块。

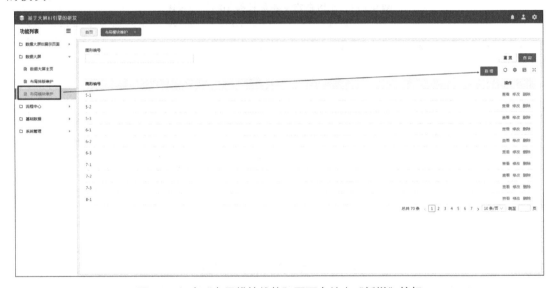

图 9-201　在"布局模块维护"页面中单击"新增"按钮

3．数据设计

基于不同图表类型对应的计算维度、指标各不相同,在数据分析过程中需根据用户需求设计图表的计算维度与指标,通常数据表的请求 API 以四层架构组成(开始、判断、数据库查询、图表类型定义、结束),如图 9-202 所示,请求结果为对象集合"data",其由 3 个元素组成,分别是 series_array、category_array、data。

常见图表的数据设计说明如下。

1)单折线图/单柱状图

(1)新建业务 API:该业务 API 包含一个固定入参[is_type],用来判断是哪种图表类型数据。

(2)确定 X、Y 轴维度值:"数据库查询"节点的请求结果为一个名称为"data"的对象集合。

例如,查询各部门在某个时间内的人数,请求结果的表结构如表 9-4 所示,请求结果如

图 9-203 所示。

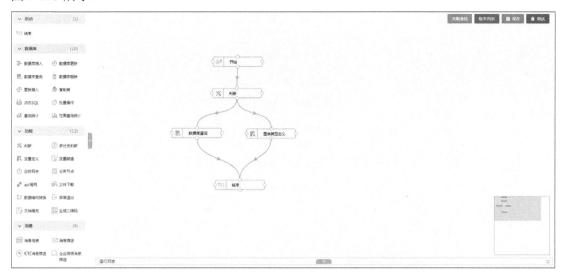

图 9-202　数据表的请求 API 的架构组成

表 9-4　请求结果的表结构 1

字 段 编 码	字 段 名 称	字 段 类 型	示 例 值
id	主键	varchar(20)	唯一标识
series_array	X 轴维度值	varchar(32)	2022-01
category_array	Y 轴维度值	varchar(32)	软件开发部、硬件开发部、项目管理部
data	Y 轴统计数值	int	146、67、118

```
{
    "data":[
        {
            "id":"0",
            "series_array":"2022-01",
            "category_array":"软件开发部",
            "data":"146"
        },
        {
            "id":"1",
            "series_array":"2022-01",
            "category_array":"硬件开发部",
            "data":"67"
        },
        {
            "id":"2",
            "series_array":"2022-01",
            "category_array":"项目管理部",
            "data":"118"
        }
    ]
}
```

图 9-203　请求结果 1

（3）确定 API 请求数据适用的图表类型（chart_type，图表类型见图 9-204），响应参数为一个对象集合{"chart_type":[{"name":"","code":""},{...}...]}，因此一般用"变量定义"节点进行建模，根据图表类型定义并映射 data 值，表达式的值选择"转换字符串为 JSON"函数，如图 9-205 所示。

图 9-204　图表类型

图 9-205　定义并映射 data 值及选择表达式

例如，请求数据适用的图表类型为单折线图、多折线图，请求结果如图 9-206 所示。

```
"data": [
    {
        "code": "3",
        "name": "单折线图"
    },
    {
        "code": "3",
        "name": "多折线图"
    }
]
```

图 9-206　请求结果 2

2）饼图、环形图、玫瑰图

（1）新建业务 API：该业务 API 包含一个固定入参[is_type]，用来判断是哪种图表类型数据。

（2）确定时间维度、数据项值："数据库查询"节点的请求结果为一个名称为"data"的对象集合。

例如，查询各部门在某个时间内的人数，请求结果的表结构如表 9-5 所示，请求结果如图 9-207 所示。

表9-5 请求结果的表结构2

字 段 编 码	字 段 名 称	字 段 类 型	示 例 值
id	主键	varchar(20)	唯一标识
series_array	时间维度	varchar(32)	2022-01
category_array	数据项	varchar(32)	软件开发部、硬件开发部
data	数据值	int	160、70

```
{
    "data":[
        {
            "id":"0",
            "series_array":"2022-01",
            "category_array":"软件开发部",
            "data":"160"
        },
        {
            "id":"1",
            "series_array":"2022-01",
            "category_array":"硬件开发部",
            "data":"70"

        }
    ]
```

图 9-207　请求结果 3

（3）确定 API 请求数据适用的图表类型（chart_type，图表类型见图 9-204），响应参数为一个对象集合 {"chart_type":[{"name":"","code":""},{...}...]}，因此一般用"变量定义"节点进行建模，根据图表类型定义并映射 data 值，如图 9-208 所示，表达式的值选择"转换字符串为 JSON"函数，如图 9-209 所示。

变量中文名称	变量英文名称	变量类型	值类型	值	操作
图表类型	data	对象集合 ∨ 》	表达式 ∨	转换字符串为JSON ⊙	添加

图 9-208　定义并映射 data 值

图 9-209　选择表达式

389

例如，请求数据适用的图表类型为饼图、环形图、玫瑰图，请求结果如图 9-210 所示。

```
{
  "chart_type":["饼图","环形图","玫瑰图"]
}
```

图 9-210　请求结果 4

4．在低搭应用中嵌入数据大屏页面

1）创建定制页面

在左侧的导航栏中选择"页面建模"→"定制页面"命令，在打开的"定制页面"页面中单击"新增"按钮，如图 9-211 所示，在弹出的如图 9-212 所示的"新增"对话框中配置定制页面的信息。

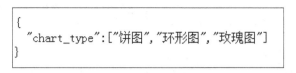

图 9-211　选择"页面建模"→"定制页面"命令

图 9-212　"新增"对话框

其中，页面名称自定义，路径类型默认选择"绝对路径"，路径参数是 A 公司配置数据大屏的预览地址（如果存在多人开发，则需要选择主干地址），如图 9-213 所示。

图 9-213　A 公司配置数据大屏的预览地址

url 参数模板如下（可以单击"查看示例"，从示例模板中直接复制）：

```
{
  "$schema": "http://json-schema.org/draft-06/schema#",
  "_type": "OBJECT",
  "type": "object",
  "properties": {
    "tokenId": {
      "_type": "STRING",
      "type": "string",
      "title": "TOKEN"
    },
    "pageName": {
      "_type": "STRING",
      "type": "string",
      "title": "页面名称"
    },
    "lesseeCode": {
      "_type": "STRING",
      "type": "string",
      "title": "租户"
    },
    "applicationCode": {
      "_type": "STRING",
      "type": "string",
      "title": "应用"
    }
  }
}
```

postMessage 参数模板如下（可以单击"查看示例"，从示例模板中直接复制）：

```
{
  "reqSchema": {
    "$schema": "http://json-schema.org/draft-06/schema#",
    "_type": "OBJECT",
    "type": "object",
    "properties": {
      "tokenId": {
        "_type": "STRING",
        "type": "string",
        "title": "TOKEN"
      },
      "pageName": {
        "_type": "STRING",
        "type": "string",
        "title": "页面名称",
        "defaultValue": ""
      },
      "lesseeCode": {
        "_type": "STRING",
```

```
        "type": "string",
        "title": "租户"
    },
    "applicationCode": {
        "_type": "STRING",
        "type": "string",
        "title": "应用"
    }
    }
},
"resSchema": {
    "$schema": "http://json-schema.org/draft-06/schema#",
    "_type": "OBJECT",
    "type": "object",
    "properties": {
        "data": {
            "_type": "STRING",
            "type": "string",
            "title": "结果"
        }
    }
}
}
```

2）创建自定义页面

在左侧的导航栏中选择"页面建模"→"自定义页面"命令，如图 9-214 所示。在打开的"自定义页面"页面中单击"新建"按钮，在弹出的"新建页面"对话框中填写页面的信息。

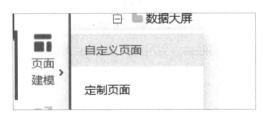

图 9-214　选择"页面建模"→"自定义页面"命令

在"自定义页面"页面的"页面名称"列中单击要设计的页面的名称，进入页面设计界面，将左侧工具栏的"组件"面板的"布局控件"组中的页面引入控件拖入画布，如图 9-215 所示。

在右侧属性配置面板的"属性"面板中，单击"专有属性"区域的"页面引用"右侧的"设置页面引用"按钮，在弹出的"页面引入配置"对话框的"页面类型"选区中选中"定制页面"单选按钮，绑定创建的定制页面，并配置参数，如图 9-216 所示，配置完成后单击"确定"按钮。

此时，右侧属性配置面板的"属性"面板中会显示"已设置页面引用"，如图 9-217 所示。

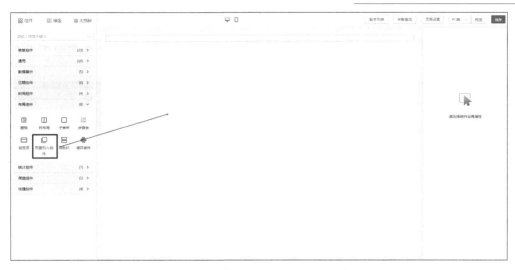

图 9-215 将页面引入控件拖入画布

图 9-216 绑定创建的定制页面

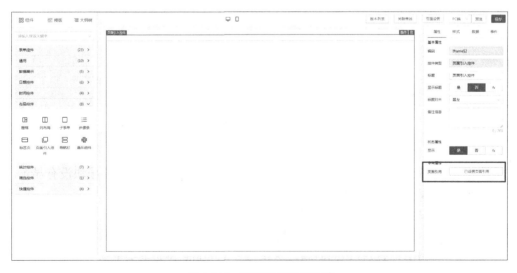

图 9-217 页面引用设置完成

3）应用端展示数据大屏页面

（1）方法一：将上一步新建的自定义页面添加到在"菜单管理"页面中创建的菜单下，如图 9-218 所示。

图 9-218　将上一步新建的自定义页面添加到菜单下

（2）方法二：在左侧的导航栏中选择"系统管理"→"应用设置"命令，在打开的"应用设置"页面内单击"应用设置"中的"设置"按钮，在弹出的如图 9-219 所示的"设置"对话框中，将应用端首页设置为数据大屏页面。

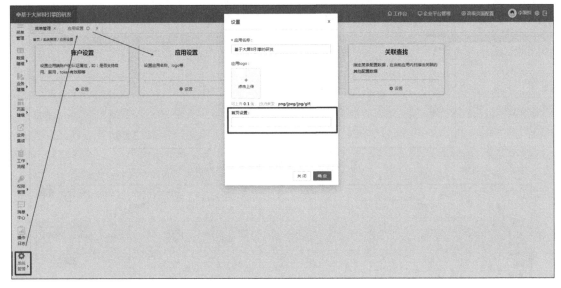

图 9-219　"设置"对话框

4）常见问题

问题：在低搭应用中嵌入数据大屏页面后，布局页面有显示，但是小模块没有显示。

（1）按 F12 键，打开开发者模式。

（2）查看 API 是否出现如图 9-220 所示的报错信息。

原因：当使用 Chrome 浏览器打开使用低搭低代码平台开发的页面并请求低搭低代码平台 API 时，有可能出现跨域报错的问题，这是由于 Chrome 浏览器会默认对域名地址页面请求 IP 地址的 API 做出拦截并报跨域的错误。

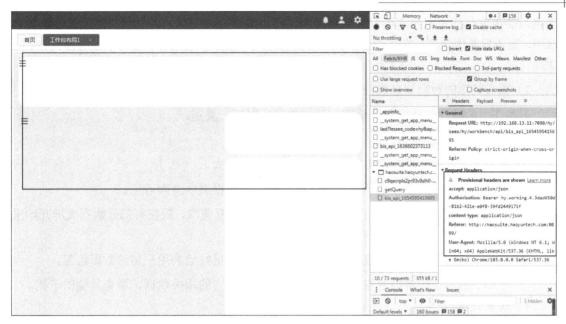

图 9-220 布局页面有显示但小模块没有显示及报错信息

在部署工作台应用这个服务之后，两方的地址都是 IP 地址或域名地址就不会被拦截。

解决方法：在开发预览调试的过程中，只需对开发人员的 Chrome 浏览器修改一项设置就可以关闭 Chrome 浏览器的跨域拦截，即在 Chrome 浏览器的地址栏中输入"chrome://flags/#block-insecure-private-network-requests"，按 Enter 键后，在高亮项右侧的下拉列表中选择"Disabled"选项，如图 9-221 所示。

图 9-221 设置关闭 Chrome 浏览器的跨域拦截

9.5.4 案例分析

下面以青海农商银行安防数据化平台为例，继续学习如何使用低代码开发应用。

1）需求介绍

青海农商银行安防数据化平台中的每个模块包含了青海省所有农商银行的设备信息，需要展示的内容包括青海农商银行的报警系统报警分类统计、门禁系统报警信息统计、设备在线率、服务器基本信息、安防设备统计、柜面实时风险预警系统统计、电力系统统计、安全隐患统计等。

2）重点关注的数据信息按照指标分多维度展示

原始图上的维度包括指标、地图、地域排名、银行、类别。

3）数据大屏可视化的共性

① 屏幕大：大屏一般都是多屏拼接，整体屏幕面积大。

② 观距远：用户需要站在远处观看屏幕，要保证数据文字清晰可见。

③ 交互弱：通过计算机已经无法满足数据大屏的交互需求，现在有部分数据大屏开始采用 iPad、手机、激光笔等方式进行交互。

④ 视觉强：背景色多采用重色，衬托凸显数据，以更好地为用户传达数据信息。

⑤ 一屏一内容：一屏内容说明一件主要事，统计好它的相关数据，避免其他的干扰。

4）视觉设计

① 了解需求，整合数据，分析出主要数据、次要数据、总量数据、细分数据、各数据的维度等，通过了解这些可以先设计出一个布局模板，也可以在纸上画出来，布局可以在设计过程中随时调整。

② 确定设计的风格。在与客户沟通后，明确客户的需求，确定符合客户需求的设计风格。

③ 另外，结合数据大屏的使用场景，背景色一般会选用暗色调，数据变化一般会选择高亮色调，这样不仅可以让用户更好地聚焦数据的变化，还比较省电。

5）数据图表拆分

在选定图表类型前，首先要确定图表之间的关系，可以从以下 4 个维度进行思考与分析。

① 联系：数据之间的相关性。

② 分布：指标里的数据主要集中在什么范围、表现出怎样的规律。

③ 比较：数据之间存在何种差异，差异主要体现在哪些方面。

④ 构成：指标里的数据都由哪几部分组成，每部分占比如何。

实际上，在确定好分析维度后，所能选用的图表类型也就基本确定了。接下来，只需要从少数几个图表中筛选出最能体现设计意图的那个图表就可以了。传统的图表比如 ECharts 中的图表在视觉上可能不是很美观，可以从 ECharts 官网中选择最适合的 ECharts 图表。总之，在选定图表类型时最重要的两点就是：易理解、可实现。

（1）易理解：就是要考虑最终用户，可视化结果应该一看就懂，不需要思考和过度理解，因而在选定图表类型时要理性，避免为了视觉上的效果而选择一些对用户不太友好的图形及元素。

（2）可实现：就是设计的图形和图表要能够实现，在前期要与客户沟通好实现方式，一般都采用开源组件库，如 ECharts 组件库等。

开发完成的青海农商银行安防数据化平台如图 9-222 所示。

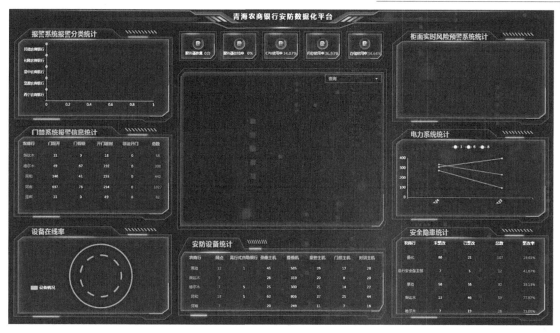

图 9-222 青海农商银行安防数据化平台

习 题 9

一、单项选择题

1. 手机应用的配置流程为（　　　）。

　　A．手机应用→页面布局→小模块→数据

　　B．手机应用→页面布局→数据→小模块

　　C．手机应用→小模块→页面布局→数据

　　D．手机应用→数据→页面布局→小模块

2. 下列哪一项是手机端的布局？（　　　）

　　A．3+1　　　　　　B．4+1　　　　　　C．4+2　　　　　　D．3+2

3. 在配置手机应用时，第一步应该做什么？（　　　）

　　A．选择关联的低搭应用　　　　　　　B．新建手机应用

　　C．新建页面　　　　　　　　　　　　D．新建小模块

4. 下列不属于小模块分类的是（　　　）。

　　A．标题类　　　　B．列表类　　　　C．数据处理类　　　　D．新增类

5. 配置手机应用的顺序是（　　　）。

　　A．上→中→下　　　B．下→上→中　　　C．中→上→下　　　D．上→下→中

二、判断题

1. 可以配置小模块的显示顺序来调整手机应用中小模块的展示顺序。　　　　　（　　　）

2. 中布局只能配置一个小模块。　　　　　　　　　　　　　　　　　　　　　（　　　）

3. 每个小模块都需要配置 API。 （　　）

4. 在创建手机应用以后，需要绑定低搭低代码平台的 SaaS 应用。 （　　）

5. 列表类小模块展示的数据是由低搭低代码平台配置的 API 提供的。 （　　）

三、简答题

1. 简述手机应用的配置流程。

2. 简述移动应用的优势和价值。

四、实操题

1. 按照图 9-223 与图 9-224 所示内容实现学生管理系统。

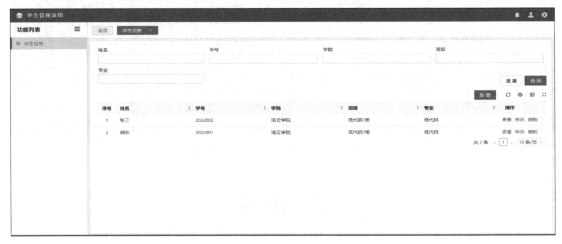

图 9-223　学生管理系统的"学生信息"页面

图 9-224　学生管理系统的"新增_学生信息管理表单"对话框

2. 按照图 9-225 与图 9-226 所示内容实现作业管理系统。

图 9-225 作业管理系统的"作业提交"页面

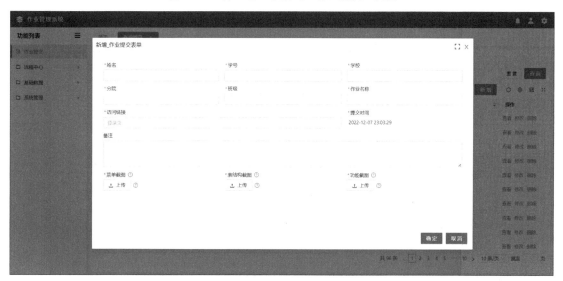

图 9-226 作业管理系统的"新增_作业提交表单"对话框

3．假设已通过低搭低代码平台完成了如下任务：

（1）已有统一的设备信息管理页面。

（2）设备信息已同步到物平台。

请设计完成以下功能。

1）重启门禁主机

重启门禁主机接口的信息如下。

- 接口请求方式：POST。
- 接口相对地址 URL：/v1/device/service/invoke。

重启门禁主机接口的参数如表 9-6 所示。

表 9-6　重启门禁主机接口的参数

字 段 编 码	字 段 类 型	示　例　值	备　　注
device_id	string	"121312fgtol"	主机 ID
property_identifier	string	FW-MJ-ZJ-Restart	服务属性标识

请求示例如下：

```
POST /v1/device/service/invoke
{
    "service_identifier":"FW-MJ-ZJ-Restart",
    "device_id":"4961481756455666b337c1f195134d42",
    "args":null
}
```

如果响应成功，则返回状态码 status:200。

2）远程关门

请完成远程关门操控，并根据实际执行更新门状态。

远程关门接口的信息如下。

- 接口请求方式：POST。
- 接口相对地址 URL：/v1/device/property/set。

远程关门接口的参数如表 9-7 所示。

表 9-7　远程关门接口的参数

字 段 编 码	字 段 类 型	示　例　值	备　　注
device_id	string	"32143sfdsf"	门锁 ID
property_identifier	string	FW-MJ-SJ-Close	服务属性标识

报文示例如下：

```
{
    "service_identifier":"FW-MJ-SJ-Close",
    "device_id":"4961481756455666b337c1f195134d42",
    "args":null
}
```

响应参数示例如下：

```
{
    "code":200,
    "message":"OK",
    "service_identifier":"FW-MJ-SJ-Close",
    "device_id":"4961481756455666b337c1f195134d42",
    "data":null
}
```

4．请使用工作台模板配置出如图 9-227 所示的工作台。

5．请使用工作台模板配置出如图 9-228 所示的工作台。

6．按照图 9-229 所示内容，配置一个智慧校园后台管理数据系统，统计学校的教师、学生、班级的基础信息。根据图中所示内容自定义布局、图表类型，至少配置 6 个统计图表，组成可视化数据大屏。

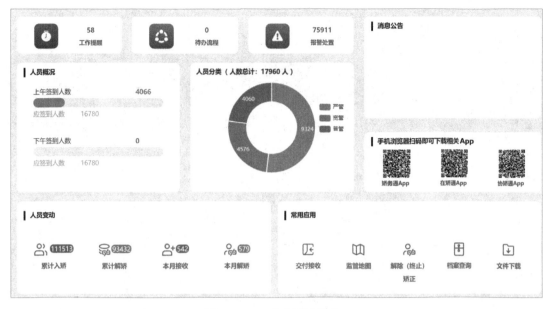

图 9-227 工作台配置任务 1

图 9-228 工作台配置任务 2

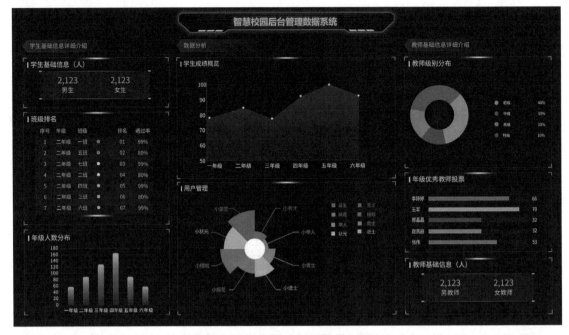

图 9-229　智慧校园后台管理数据系统

7. 按照图 9-230 所示内容配置一个 2021 年世界人口统计大屏。根据图中所示内容自定义布局、图表类型，至少配置 8 个统计图表，组成可视化数据大屏。

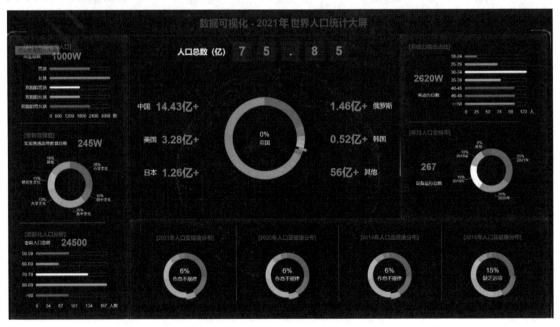

图 9-230　2021 年世界人口统计大屏

附录 A

HTML 基本常用标签/属性

1. 基本标签

\<html>...\</html>	定义 HTML 文档
\<head>...\</head>	定义 HTML 文档的信息
\<meta/>	定义 HTML 文档的元信息
\<title>...\</title>	定义文档的标题
\<link/>	定义文档与外部资源的关系
\<style>...\</style>	定义文档的样式信息
\<body>...\</body>	定义 HTML 文档的主体内容
\<script>...\</ script >	脚本代码
\<!--...-->	注释

2. 文本标签

\<h?>...\</h?>	定义标题字大小，"?"表示 1~6 之间的整数
\...\	定义粗体字
\<u>...\</u>	下画线
\<ins>...\</ins>	定义已经被插入文档中的文本，显示效果为下画线
\<del>...\</del>	定义文档中已经被删除的文本，显示效果为带删除线的文本
\...\	定义粗体字（强调）
\<small>...\</small>	缩小文本
\<big>...\</big>	放大文本
\<i>...\</i>	定义斜体字
\...\	定义斜体字（强调）
\<pre>...\</pre>	预定义格式
\<center>...\</center>	居中文本
\<a href="...">...\</a>	定义超链接
\<a name="...">...\</a>	定义锚记
\<font>...\</font>	定义文本的尺寸、字体和颜色
_{...\}	定义下标文本

`<sup>…</sup>`	定义上标文本
` `	换行
`<p>…</p>`	定义段落

3．转义字符

`&lt;`	<
`&gt;`	>
`&amp;`	&
`&quot;`	"
` `	空格
`&yen;`	￥
`&copy;`	版权©
`&reg;`	注册商标®
`&trade;`	™
`&字符编码;`	特殊字符

4．图形标签

`<img src="…"/>`	定义图像
`<hr/>`	定义水平线
`<marquee>…</marquee>`	插入滚动的文本或其他元素，实现类似走马灯的效果

5．多媒体

`<audio>`	定义声音
`<video>`	定义视频
`<source>`	定义媒介源
`<track>`	定义用在媒体播放器中的文本轨道

6．表格标签

`<table>…</table>`	定义表格
`<th>…</th>`	定义表格中的表头单元格
`<tr>…</tr>`	定义表格中的行
`<td>…</td>`	定义表格中的单元格
`<caption>…</caption>`	定义表格的标题
`<thead>…</thead>`	定义表格头部（表格语义化标签）
`<tbody>…</tbody>`	定义表格体部（表格语义化标签）
`<tfoot>…</tfoot>`	定义表格注脚（表格语义化标签）

7．表单标签

`<form>…</form>`	定义供用户输入的 HTML 表单

<input type="..."/>　　　　定义表单元素

其中，表单元素的 type 属性的值包括 text（文本框）、password（密码框）、checkbox（复选框）、radio（单选按钮）、hidden（隐藏域）、file（文件域）、submit（提交按钮）、reset（重置按钮）、button（普通按钮）、image（图像域）、email（邮箱）、number（数字）、range（滑块）、search（搜索框）、url（网址）等。

表单元素的特殊属性包括 readonly（只读）、disabled（禁用）、placeholder（内容提示）、required（必填项）、pattern（表单验证）等。

<textarea>...</ textarea>　　定义多行文本（文本区域）

<label>...</label>　　　　定义标签（说明性文字）

<select>...</select>　　　定义下拉菜单或下拉列表

<option>...</option>　　　定义下拉菜单或下拉列表的数据项

<fieldset>...</fieldset>　　定义域

<legend>...</legend>　　　定义域的标题

<optgroup>...</optgroup>　定义选项组

8．布局标签

<frameset>...</frameset>　定义框架集

<frame>...</frame>　　　　定义框架集中的子窗口或框架

<iframe>...<iframe/>　　　定义内嵌框架

...　　　　　　定义块级元素（跨段落块）

...　　　　　定义行内元素（段内块）

<ul>...</ul>　　　　　　　定义无序列表

<ol>...</ol>　　　　　　　定义有序列表

<li>...</li>　　　　　　　定义列表项目

<dl>...</dl>　　　　　　　定义定义列表

<dt>...</dt>　　　　　　　定义定义列表的标题

<dd>...</dd>　　　　　　　定义定义列表的数据

9．语义标签

<header>...</header>　　　定义区段或页面的页眉（头部）

<footer>...</footer>　　　定义区段或页面的页脚（足部）

<section>...</section>　　定义文档中的区段

<article>...</article>　　定义文章

<aside>...</aside>　　　　定义页面内容之外的内容

<details>...</details>　　定义元素的细节

<summary>...</summary>　为<details>元素定义可见的标题

<nav>...</nav>　　　　　　定义导航类辅助内容

10．颜色属性值

16 种可用英文表示的颜色是 aqua、black、blue、fuchsia、gray、green、lime、maroon、navy、olive、purple、red、silver、teal、white、yellow。

另加十六进制颜色，但仅有 16 种颜色名可以用英文字母表示，其余的颜色名要用 6 个十六进制数（0～F）表示，如"#FF00FF"。

参考文献

[1] Karl Wiegers，Joy Beatty. 软件需求（第 3 版）[M]. 李忠利，李淳，霍金键，等译. 北京：清华大学出版社，2016.

[2] 杨长春. 软件需求分析实战[M]. 北京：清华大学出版社，2020.

[3] 苏杰. 人人都是产品经理：写给产品新人[M]. 北京：电子工业出版社，2017.

[4] 李春平. 云计算技术基础与实践[M]. 北京：电子工业出版社，2021.

[5] 李莉. 企业信息系统的数据备份策略与方法[J]. 有色冶金设计与研究，2012，33（04）：47-49.

[6] 刘梅. 基于 docker 的持续集成及发布平台的设计与实现[D]. 中国科学院大学（中国科学院沈阳计算技术研究所），2018.

[7] 韦清，赵健，王芷，等. 实战低代码[M]. 北京：机械工业出版社，2021.

[8] 梁瑞，刘艺斌，宁伟，等. 低代码开发实战：基于低代码平台构建企业级应用[M]. 北京：机械工业出版社，2022.